"十四五"职业教育国家规划教材

动物微生物及检验

Dongwu Weishengwu ji Jianyan

（第三版）

主　编　邢福珊　贺　花

副主编　冯　平　王开艳

高等教育出版社·北京

内容提要

本书是"十四五"职业教育国家规划教材,根据教育部颁布的中等职业学校动物微生物及检验教学基本要求,在第二版的基础上修订而成。

本书采用项目—任务体例编写,包括细菌的检验方法、病毒的检验方法、真菌的检验及其他微生物知识、外界因素与微生物、免疫学基础共 5 个项目。本书在修订中整合了原教材结构,使微生物检验的基础知识和基本方法相结合,突出对学生综合能力的培养,为方便教学,本书配有二维码资源,同时配有学习卡资源,按照本书最后一页"郑重声明"页的提示,可获取相关教学资源。

本书适用于中等职业学校畜禽生产技术等养殖类专业,也可作为乡镇干部、农民实用技术培训教材和农村成人文化学校教材。

图书在版编目(C I P)数据

动物微生物及检验 / 邢福珊,贺花主编 . --3 版 . -- 北京:高等教育出版社,2021.11(2024.12重印)
ISBN 978-7-04-056884-4

Ⅰ. ①动… Ⅱ. ①邢… ②贺… Ⅲ. ①兽医学 – 微生物学 – 中等专业学校 – 教材 Ⅳ. ①S852.6

中国版本图书馆 CIP 数据核字(2021)第 175780 号

策划编辑	方朋飞	责任编辑 方朋飞	封面设计 张雨微	版式设计 张 杰	
插图绘制	杨伟露	责任校对 张 薇	责任印制 刘思涵		

出版发行	高等教育出版社	网　址	http://www.hep.edu.cn
社　址	北京市西城区德外大街 4 号		http://www.hep.com.cn
邮政编码	100120	网上订购	http://www.hepmall.com.cn
印　刷	三河市骏杰印刷有限公司		http://www.hepmall.com
开　本	889 mm×1194 mm　1/16		http://www.hepmall.cn
印　张	14.5	版　次	2001 年 12 月第 1 版
字　数	300千字		2021 年 11 月第 3 版
购书热线	010-58581118	印　次	2024 年 12 月第 5 次印刷
咨询电话	400-810-0598	定　价	33.50 元

第三版前言

本书是"十四五"职业教育国家规划教材。

进入 21 世纪以来,动物微生物检验新的研究方法和技术层出不穷,在这方面,我国新的标准和方法也在不断建立。《动物微生物及检验》第三版根据国家的教育方针,以弘扬科学精神、培育创新人才为基本目标,创建以创新为引领的项目训练方法,同时加入了最新的检验方法,以适应学科发展对职业教育提出的挑战。

为了尽快实现科教兴国战略,本书以强化学生素质培养和技能培养为核心培养内容,顺应新形势下社会对教育提出的新要求。本书以项目—任务的形式编写,每个项目包括项目导入、各任务、项目小结、项目测试几个部分,每个任务包括任务目标(知识目标、技能目标)、任务准备、任务实施、随堂练习等。任务实施部分即是符合项目内容的技能训练,以达到知识和实践结合的目的。

本书配有学习卡资源,请登录 Abook 网站 http://abook.hep.com.cn/sve 获取相关资源。详细说明见本书"郑重声明"页。

"动物微生物及检验"课程共需 69 学时,具体安排见下表,仅供参考,各学时数可根据实际情况调整。

项目	理论学时	实践学时
走进"动物微生物及检验"课程	1	
项目 1　细菌的检验方法	8	12
项目 2　病毒的检验方法	6	4
项目 3　真菌的检验及其他微生物知识	3	2
项目 4　外界因素与微生物	6	2
项目 5　免疫学基础	15	4
共计	39	24
机动	6	
总计	69	

本书由邢福珊、贺花任主编,冯平、王开艳任副主编。编写的具体分工是:邢福珊编写"走进'动物微生物及检验'课程",任务 1.1;王开艳编写任务 1.2、任务 1.3、任务 1.4;张艳编写项目 2;冯平编写项目 3;敬晓棋编写项目 4;贺花编写项目 5;邢福珊和贺花统稿。最后,张彦明

教授对教材进行了审阅,并给出了指导性建议。

　　《动物微生物及检验》第三版的编写工作得到高等教育出版社的大力支持,《动物微生物及检验》第二版的主编张彦明教授在编写过程中也给予了帮助,同时,我们参阅了大量相关书籍和文献资料,使本书修订得以顺利进行,在此对有关单位和个人表示感谢!

　　由于我们的水平有限,缺点和不妥之处在所难免,希望老师和同学们在使用本教材的过程中,将发现的问题和不足之处及时反馈给我们,以便再版时纠正。读者反馈邮箱:zz_dzyj@pub.hep.cn。

编　者

2023 年 6 月

第二版前言

《动物微生物及检验》出版以来,深受广大师生的欢迎,已重印多次。随着我国改革开放的深入,农业产业结构发生了很大的变化,畜牧业已成为农业的支柱性产业和农民增收的主要来源,但病原微生物引起的畜禽传染病越来越显著地成为阻碍畜牧业可持续发展的重要因素。为了适应新形势的需要,遵照相关职业院校动物微生物及检验课程教学基本要求,我们对2001年出版的《动物微生物及检验》一书进行了修订,以满足教学的需求。

《动物微生物及检验》的修订,遵循两个原则,其一是以职业院校畜牧兽医、养殖类专业的岗位实际需要为出发点,紧紧围绕培养目标,加强对学生综合职业能力的培养,在每节后增加了"随堂练习",补充了一些综合测试题;其二是根据微生物学本身的发展和近年来畜禽传染病发生的变化,对部分内容进行了必要的修改和完善,并增加了几种对畜牧业危害严重的病原微生物,如禽流感病毒、猪繁殖与呼吸综合征病毒(猪蓝耳病病毒)、猪圆环病毒、鸡传染性支气管炎病毒、鹦鹉热亲衣原体等,以供学生学习。

经过修订,本书的知识体系更加完善,内容更加丰富和新颖,能紧密联系实际,能充分发挥教师教学的主观能动性和学生学习的积极性和主动性。

本书修订的具体分工是:西北农林科技大学张彦明教授修订绪论,第1、2章,技能考核表;西北大学刘建玲教授修订第3、4、5、6章;西北农林科技大学邢福珊讲师修订第7、8章和第3篇。最后由张彦明统稿。

由于我们的水平有限,错误之处在所难免,希望老师和同学们在使用本教材的过程中,将发现的问题和不足之处及时反馈给我们,以便再版时纠正。读者意见反馈信箱:zz_dzyj @ pub. hep. cn。

编　者

2011 年 2 月

第一版前言

本教材根据教育部新颁中等职业教育畜牧兽医专业动物微生物及检验教学基本要求编写。全书力图体现现代教育的观点,适应当前职业教育的需要,弥补传统教材内容的不足。在体系上,改变了传统的以传授知识为中心的教材体系,建立以岗位技能为中心的能力教育体系,实现了知识和能力的结合;在内容上,融入了微生物及免疫检验中的新知识、新技术、新方法。在编写中力求语言通俗易懂,图文并茂,既保证内容的新颖性和先进性,又突出重点和实用性。同时,在实践技能的编排上留出了很大的余地,供不同地区的中等职业学校选用。总体上看,本书定位于培养既有一定的理论知识、又有过硬的实际操作能力和较强的推广能力的高素质劳动者和中初级技术人员,其知识和技能层次清晰,联系紧密,能充分发挥教师教学的主观能动性和学生学习的积极性和主动性。

本教材由王社光任主编,张彦明、沈文正任副主编。本书作者均为长期从事动物微生物学、免疫学和微生物检验教学、科研及科技推广第一线的工作者,编写的具体分工是:张彦明编写绪论,第6、7、8章,技能考核表;沈文正编写第1、2、5章;王社光编写第4章;邢福珊编写实验3、4、6至16;付良玉编写实验1、2、5;罗少华编写第3章;张彦明统稿,邢福珊绘图。

本教材已通过教育部全国中等职业教育教材审定委员会的审定,其责任主审为汤生玲,审稿人为陈翠珍、房海,在此,谨向专家们表示衷心的感谢!

本教材在送交全国中等职业教育教材审定委员会审定之前,特邀请西北农林科技大学张国祥教授审稿,张教授在审稿过程中提出了许多宝贵意见,在此谨表衷心的感谢。

由于我们的水平有限,加之编写时间仓促,缺点和错误在所难免,希望读者们在使用本教材的过程中,将发现的问题和不足之处及时反馈给我们,以便重印、再版时纠正。

编　者

2001 年 7 月

目　录

项目 2 病毒的检验方法

项目 3　真菌的检验及其他微生物知识

项目 4　外界因素与微生物

项目 5　免疫学基础

走进"动物微生物及检验"课程

　　小张从中职学校毕业后一直从事基层兽医工作,工作伊始,经常碰到各种各样的问题,由于他的"动物微生物及检验"理论知识和实训技能不扎实,找不出解决问题的办法。如今,小张在基层从事兽医工作已有八年了,在长期的动物疾病防控的工作中,他深深体会到,只有掌握好"动物微生物及检验"的理论知识和实验室检验技术,才能在工作中对微生物检验的结果进行正确的分析和处理,才能在动物疾病防控工作中游刃有余。

　　小张根据自己的工作经验,总结出要想掌握好微生物检验技术,就要在学习"动物微生物及检验"过程中掌握好三个方面的知识和技能。

　　(1) 各种微生物的特点,包括形态特征、生化特性、致病特征和免疫特征等。

　　(2) 每种微生物的主要检测方法。

　　(3) 动物疾病的防治手段。

　　这三个方面在动物疾病防控中缺一不可,掌握好每个方面知识与技能的同时,要理解三者之间的关系,这是小张带给刚来兽医站工作人员的一份心得。

　　本课程是畜禽生产技术专业的一门重要专业基础课,包括细菌、病毒和其他微生物的基础知识和应用、免疫学基础知识和应用以及生物制品和应用。通过学习"动物微生物及检验",兽医人员可具备一定的兽医上岗技能,学会使用动物微生物及免疫相关知识和技能,更好地为畜牧业服务。动物微生物及检验技术的应用是动物疫病防控的必要手段,在畜牧业生产中起着极其重要的作用。

■ 项目 1　细菌的检验方法

项目导入

　　小张是兽医站的防疫员,今年 2 月份收到多家养鸡场反映雏鸡出现精神沉郁、排黄绿色稀便、个别病死的情况。小张通过现场检查和实验室检验,判定是由大肠杆菌引起的病疫,并给出了合理的治疗方案,这些养鸡场雏鸡的发病状况得到控制,极大地减少了养殖户的经济损失。那么小张是如何诊断疾病,如何确定引起疾病的病原是大肠杆菌呢?

　　通过本项目的学习,同学们将掌握细菌的形态检查和分离鉴定技术,认识细菌的致病性,掌握常见病原菌的特性及检验方法,这对细菌性疾病的诊断和防治都有着十分重要的意义。

　　本项目将要学习 4 个任务:(1)细菌的形态检查;(2)细菌的分离鉴定;(3)细菌的致病性;(4)部分病原菌的检验。

任务 1.1　细菌的形态检查

 任务目标

知识目标:

1. 熟悉细菌的基本形态和排列方式,熟悉细菌形态排列在细菌鉴定中的作用。

2. 熟悉细菌大小的表示方法,了解细菌大小的测量方法。

3. 掌握细菌的基本结构、特殊结构及其主要功能,熟悉细菌结构在细菌鉴定中的作用。

4. 掌握细菌形态和结构的观察方法。

技能目标:

1. 学会细菌操作中常用仪器的使用方法,熟悉常用玻璃器皿的清洗和灭菌方法。

2. 掌握显微镜油镜的使用方法,了解细菌测微尺的使用方法。

3. 掌握细菌标本片的制备方法和染色的基本程序。

任务准备

一、细菌的形态结构与功能

（一）细菌的形态和大小

细菌是一类具有细胞壁的单细胞原核微生物。

细菌的形态是检验细菌的重要依据之一。细菌的种类不同,形态、大小有一定的差别,同一种细菌在不同的生长阶段,其大小也略有不同。

1. 细菌的基本形态和排列

细菌具有球状、杆状和螺旋状三种基本形态,因而按外形可分为球菌、杆菌和螺旋菌。

（1）球菌 菌体呈球形或近球形的细菌称为球菌。球菌可以是圆形的,也可以呈椭圆形或卵圆形。根据它们相互联结形成的排列形式,可以分为双球菌、链球菌、四联球菌、八叠球菌和葡萄球菌等(图 1-1-1)。

双球菌　　　　链球菌　　　　四联球菌　　　　八叠球菌　　　　葡萄球菌

图 1-1-1　球菌的形态和排列

（2）杆菌 菌体的长短轴差别明显、呈杆状的细菌称为杆菌。如果杆菌的长短轴较接近,外形接近椭圆形,称为球杆菌;菌体较长,一端较膨大,而另一端较细的杆菌称为棒状杆菌。长短轴较为悬殊的杆菌一般呈典型的圆柱状。多数菌体平直,少数微弯曲或呈长丝状;两端多为钝圆,少数呈平切状或尖锐状。杆菌的排列也有单、双、丛状及链状等方式(图 1-1-2)。

单杆菌　　　　　　　双杆菌　　丛状及栅栏状排列的棒状杆菌　　链杆菌

图 1-1-2　杆菌的形态和排列

（3）螺旋菌 菌体呈明显弯曲状的细菌称为螺旋菌。如果菌体只有一个弯曲,称为弧菌;菌体有两个以上弯曲,则称为螺菌。螺旋菌一般呈散在排列(图 1-1-3)。

2. 细菌的大小

细菌个体很小,观察细菌需用光学显微镜放大数百倍到一千倍才能看到,细菌的大小也是在显微镜下使用细菌测微尺测量的。

度量细菌大小的单位为微米（μm）。球菌的大小用直径来表示，为 0.5~1.2 μm。杆菌一般用长度和直径表示，一般长 1~10 μm、直径 0.2~1.0 μm。一般把长度在 0.7~1.0 μm 的细菌称为小杆菌，长度为 2~3 μm 的细菌称为中等杆菌，长度在 4~10 μm 的细菌称为大杆菌。螺旋菌长 1~50 μm、直径 0.3~1.0 μm。由于绝大多数细菌的直径都在 0.22 μm 以上，所以不能通过孔径为 0.22 μm 的滤器。

图 1-1-3　螺旋菌的形态和排列

细菌的形态和大小受环境因素的影响。细菌在适宜的环境下的形态比较典型，大小均匀一致，排列方式也有规律性，这些都是检验细菌的重要依据。但是，当环境条件改变，或在老龄培养物中，会出现各种与正常形态、大小和排列不一致的个体。因此，细菌的大小测量应以生长在适宜环境条件下的青壮龄培养物为标准。

（二）细菌的结构和主要功能

细菌的结构（图 1-1-4）可分为基本结构和特殊结构。所有细菌都具有的结构称为基本结构，而只有一部分细菌具有的结构称为特殊结构。

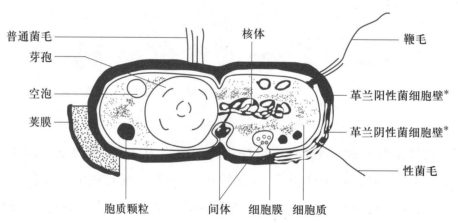

* 某一细菌不可能既是革兰阴性菌，又是革兰阳性菌，此图为比较其细胞壁的不同状态而将两种细胞壁画在了一起。

图 1-1-4　细菌结构模式图

1. 细菌的基本结构和功能

细菌的基本结构包括细胞壁、细胞膜、细胞质和核体等。

（1）细胞壁　细胞壁在细菌细胞的最外层，紧贴在细胞膜之外。细胞壁坚韧而富有弹性，能维持细菌的固有形态，保护菌体免受渗透压的破坏。细胞壁上有许多微细小孔，具有通透性，直径 1 nm 大小的可溶性分子能自由通过，与细胞膜共同完成菌体内外物质的交换。

用革兰染色法染色后，如果菌体呈蓝紫色，则为革兰阳性菌；如果菌体为红色，则为革兰阴性菌。这与细菌细胞壁的组成和结构有关。

　　细胞壁一般由糖类、蛋白质、脂质和肽聚糖等组成。其中肽聚糖是细胞壁的重要成分。革兰阳性菌细胞壁较厚(20~80 nm),内有多层肽聚糖分子,因而肽聚糖含量很高(占细胞壁干重的 40%~90%),脂质含量低,另外还有大量的磷壁酸。革兰阴性菌的细胞壁较薄(约 10 nm),肽聚糖含量低(占细胞壁干重的 5%~10%),不含磷壁酸,而脂质含量高,并且以脂蛋白、脂多糖和磷脂的形式存在。

　　(2) 细胞膜　细胞膜是紧贴在细胞壁内侧,并包在细胞质外面的一层柔软而有通透性的生物膜,其厚度为 7~8 nm。细胞膜的主要成分是脂类(20%~30%)和蛋白质(60%~70%),亦有少量糖类(约 2%)和其他物质。蛋白质镶嵌在脂质双分子层之间,形成细胞膜的基本结构。这些蛋白质是具有特殊功能的酶或者载体蛋白,与细胞膜的代谢活动及物质转运有关。

　　细胞膜的功能:①物质转运作用,细胞膜能允许可溶性物质通过,膜上的载体蛋白能选择性地吸收营养物质,排出代谢产物,从而参与细胞内外的物质转运。②参与细菌呼吸和能量代谢,细胞膜上有呼吸酶,是细胞进行生物氧化反应的重要场所。细胞膜在参与氧化代谢的同时,还形成丰富的能量物质。③参与细胞结构的合成,如细胞壁的肽聚糖、荚膜的合成。此外,细胞膜附着鞭毛,与鞭毛生长、运动有密切关系。④提供能量,细胞膜向细胞质中折叠可形成间体,间体的形成增加了细胞膜的表面积,加强了细胞膜的功能。

　　(3) 细胞质　细胞质为一种黏稠的透明胶体,其中包含着丰富的水、蛋白质、核酸、脂质、糖类和少量矿物质。细胞质中含有许多酶系统,是细菌进行新陈代谢的另一主要场所。细胞质中还含有核糖体、质粒和胞质颗粒等结构。

　　① 核糖体　又叫核蛋白体,由蛋白质和核糖核酸(RNA)构成,是细菌合成蛋白质的工厂。

　　② 质粒　质粒是一种微小的染色体以外的遗传物质,它是一小段环状双股脱氧核糖核酸(DNA),能在细胞质中自行复制,与细菌的耐药性等特殊生命活动有关。

　　③ 胞质颗粒　细胞质内常存在着胞质颗粒,大多为储藏的营养物质,包括糖原颗粒、异染颗粒等。

　　(4) 核体(或称拟核)　细菌是原核型微生物,细胞内没有典型的细胞核,其遗传物质是由双股 DNA 链盘绕而成的环状双链大型 DNA 分子,称为核体。核体带有细菌的遗传基因,控制着细菌的生长、繁殖、遗传及变异等基本生命活动。

　　2. 细菌的特殊结构和功能

　　细菌的特殊结构有荚膜、鞭毛、菌毛和芽孢。

　　(1) 荚膜　某些细菌在生活过程中,可产生一层疏松而黏稠的物质,包裹在整个细胞壁外面,称为荚膜。荚膜一般围绕在单个细菌的外面,但有时荚膜内含有多个细菌,总称为菌胶团。荚膜与普通染料不易结合,因此,观察细菌荚膜时需经特殊的荚膜染色法染色。用普通染料染色后,荚膜常呈透亮的环带包围着菌体。

　　荚膜中 90% 以上是水,其中的固体成分随细菌种类而异,有的是多糖,有的是多肽,有的两者兼有。荚膜的产生具有种的特征,在动物体内或营养丰富的培养基上容易形成。

荚膜能保护细菌免受动物防卫细胞的吞噬,减弱溶菌酶、补体等杀菌物质对细菌的破坏。所以,荚膜能增强细菌的致病能力。荚膜还能储存水分,能提高细菌对环境的抵抗力。

产生荚膜的细菌在琼脂培养基上形成的菌落表面湿润、黏稠并呈透明状,边缘光滑,故称光滑型(Smooth,简称 S 型)菌落。不产生荚膜的细菌形成的菌落表面干燥、粗糙,称为粗糙型(Rough,简称 R 型)菌落。

(2) 鞭毛　某些细菌表面长有纤细而呈波浪形弯曲的丝状物,称为鞭毛,它是细菌的运动器官。鞭毛着生于细胞膜内侧的基体上,穿过细胞膜和细胞壁而伸到细胞外部。细菌的种类不同,其鞭毛的数量和着生位置也有所不同,如单毛菌、丛毛菌、周毛菌(图 1-1-5)。鞭毛的直径只有 12~18 nm,而其长度可达菌体长度的数倍到数十倍(图 1-1-6)。细菌的鞭毛需经特殊染色才能在显微镜下观察到,半固体培养基穿刺培养可间接检查鞭毛的存在。

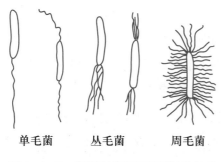

| 单毛菌 | 丛毛菌 | 周毛菌 |

图 1-1-5　细菌的鞭毛及其排列方式

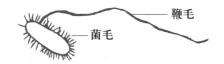

图 1-1-6　细菌的菌毛和鞭毛

鞭毛主要由鞭毛蛋白组成。有鞭毛的细菌具有运动性,判断细菌能否运动,是细菌检验的一个重要依据。

(3) 菌毛　菌毛是存在于许多革兰阴性菌表面、比鞭毛短而细的丝状物(图 1-1-6),其主要成分是蛋白质。菌毛可分为普通菌毛和性菌毛。普通菌毛短而直,数量较多(每个细菌150~1 500 根),菌体周身都有,可以帮助细菌牢固地吸附在动物细胞上,以利于获取营养。因此,普通菌毛与病原菌的致病力有密切关系。性菌毛数量较少(每个菌 1~4 根),比普通菌毛稍粗而长,略带弯曲,中空呈管状,末端有一个小"疙瘩"。有性菌毛的细菌称为雄性菌,菌体内有 F 质粒,用 F^+ 表示;没有性菌毛的细菌称为雌性菌,菌体内不含 F 质粒,用 F^- 表示。雄性菌可以通过性菌毛与雌性菌接合,从而把 F 质粒传递到雌性菌体内,使雌性菌长出性菌毛而变为雄性菌,并表现某些特殊的生命活动。

(4) 芽孢　某些细菌在一定的发育阶段或处于不利的生存环境中时,细胞内形成一个圆形或椭圆形的特殊结构,称为芽孢。芽孢杆菌属和梭菌属的细菌都能产生芽孢。芽孢是细菌的特殊结构,不是细菌的繁殖器官,未形成芽孢的细菌体称为繁殖体,而带有芽孢的菌体称为芽孢体。

芽孢含有细菌体内的核酸、蛋白质以及酶等重要物质。在适宜条件下,每个芽孢都能出芽形成一个新的繁殖体。

细菌的芽孢结构坚实,含水量少,处于休眠状态,对不良环境因素的抵抗力比繁殖体强得多。芽孢特别能耐干燥、高温和渗透压的作用,一般化学药品和染色液也不易渗透进去。如炭疽杆菌芽孢在干燥条件下能存活数十年,破伤风梭菌的芽孢煮沸 1~3 h 仍不死亡。杀灭芽孢可靠的方法是干热灭菌和高压蒸汽灭菌。

图 1-1-7　细菌芽孢的形状和位置

芽孢不易和染料结合,普通染色法染色后,细菌内部的芽孢在显微镜下常呈无色的空洞状。但是,用专门的芽孢染色法能使芽孢着色。

芽孢多呈圆形或椭圆形,其大小和位置都具有种的特征(图 1-1-7),这在细菌检验上有重要的鉴别意义。

二、细菌操作常用仪器的使用方法

(一) 恒温培养箱

恒温培养箱又称培养箱,是培养微生物的重要设备,按恒温时是否需水又分以下两种:隔水式恒温培养箱和电热式恒温培养箱。

隔水式恒温培养箱(图 1-1-8)是以金属制的贮水夹层保温,箱内温度稳定而均匀,外壳用铁皮喷漆夹石棉板制成,箱外有加水孔和水位指标,除外层箱门外,还有一个内层玻璃门,箱内有 1~3 层搁板,箱顶有温度计和排气孔,在门旁侧,有温度调节器和指示灯,通过自动控制而使箱内温度恒定,用浸入式电热管加热。

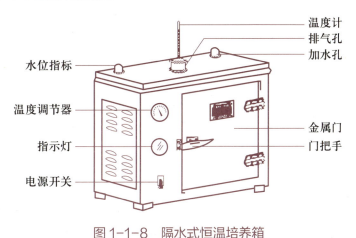

图 1-1-8　隔水式恒温培养箱

电热式恒温培养箱也是由外壁和内壁两层的空腔和电炉丝组成。外壁之内有绝缘保温的石棉板,内壁是金属制的热传导板,培养箱底层有加热装置,温度调节器、指示灯、温度计和排气孔均与隔水式恒温培养箱相同。

1．使用方法

（1）接上电源插头，开启电源开关，绿色指示灯亮，表明电源接通。扭转温度调节器旋钮至所需温度位置，红色指示灯亮，表示电热丝已在发热，箱内升温。

（2）当温度升至所需温度时，绿色指示灯亮，之后红、绿指示灯交替明亮即为恒温。

2．注意事项

（1）培养箱必须放置在干燥、平稳处。

（2）使用时，随时注意温度计的指示温度是否与所需温度（一般为 37 ℃）相同。

（3）除了取、放培养物开启箱门外，尽量减少开启次数，以免影响恒温。

（4）为便于热空气对流，箱内培养物不宜放置过挤。底板为散热板，切勿放置物品。

（二）电热干燥箱

电热干燥箱又称干热灭菌箱(图 1-1-9)，其构造与电热式培养箱相同，只是所用温度较高，主要用于玻璃器皿、金属制品等的干热灭菌和干燥。箱内放置物品要留空隙，保持热空气流动，以利于灭菌和干燥。

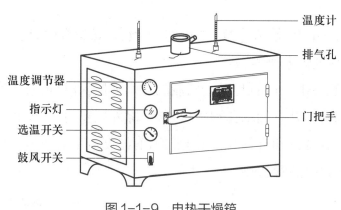

图 1-1-9　电热干燥箱

常用干热灭菌的方法是将温度维持在 160 ℃持续 2 h。灭菌时，关闭箱门加热，开启箱顶上的活塞排气孔，使冷空气排出，待温度升至 60 ℃时，关闭活塞排气孔，温度升至 160 ℃时开始计时，维持 2 h。灭菌完成后，为了避免玻璃器皿炸裂，待箱内温度降至 60 ℃以下时，再开启箱门取物品。

常用的干燥物品的方法是将温度维持在 60 ℃，持续 8 h 以上，期间一直开启活塞排气孔。

注意事项：灭菌过程中如遇温度突然升高、箱内冒烟，应立即切断电源，关闭排气孔，箱门四周用湿毛巾堵塞，隔绝空气进入箱内，待箱内温度降至室温时检查排除故障。

（三）高压蒸汽灭菌器

高压蒸汽灭菌器是应用最广、效率最高的灭菌器，有手提式、立式和横卧式三种，其构造和工作原理基本相同。

高压蒸汽灭菌器为一锅炉状的双层金属圆筒,外筒盛水,内筒有一活动金属隔板,隔板有许多小孔,使蒸汽流通。灭菌器上方(手提式、立式)或前方(横卧式)有金属厚盖,盖上有压力表、安全阀和放气阀。盖的边缘附有螺旋,借以紧闭灭菌器,使蒸汽不能外溢(图 1-1-10)。

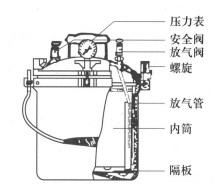

图 1-1-10 手提式高压蒸汽灭菌器

在标准大气压下,水的沸点是 100 ℃,这个温度只能杀死一般细菌的繁殖体,不能杀死芽孢,为了提高温度,就需要增加压力。

高压蒸汽灭菌器是一个密闭的容器,加热时蒸汽不能外溢,所以锅内压力不断增大,使水的沸点超过 100 ℃,当温度达 121 ℃ (约 105 kPa)时,经 30 min 即可杀灭细菌的芽孢。

1. 使用方法

(1) 加适量水于灭菌器外筒内,使水面略低于支架,将灭菌物品包好放入内筒。

(2) 将盖盖好,对称扭紧螺旋,关闭放气阀门;加热,温度逐渐上升,等到 108 ℃ (约 35 kPa)时,徐徐打开放气阀门,排出灭菌器内所存留的冷空气后关闭放气阀门,继续加热。灭菌的温度和时间要根据灭菌材料而定,普通营养琼脂、普通肉汤等培养基及实验用过的器皿、病料等需 121 ℃ (约 105 kPa),经过 20~30 min 可达到彻底灭菌目的;新配制的含糖、氨基酸的培养基,只需 115 ℃ (约 70 kPa),维持 10~15 min 即可。

(3) 灭菌结束后,断开电源,待温度降至 60 ℃ 左右时,打开排气阀,揭开盖,取出灭菌物品。

(4) 手提式高压灭菌器灭菌完毕,放出器内之水,并擦干净。

2. 注意事项

(1) 螺旋必须对称均匀旋紧,使盖紧闭,以免漏气。

(2) 灭菌物品不可堆压过紧,以免妨碍蒸汽流通,影响灭菌效果。

(3) 培养基、生理盐水、敷料、废弃病料、病原微生物的培养物等都可用此法灭菌。

(4) 我国规定,操作压力容器的工作人员需持证上岗,严格按照压力容器操作规程操作。

(四) 电冰箱

电冰箱主要由箱体、制冷系统、自动控制系统和附件四大部分构成。其使用时注意事项如下:

(1) 电冰箱应放置于干燥和空气流通处,必须绝对平稳,不受阳光照射,冰箱要远离高温设备,冰箱周围要有 10~20 cm 空间,以利于散热。

(2) 电冰箱应有专人管理,存放物品位置要固定,不可过密,尽量减少开门次数和开门时间。

（3）冰箱启动，并调节好温度后，如无必要切勿经常旋转温度控制器，以免降低其灵敏度。

（4）蒸发器周围常结有冰霜，过厚时吸热能力降低，增加电力消耗，如冰霜厚度超过 10 mm，必须除霜。除霜的方法是切断电源，把冰箱内物品移至其他冰箱内，打开箱门，让冰霜自然融化，擦干后关上箱门，接通电源，待箱内温度稳定后将物品移回。

（5）电冰箱应保持内外整洁，定期用清洁水揩拭，干布吸干，切勿用强碱、强酸或去污粉等擦洗。

（6）箱外散热器上积尘较多时，影响散热效率，可用吸尘器或吹气装置清除灰尘。

（7）一般使用情况下，每年要进行一次检修。电动机、风扇等的转动轴上，可适当添加润滑油。

（8）箱内保持清洁、干燥，如有霉菌生长，切断电源后取出物品，清洗箱内，经甲醛溶液熏蒸消毒后，再继续使用。

（五）电动离心机

电动离心机常用来沉淀细菌、血细胞、虫卵和分离血清等，转速可达 5 000 r/min。常用的是倾角电动离心机，管孔有一定倾斜角度，使沉淀物迅速下沉。上口有盖，确保安全，前下方装有电源开关和速度调节器（图 1-1-11）。其使用方法及注意事项如下：

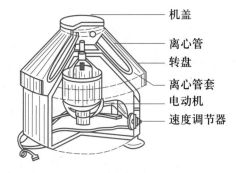

机盖
离心管
转盘
离心管套
电动机
速度调节器

图 1-1-11　电动离心机

（1）先将盛有材料的离心管及套管两两放在天平上平衡，然后对称放入离心机中。若分离材料只有一管，则对侧离心管放入等量的蒸馏水进行平衡。

（2）将盖盖好，接通电源，调节速度调节器至所需速度，待速度稳定后开始计时，达到所需的时间（一般使用 2 000 r/min，维持 15~20 min）后，将调节器调回"0"处，待离心机停止转动，揭盖取出离心管。

（3）离心时如有杂音或离心机震动，应立即切断电源，进行检查。

必须强调，现在仪器种类繁多，在我们的实践中，使用一种新的仪器，一定要认真阅读仪器使用说明书，以便正确使用。

三、玻璃器皿的清洗和灭菌

（一）用过的玻璃器皿的处理

1. 消毒或灭菌
用过的玻璃器皿包括培养微生物后的培养皿、试管，盛过病原微生物或被病原微生物污染的吸管、玻片及三角瓶等。这些物品在洗涤前必须进行灭菌。

(1) 培养皿、试管及三角瓶等均放在高压蒸汽灭菌锅内,121 ℃灭菌 30 min。

(2) 吸管可浸泡于 5% 石炭酸或 0.1% 氯化汞(升汞)溶液中 48 h。若其中有炭疽杆菌芽孢,则应在氯化汞溶液中加入 3% 盐酸。

(3) 含有固体培养基的培养皿、试管或含有油脂、液状石蜡及凡士林的试管等,应在高压灭菌后趁热将其中的培养基或油脂倒掉,并趁热洗涤。

(4) 凡含有血液或血清的玻璃器皿,在洗涤前应将血液和血清倒进烧杯或其他容器中,并用自来水稍作洗涤后,再进行灭菌。否则血液或血清因加热而凝固于容器中,不易倒出,也不易洗涤。

(5) 凡吸取琼脂、血液的吸管,用后立即以热水(吸琼脂者)或冷水(吸血液者)冲洗干净,然后再进行消毒或放置,否则血液和琼脂将凝固在吸管中,不易清理。

2. 洗涤

(1) 将消毒处理过的玻璃器皿浸泡于加洗涤剂的清水中,用毛刷或试管刷刷去油污,然后用清水冲洗 2~3 次。

(2) 经清水冲洗后如仍有污迹,可置于 1%~5% 碳酸钠(苏打)溶液中煮沸 30 min,趁热再洗涤一次,用水冲洗数次。

(3) 凡沾有油脂的器皿,在洗涤前应和未沾油脂者分开浸泡,分开洗涤;沾有油脂者不易洗涤时,可用热水加洗涤剂进行洗涤。

(4) 清洗吸管时,将吸管从消毒液中取出,用细铁丝或解剖针取出棉花。然后将吸管浸泡于洗涤剂中,用吸管刷洗涤吸管内部,洗干净后,用自来水冲洗吸管内部(可用吸管冲洗装置,也可用橡皮管一头接自来水一头接吸管),冲洗 20~60 s,如仍有污迹,应重新洗涤。洗干净后,用蒸馏水冲洗。

3. 干燥

洗干净的玻璃器皿可放在清洁的木架上,使其自然干燥,也可以放在 60 ℃的干燥箱中迅速烘干。在烘干过程中应注意干燥箱的通风。

4. 包装

凡是要求无菌的玻璃器皿,在灭菌前均需包装,以免灭菌后取用时又被外界细菌所污染。各种玻璃器皿的包装方法,要求不完全相同,同时也因操作者本人的习惯等有所不同,但都必须遵循一个原则,即包装严密,易于打开,便于操作。

(1) 试管、三角瓶、烧杯等的包装 试管、三角瓶开口处均需严密包装,口小者直接塞入试管塞后用纸包装,口大者则应用纱布包裹棉花塞入后再包装,开口过大者可不加试管塞直接用纸包装,如烧杯、量筒的包装。

(2) 吸管的包装 用锥子塞少许棉花于吸管口端,起过滤作用。棉花塞大小要适当,不可过松或过紧,如过松,吸吹时会随气流上下移动而失去作用,如过紧,则阻塞空气的流通而使吸吹不便。塞上棉花后,用长度、宽度适当的纸条从吸管尖部开始将整个吸管包裹起来。包装好的吸管用线绳扎成一束或一捆。

(3) 培养皿的包装　用适当的包装纸将适当数量(5~10套)的培养皿包成一包。

5. 灭菌

玻璃器皿的灭菌一般采取干热灭菌,即 160 ℃维持 2 h,也可以用高压蒸汽灭菌,即 121 ℃维持 30 min。

(二)新购入玻璃器皿的处理

新购入的玻璃器皿由于往往附着有游离的碱质而不易洗涤。在使用前须用 1%~2% 盐酸溶液浸泡 1 d,以中和碱质,然后再用洗涤剂洗涤,除去遗留的酸,最后用清水冲洗干净。干燥、包装以及灭菌方法同上。

(三)玻片的处理

1. 用过的玻片的处理

用过的载玻片和盖玻片须分别浸泡于消毒液中,经 36~48 h 后取出,用清水将消毒液冲洗干净。冲洗干净的载玻片和盖玻片在含洗涤剂的水中煮沸 30~60 min,用清水冲洗,若一次不能洗净,可重复洗涤一次。洗净后擦干或晾干,保存于干净容器中或用纸包好备用。

2. 新购入的玻片处理

新购入的玻片由于附着游离的碱质,洗涤前应先用 1%~2% 盐酸溶液浸泡过夜,次日取出,用含洗涤剂的水洗涤,再用清水冲洗,晾干保存。

四、显微镜油镜的使用和保养

(一)油镜的识别

油镜是接物镜的一种,使用时需在物镜和载玻片之间添加香柏油,因此称为油镜。可根据以下几点识别:

(1) 一般来讲,接物镜的放大倍数越大,镜头长度就越长,作为光学显微镜油镜镜头时放大倍数最大,故油镜镜头最长。

(2) 油镜的放大倍数为 90× 或 100×,使用时应查看油镜镜头上标明的放大倍数。

(3) 不同光学仪器厂生产的各类显微镜,往往在接物镜镜头上有红环或白环作为油镜的标记。

（二）油镜的原理

为避免光线的折射,在载玻片和油镜镜头之间加有香柏油。因空气的折光指数$(n_{空}=1.0)$与玻璃的折光指数$(n_{玻}=1.52)$不同,在没有香柏油介质时,光线在经过载玻片和镜头之间的空气时被折射,部分光线不能射入镜头(图1-1-12),加之油镜的镜面较小,进入镜中的光线比低倍镜、高倍镜少得多,致使视野不明亮。为了增强视野的亮度,在镜头和载玻片之间滴加香柏油,香柏油的折光指数$(n_{油}=1.51)$和玻璃的相近(表1-1-1),这样绝大部分的光线射入镜头,使视野明亮,物像清晰。

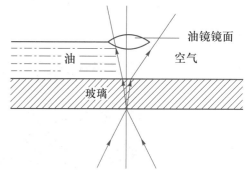

图1-1-12　油镜使用原理

表1-1-1　实验室中几种常用物质的折光指数

品名	玻璃	檀香油	香柏油	加拿大树胶	二甲苯	液状石蜡	松节油	甘油	水
折光指数	1.52~1.59	1.52	1.51	1.52	1.49	1.48	1.47	1.47	1.33

（三）油镜的使用方法

（1）显微镜的放置　显微镜使用时应放置在便于采光(电光源显微镜除外)而平稳的实验桌或实验台上。

（2）调节视野亮度　尽量升高聚光器,放大光圈,调节反光镜,使射入镜头的光线最强。

（3）标本片的放置　在标本片的检查部位滴加香柏油1滴,将标本片固定在载物台上,用油镜检查。

（4）镜检　首先从镜筒旁注视油镜头,小心转动粗调节器,使载玻片和镜头靠近,直至油镜头浸没油中,几乎与载玻片接触。然后,一面从目镜观察,一面徐徐转动粗调节器使镜筒和载玻片的距离缓慢变远,待出现模糊物像时,换用细调节器进行调节,直至物像完全清晰。此时,切勿用调节器使油镜头和载玻片靠近,以免压碎玻片,损坏油镜头。

（5）油镜的保养　油镜使用完毕,用擦镜纸拭去镜头上的香柏油,如油已干或视野模糊不清,可滴加少量二甲苯于擦镜纸上,拭净油镜头,再用擦镜纸将镜头擦拭干净。将低倍镜转至光通路上,反光镜调至垂直状态(电光源显微镜将调光旋钮调至光强度最弱,关闭电源),显微镜用防尘罩罩好,存放在显微镜的指定位置。

五、细菌测微尺的使用

细菌测微尺是用来测量细菌大小的装置,由目镜测微尺和镜台测微尺两部分组成(图1-1-13)。

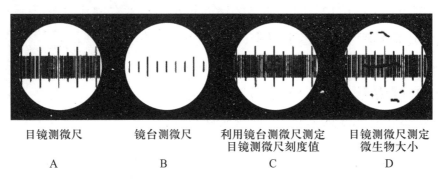

图1-1-13　目镜测微尺(A)、镜台测微尺(B)、校正(C)与测量(D)示意图

(一) 测微尺的组成

1. 目镜测微尺

目镜测微尺是一个圆形玻片,中央有50~100个等分刻度,刻度值由目镜与物镜的放大倍数决定,刻度值由镜台测微尺在目镜、物镜固定的状态下测出。

2. 镜台测微尺

镜台测微尺是一个实际长度的微尺,在载玻片的中央圆形小玻片内,有100个刻度,刻度全长1 mm,一个刻度的长度为10 μm。

(二) 测量方法

(1) 将目镜测微尺装入接目镜的镜筒内,镜台测微尺置于载物台上,用低倍镜找到镜台测微尺并调至视野中央,换油镜使目镜测微尺与镜台测微尺边线重叠,找到另一个重叠刻度,分别对两个重叠刻度之间的刻度数进行统计,得到镜台测微尺刻度数和目镜测微尺刻度数,即可求出目镜测微尺刻度对应当前放大倍数的刻度值。

由于镜台测微尺的刻度每格长10 μm,所以可得:

目镜测微尺刻度值(μm) =10× 镜台测微尺刻度数 ÷ 目镜测微尺刻度数

(2) 取下镜台测微尺,放上待检细菌载玻片观察,将视野中细菌移至目镜测微尺刻度中,即可测出细菌的长度、宽度(杆菌)或直径(球菌)。

(3) 细菌大小的测量单位为μm,测量时以宽 × 长或长 × 宽表示[(0.5~0.7)μm × (0.7~1.2)μm或(0.7~1.2)μm × (0.5~0.7)μm]。

目镜测微尺刻度值的计算实例:目镜测微尺的 7 个小格与镜台测微尺的 1 个小格重叠时,则目镜测微尺刻度值为 10×1÷7=1.43,即目镜测微尺刻度值为 1.43 μm。

六、细菌标本片制备、染色的基本程序

观察细菌标本片的操作程序:抹片→干燥固定→染色→镜检。

(一)载玻片的准备

取清洁载玻片,用纱布或吸水纸擦干净,如有油迹或污垢,用少量乙醇溶液擦拭干净。根据所检材料多少,可在玻片背面用记号笔画出方格或圆圈作为记号。

(二)细菌标本片的制备

1. 接种棒的使用

点燃酒精灯,右手持接种棒(握钢笔方式),先将接种棒直立,使接种环在酒精灯火焰上烧红后,再横向持棒烧金属柄部分,通过火焰 3~4 次,即火焰灭菌,每次使用前均需将接种环进行火焰灭菌。

2. 固体培养物(平板、斜面)或脓汁等抹片的制备

用接种环取生理盐水 1 滴于载玻片上,再用灭菌接种环取培养物少许混合于生理盐水中,混匀涂成薄膜,使其呈极轻微的乳浊状,多余材料在火焰上灭菌。

3. 液体培养物或血液、尿液、渗出液、乳汁等抹片的制备

直接用灭菌接种环取 1 环或数环待检材料,置于载玻片上制成涂片。

4. 组织、脏器材料触片的制备

取病料组织一小块,以其切面在载玻片表面轻轻接触几次,注意不宜触重、过厚,自然干燥,即成组织触片(或称印片)。也可用其切面轻轻接触载玻片表面并移动组织块制成抹片,自然干燥。

(三)干燥固定

抹片于室温自然干燥后,将涂抹面朝上,以其背面在酒精灯火焰上通过数次,略作加热(但不能太热,以不烫手背为度)进行固定。血液、组织以及脏器等抹片(尤其做姬姆萨染色)常用甲醇固定,可将已干燥的抹片浸入含有甲醇的染色缸内,取出晾干,或在抹片上滴加数滴甲醇使其作用 3~5 min 后,自然干燥。

固定目的:①杀死细菌,改变细菌对染料的通透性,因为活细菌一般不允许染料进入细菌体内;②使菌体蛋白凝固附着在载玻片上,以防被水冲洗掉。

(四) 常用的细菌染色方法

固定好的涂片或抹片即可进行染色。染色完成后将染色片贴上标签,注明菌名、材料、染色法和日期等,封存。

常规染色法有单染色法和复染色法。单染色法是仅用一种染料进行染色,如美蓝染色法、瑞氏染色法和姬姆萨染色法。该法简易方便,多用于观察细菌的形态、大小与排列,但不能显示细菌的结构与染色特性。复染色法是用两种或两种以上的染料进行染色,可将细菌染成不同颜色,除可观察细菌的大小、形态外,还能鉴别细菌的不同染色特性,故又称鉴别染色法,常用的有革兰染色法、抗酸染色法和荚膜、鞭毛、芽孢等特殊染色法。

1. 革兰染色法

革兰染色法基本过程:染色→媒染→脱色→复染→干燥→镜检。

(1) 染色 在已干燥固定好的抹片上滴加草酸铵结晶紫溶液,染色 2~3 min,水洗。

(2) 媒染 滴加革兰碘液作用 2~3 min,水洗。

(3) 脱色 滴加 95% 乙醇溶液,脱色时间应根据涂抹面的厚度灵活掌握,多在 20~60 s 之间,水洗。

(4) 复染 滴加石炭酸复红溶液或沙黄水溶液,染色 1~2 min,水洗。

(5) 干燥 用吸水纸吸干或自然干燥。

(6) 镜检 革兰阳性菌呈蓝紫色,革兰阴性菌呈红色。

革兰染色法与细菌细胞壁的结构密切相关,经结晶紫初染和碘液媒染后,所有细菌都因染上不溶于水的结晶紫与碘的复合物而呈现深紫色。但革兰阴性菌肽聚糖少,交联疏松,且细胞壁脂质含量高,易被乙醇溶解,使细胞壁通透性增高,结合的染料复合物容易溶解洗脱,最后被红色的染料复染为红色。革兰阳性菌细胞壁脂质含量低,肽聚糖层厚,立体网络状结构紧密,染料复合物不易从菌体细胞内溶出,故复染后仍呈紫色。

革兰染色法的临床意义在于:①鉴别细菌,革兰染色可将细菌分成革兰阳性菌和革兰阴性菌两大类;②与致病性有关,大多数革兰阳性菌以外毒素为主要致病物质,而革兰阴性菌主要以内毒素致病,二者致病机制各不相同;③选择抗菌药物,青霉素的杀菌作用主要是阻碍细菌细胞壁中肽聚糖的合成,所以大多数革兰阳性菌对青霉素敏感,大多数革兰阴性菌对氨基糖苷类抗生素如链霉素、庆大霉素敏感。

2. 美蓝染色法

将碱性美蓝染液滴加于已干燥、固定好的抹片上,使其覆满整个涂抹面,经 2~3 min,用水缓缓冲洗,至冲下的水无色为止;甩去水分,用吸水纸吸干或自然干燥;镜检,荚膜呈红色,菌体呈蓝色,异染颗粒呈淡紫色。

3. 瑞氏染色法

抹片自然干燥,滴加瑞氏染色液就可对标本进行固定。固定 1~2 min 后,滴加与染色液等量的磷酸盐缓冲液(KH$_2$PO$_4$ 6.63 g,Na$_2$HPO$_4$ 2.56 g,蒸馏水 1 000 mL)或蒸馏水,轻轻摇晃使两种液体混合均匀,染色 2~3 min,用蒸馏水冲洗 30~60 s,干燥,镜检,菌体呈深蓝色,组织细胞等呈其他颜色。

4. 姬姆萨染色法

(1) 快速染色法　适用于血涂片、组织触片等的染色。涂片用甲醇固定 1~3 min,自然干燥后用姬姆萨染液 1 份和蒸馏水 20 份的混合液染色 30~60 min,用蒸馏水冲洗 30 s 左右,干燥,镜检,菌体呈蓝色。

(2) 缓慢染色法　适用于不易着色的微生物如螺旋体、支原体、立克次体的染色。涂片用甲醇固定 3 min(或用无水乙醇固定 15 min),然后将载玻片放于盛有染色液的染色缸内染色过夜,取出载玻片,用蒸馏水充分冲洗,干燥,镜检,微生物被染成蓝色。

附1　常用染色液的配制

1. 革兰染色液

(1) 草酸铵结晶紫染色液

甲液:结晶紫 2 g,95% 乙醇 20 mL。

乙液:草酸铵 0.8 g,蒸馏水 80 mL。

将结晶紫放入研钵中,加乙醇溶液研磨均匀为甲液,然后将完全溶解的乙液与甲液混合即成。

(2) 革兰碘液　碘 1 g,碘化钾 2 g,蒸馏水 300 mL。将碘放入研钵中研磨成细粉末备用;将碘化钾加入少量蒸馏水溶解,放入磨碎的碘粉末,充分震荡溶解,徐徐加入蒸馏水,继续震荡溶解。待碘完全溶解后,加入剩余的蒸馏水混匀,装入棕色瓶中。

(3) 稀释石炭酸复红溶液(复染液)　取碱性复红乙醇饱和溶液(碱性复红 10 g 溶于 95% 乙醇 100 mL 中)1 mL 和 5% 石炭酸水溶液 9 mL 混合,即为石炭酸复红原液。取原液 10 mL 和 90 mL 蒸馏水混合,即成稀释石炭酸复红溶液。

2. 碱性美蓝染色液

甲液:美蓝(亚甲蓝)0.3 g,95% 乙醇溶液 30 mL。

乙液:0.01% 氢氧化钾溶液 100 mL。

将美蓝放入研钵中研磨,徐徐加入乙醇溶液,继续研磨使美蓝溶解即为甲液。将甲、乙两液混合,过夜后用滤纸过滤即成。新配制的美蓝染色液染色不良,陈旧的染色较好。

3. 瑞氏染色液

(1) 瑞氏染料粉末的制备　美蓝 1.0 g,0.5%Na$_2$CO$_3$ 水溶液 100 mL,0.2% 黄色伊红 500 mL。将美蓝溶解于 0.5%Na$_2$CO$_3$ 水溶液中,100 ℃ 水浴加热 1 h,冷后过滤,边搅拌边缓缓将黄色伊红加入滤液中,使其产生黑色沉淀,过滤,将沉淀放入 60 ℃ 的干燥箱中烘干即成瑞氏染料粉末。

(2) 瑞氏染色液的制备　瑞氏染料粉末 0.1 g,中性甘油 1 mL,甲醇 60 mL。将瑞氏染料粉末和中性甘油在研钵中混合研磨,加入甲醇使其溶解,盛于棕色瓶中,保存于暗处,用时过滤。该染色液保存越久,染色效果越好。

4. 姬姆萨染色液

（1）姬姆萨染料粉末的制备　伊红 1.5 g，天青Ⅱ 0.4 g，甘油 125 mL，甲醇 125 mL。将甘油和甲醇分别水浴加热至 60 ℃，把伊红和天青Ⅱ加入甘油内溶解，然后加入甲醇，放置过夜后过滤，即可在滤纸上获得姬姆萨染料晶体，干燥后即成姬姆萨染料粉末。

（2）姬姆萨染色原液的配制　姬姆萨染料粉末 0.6 g，甘油 50 mL，甲醇 50 mL。将姬姆萨染料粉末加入甘油内，于 60 ℃水浴中加热 1.5~2 h，再将甲醇加入，放置数天后过滤，滤液即为姬姆萨染色原液。将 1 份原液与 20 份蒸馏水混合，即为使用液。

任务实施

一、认识和掌握常用仪器的使用以及玻璃器皿的处理方法

1. 实施目标

（1）能正确使用各种实验仪器，掌握各种仪器的使用注意事项。

（2）熟悉各种玻璃器皿的清洗和灭菌方法。

2. 实施步骤

（1）仪器材料准备　电热式恒温培养箱、电热干燥箱、高压蒸汽灭菌器、电冰箱、电动离心机、试管、吸管、培养皿（平皿）、三角烧瓶、烧杯、量筒、量杯、漏斗、载玻片、研钵、普通棉花、脱脂棉、纱布、牛皮纸（或旧报纸）、苯扎溴铵溶液、煤酚皂（又称甲酚皂、来苏尔）溶液、石炭酸、肥皂粉、重铬酸钾、硫酸、盐酸等。

（2）确定工作实施方案

① 小组讨论　分小组实施，每小组 3~5 人。小组召集人根据"任务准备"中学习的内容，并逐条、充分地与组员讨论操作方案，合理分工，以完成常用仪器的使用以及玻璃器皿的处理。小组召集人由本组成员轮流担任，每完成一项工作轮换一次。

② 确定方案　各小组召集人上台汇报本小组工作任务单中的相关操作内容及人员分工，其他组的同学点评其优缺点并做补充。教师综合评价各组表现，并根据各组汇报归纳出供全班同学实际操作的实施方案。

（3）实施操作　各小组按最终的工作实施方案进行操作，填写表 1-1-2。每项工作完成后，由小组召集人召集组员纠错与反思，完善操作任务，最后对工作过程进行评价。

表1-1-2　常用仪器的使用和玻璃器皿的处理工作任务单

工作内容	组内分工	设备和材料	工作要求	工作过程评价	
				自评	互评
1. 体验仪器的操作过程					
2. 正确使用仪器完成一次完整操作					
3. 体验用过的玻璃器皿的处理					
4. 体验用过的玻片的处理					
5. 体验新购入玻璃器皿和玻片的处理					

二、细菌形态结构的观察和细菌大小的测定

1. 实施目标

（1）能利用显微镜油镜观察培养物及病料中细菌的形态和某些特殊结构。

（2）能够使用细菌测微尺测量细菌大小。

2. 实施步骤

（1）仪器材料准备　显微镜、香柏油、二甲苯、擦镜纸、细菌染色标本片、细菌测微尺一套。

（2）确定工作实施方案

① 小组讨论　分小组实施,每小组 3~5 人。小组召集人根据"任务准备"中学习的内容,逐条、充分地与小组成员讨论操作方案,合理分工,以完成细菌形态的观察和细菌大小的测定。小组召集人由本组成员轮流担任,每完成一项工作轮换一次。

② 确定方案　各小组召集人上台汇报本小组工作任务单中的相关操作内容及人员分工,其他组的同学点评其优缺点并做补充。教师综合评价各组表现,并根据各组汇报归纳出供全班同学实际操作的实施方案。

（3）实施操作　各小组按最终的工作实施方案进行操作,填写表 1-1-3 和表 1-1-4。每项工作完成后,由小组召集人召集组员纠错与反思,完善操作任务,最后对工作过程进行评价。

表 1-1-3　细菌形态的观察和细菌大小的测定工作任务单

工作内容	组内分工	设备和材料	工作要求	工作过程评价	
				自评	互评
1. 练习使用显微镜油镜					
2. 观察细菌标本片					
3. 练习使用细菌测微尺					
4. 测量细菌大小					
5. 绘制细菌形态图,填写记录表(表1-1-4)					

表 1-1-4　主要细菌观察记录表

观察项目	细菌名称				
形态					
大小					
芽孢(有/无)					
荚膜(有/无)					
菌毛(有/无)					
鞭毛(有/无)					

三、细菌标本片的制备及染色

1. 实施目标

(1)掌握细菌美蓝和革兰染色方法。

(2)能够识别革兰阳性菌和革兰阴性菌的染色特征。

2. 实施步骤

(1)仪器材料准备　显微镜、酒精灯、接种环、载玻片、吸水纸、生理盐水、美蓝染色液、革兰染色液、染色缸、染色架、洗瓶、香柏油、二甲苯、擦镜纸、记号笔、大肠杆菌斜面和肉汤 24 h 培养物、葡萄球菌斜面和肉汤 24 h 培养物等。

(2)确定工作实施方案

① 小组讨论　分小组实施,每小组 3~5 人。小组召集人组织小组成员,根据"任务准备"

中学习的内容,逐条、充分地讨论操作方案,合理分工,以完成细菌标本片的制备及染色,小组召集人由本组成员轮流担任,每完成一项工作轮换一次。

②　确定方案　各小组召集人上台汇报本小组工作任务单中的相关操作内容及人员分工,其他组的同学点评其优缺点并做补充。教师综合评价各组表现,并根据各组汇报归纳出供全班同学实际操作的实施方案。

(3) 实施操作　各小组按最终的工作实施方案进行操作,填写表 1-1-5。每项工作完成后,由小组召集人召集组员纠错与反思,完善操作任务,最后对工作过程进行评价。

表 1-1-5　细菌标本片的制备及染色工作任务单

工作内容	组内分工	设备和材料	工作要求	工作过程评价	
				自评	互评
1. 用细菌斜面、肉汤 24 h 培养物分别制备细菌涂片					
2. 练习革兰染色					
3. 练习美蓝染色					
4. 用显微镜观察制作的标本片					

随堂练习

1. 名词解释

(1) 细胞壁;(2) 质粒;(3) 荚膜;(4) 菌胶团;(5) 鞭毛;(6) 菌毛。

2. 填空题

(1) 细菌的基本结构有＿＿＿＿、＿＿＿＿、＿＿＿＿和＿＿＿＿等,特殊结构有＿＿＿＿、＿＿＿＿、＿＿＿＿和＿＿＿＿。

(2) 玻璃器皿干热灭菌的温度是＿＿＿＿℃,灭菌时间是＿＿＿＿;也可用高压蒸汽灭菌,一般使用的温度是＿＿＿＿℃,灭菌时间是＿＿＿＿。

(3) 细菌测微尺是用来测量细菌大小的装置,由＿＿＿＿和＿＿＿＿两部分组成。

(4) 常规染色法有单染色法和复染色法,单染色法是仅用一种染料进行染色,如＿＿＿＿、＿＿＿＿和＿＿＿＿。

3. 问答题

(1) 如何处理被病原微生物污染的玻璃器皿?

(2) 高压蒸汽灭菌器的使用注意事项有哪些?

(3) 显微镜油镜有什么特征,如何保养?

（4）如何制备细菌染色标本片？

（5）简述革兰染色的方法、结果和临床意义。

任务 1.2　细菌的分离鉴定

任务目标

知识目标：

1. 了解细菌的化学组成和营养类型，熟悉细菌的营养物质及其作用。

2. 掌握细菌生长繁殖的条件和特点。

3. 掌握常用培养基的类型，熟悉细菌的培养方法。

4. 了解细菌的酶。

5. 熟悉细菌的呼吸类型。

6. 掌握细菌的新陈代谢产物和生化反应。

技能目标：

1. 掌握培养基制备的基本程序和培养基 pH 的测定、校正方法。

2. 掌握细菌移植和分离培养的方法。

3. 掌握细菌生化试验的操作方法。

任务准备

一、细菌的分离培养

（一）细菌的化学组成及营养类型

1. 细菌的化学组成

细菌的化学组成见图 1-2-1。

2. 细菌的营养类型

在细菌体内，碳、氢、氧元素的数量极多，而碳元素的总量最大，因此，细菌需要大量的碳元素。根据细菌体内碳元素的来源，细菌的营养类型可分为自养型和异养型。

（1）自养型　自养型细菌能以简单的无机物（如二氧化碳、碳酸盐）作为碳源，合成菌体所

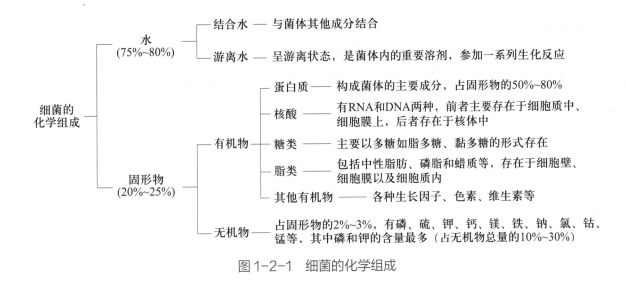

图 1-2-1 细菌的化学组成

需要的含碳有机物。自养型细菌具有完备的酶系统,合成能力较强,代谢所需的能量来自分解营养物质时释放的能量,也可以吸收光能,通过光合作用而参与代谢。

(2) 异养型 异养型细菌不能单独利用二氧化碳等无机物作为碳源,必须从有机物中获得碳元素。异养型细菌不具有完备的酶系统,合成能力也较差,其代谢所需能量大多通过分解化学物质而获得。致病性细菌多属于异养型细菌。

异养型细菌由于生活环境不同,又分为腐生菌和寄生菌两类。如果生长在动植物尸体、腐败食品等无生命的有机体中,以其中的有机物质作为营养来源,就称为腐生菌。如果寄生于活的动植物或微生物体内,靠宿主的组织细胞提供营养,则为寄生菌。

3. 细菌的营养物质及其作用

(1) 水 水既是细菌不可缺少的结构成分,又是细菌生命活动中不可缺少的营养物质。水是菌体内重要的溶剂,细菌所需营养物质必须先溶解在水中,才能被细菌吸收利用。水的比热容较大,有利于调节菌体温度。水还参与菌体内外的物质交换。菌体内一切代谢活动都要在有水的环境中才能进行,缺水会导致菌体细胞衰老和死亡。

(2) 含碳化合物 主要为菌体提供能量,少部分用于合成菌体自身结构中的多糖。

(3) 含氮化合物 氮是构成细菌蛋白质和核酸的重要元素。在自然界中,从分子态的氮到复杂的有机含氮化合物,都可以作为不同细菌的氮源,病原菌多以有机氮作为氮源。

(4) 矿物质 矿物质既是细菌重要的结构成分,又是细菌生长繁殖不可缺少的营养物质。矿物质元素分为大量元素和微量元素两类。大量元素有磷、硫、钾、钠、钙、镁、铁等,它们组成细菌的结构物质,调节菌体内部渗透压,参与能量转移等。微量元素如铜、锌、钴、锰,是酶的辅基成分,或是酶的活化剂,它们的需要量很少,但有着重要的作用,是不可缺少的营养物质。因此,矿物质的作用是构成菌体成分,作为酶的组成成分或维持酶的活性,调节菌体内部的渗透压。

(5) 生长因子 生长因子是指细菌生长时不可缺少的微量有机物,主要包括维生素、嘌呤、嘧啶及某些氨基酸等。在细菌培养时,这些物质可由酵母浸膏、血清等提供。

（6）气体 细菌对气体的需要根据细菌的呼吸类型而定。厌氧菌生长在缺氧环境中,需氧菌及兼性厌氧菌等生长在有氧环境中。因此,培养厌氧菌时应隔绝空气;培养需氧菌、兼性厌氧菌时应保证环境中有充足的空气。

（二）细菌的生长繁殖

1. 细菌生长繁殖的条件

（1）营养物质及提供方式 细菌生长繁殖所需营养物质及提供方式如下:

① 水 细菌的正常代谢和生长繁殖需要充足的水分。人工培养细菌时,使用的水为蒸馏水、无离子水。

② 含碳化合物 葡萄糖、乳糖、蔗糖和麦芽糖等是培养细菌时常用的含碳化合物,细菌利用单糖和双糖的能力较强。另外,有的细菌还能利用淀粉等多糖。

③ 含氮化合物 通常将蛋白胨、氨基酸或尿素等有机物加入培养基中,作为含氮物来源,有时也用硝酸钾、氯化铵等含氮矿物质作为细菌的氮素来源。

④ 矿物质 最常用的矿物质是氯化钠,其次是磷酸氢二钾、磷酸二氢钠、氯化镁、亚硫酸钠等。

⑤ 生长因子 动物血清、植物浸出液、酵母浸膏和动物组织液等含有丰富的生长因子,同时含有大量的含碳化合物、含氮化合物和矿物质等营养成分。

⑥ 气体 细菌的生长繁殖与氧的关系甚为密切,在细菌培养时,气体的提供要根据细菌的呼吸类型而定。培养需氧菌时应保证环境中有充足的氧气。微嗜氧菌或兼性厌氧菌在初次培养时需要一定浓度的二氧化碳气体。而厌氧菌在生长过程中需要隔绝环境中的空气或使用专门的厌氧培养基。

（2）温度 细菌只能在一定温度范围内进行生命活动,温度过高或过低,其生命活动会受阻,乃至停止。病原菌的最适生长温度为 37 ℃,所以动物微生物实验室恒温培养箱温度都是 37 ℃,以利于培养病原菌。

（3）pH 环境的 pH 对细菌生长影响很大,大多数病原菌生长的适宜 pH 为 7.2~7.6。许多细菌在生长过程中,能使培养基变酸或变碱而影响其生长,所以往往需要在培养基内加入一定的缓冲剂。如按比例加入一定量的磷酸二氢钠和磷酸氢二钾,就能保持培养基 pH 的稳定。

（4）渗透压 细菌需要适宜的渗透压条件才能生长与繁殖。盐腌、糖渍之所以具有防腐作用,是因为盐和糖能提高食品中的渗透压,而一般细菌和霉菌在高渗条件下不能生长繁殖之故。不过细菌与其他生物细胞比较,对渗透压有很大的适应能力,特别是有一些细菌(如副溶血弧菌)能在较高的食盐浓度(8%)下生长。

2. 细菌生长繁殖的特点

（1）细菌的繁殖方式和速度 细菌的繁殖方式是简单的二分裂。在适宜条件下,大多数细菌每 20~30 min 分裂一次,按这样的速度计算,一个细菌在最适生长条件下繁殖 10 h 后,可以形成 10 亿个细菌,但由于营养物质的消耗、有害产物的堆积等因素,细菌是不可能保持这种速度繁殖的。有些细菌如结核分枝杆菌,在人工培养基上繁殖速度很慢,每 18~20 h 才分裂一次。

(2) 细菌的生长曲线　将一定数量的细菌接种在适宜的液体培养基中,定时取样计算细菌数,以培养时间为横坐标,细菌数的对数为纵坐标,可形成一条生长曲线,整个曲线可分为四个时期(图 1-2-2)。

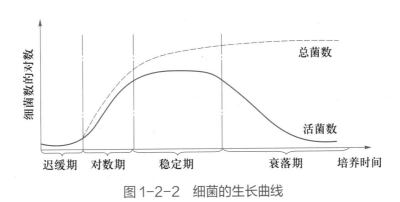

图 1-2-2　细菌的生长曲线

① 迟缓期　细菌刚进入新的培养基后的一段时期内,细菌数目没有明显增加,但细胞体积增大,代谢旺盛,菌体内蛋白质合成及核酸复制活跃,并产生足够量的酶、辅酶,积累必要的原料物质,为细菌的分裂做准备。当这些物质积累到一定程度时,少数细菌开始分裂。一般为最初培养的 1~4 h。

② 对数期　经过迟缓期后,细菌以最快的速度进行增殖,而死亡细菌极少,因而使活菌数呈直线上升。在此期间,菌体的形态、大小较为一致,生物性状也较典型。因此,研究细菌的生物学性状应选用该期的细菌。

③ 稳定期　随着培养基中营养物的消耗和有害产物的积累,细菌生长速度减慢,新生细菌数与死亡细菌数基本相等,使总活菌数保持稳定。稳定期的后期,可能出现细胞形态与生理特征异常的细菌个体,细菌的芽孢、外毒素和抗生素等代谢产物大多在此期产生。

④ 衰落期　细菌死亡的速度超过分裂速度,培养基中活菌数急剧下降。最后,细菌可能全部死亡,或者以芽孢的形式存在。该期细菌的形态出现衰退型或自溶,菌体活力下降,染色特征不典型,难以鉴定。如果要对细菌做进一步鉴定,则必须将对数期或稳定期的细菌移植到新的培养基中,这样才能保持典型的形态。

掌握细菌生长规律,不仅可以有目的地研究和控制病原菌的生长,而且可以更有效地发现和培养对人类有益的细菌。

(三) 细菌的人工培养

细菌能进行独立代谢,可以在人工培养基上生长繁殖。单个细菌在固体培养基上繁殖后,能形成独立的菌落。在固体培养基上把多个细菌的混合物分散成单个细菌,它们生长一定时间后,就能形成独立的菌落。将其中某一个菌落移植到新的培养基中培养后保存起来,就会得到这种细菌的纯培养物,这样就把它与其他细菌分离开了,这一技术称为细菌的分离。细菌通过人工培养进行分离是检验和鉴定细菌的基础和前提。

1. 培养基

把细菌生长所需的营养物质调配在一起制成的、用于培养细菌的人工养料叫作培养基。培养基有多种类型,而且必须达到一定的要求才能应用。

(1) 常用培养基的类型

① 按其物理性状分类

液体培养基:是含有各种营养成分的液体,常用的是肉汤培养基。

固体培养基:是在液体培养基中加入 1%~2% 的琼脂而制成的培养基。固体培养基常用的有琼脂斜面培养基、琼脂高层培养基和琼脂平板培养基。

半固体培养基:是在液体培养基中加入 0.3%~0.7% 的琼脂制成的培养基。

② 按其用途分类

基础培养基:含有大多数细菌生长共同需要的营养成分,可用于培养对营养要求不高的细菌。如肉汤培养基、普通琼脂培养基和蛋白胨水。

营养培养基:在基础培养基中加入葡萄糖、血液、血清、腹腔积液、酵母浸膏及生长因子等,用于培养营养要求较高的细菌。

增菌培养基:在基础培养基或营养培养基中加入某种细菌所需的特殊营养成分,配制出适合这种细菌生长而不适合其他微生物生长的培养基,如亚硒酸盐增菌培养基用于沙门菌的增菌培养。当病料或检验材料中细菌含量较少时,常先进行增菌培养,以扩大细菌数量,然后进行检验。

鉴别培养基:利用不同细菌分解糖、蛋白质的能力及其代谢产物的不同,在基础培养基或营养培养基中加入某种特殊成分或指示剂,使得混合在一起的多种细菌在同一种培养基上生长时,表现出不同的、肉眼可鉴别的变化,从而达到鉴别细菌的目的。如伊红 – 美蓝琼脂、麦康凯琼脂等培养基可鉴别肠道杆菌。

选择培养基:在培养基中加入某些化学物质,不影响所需要细菌的生长,但能抑制不需要的细菌,借以从多种细菌的混合物中选择出某一种细菌,如赫克通肠道菌琼脂(HE)、沙门 – 志贺菌琼脂(SS)培养基是沙门菌的选择培养基。

厌氧培养基:厌氧菌不能在有氧环境中生长。将培养基与空气隔绝,或向培养基中加入一些物质,使培养基中的氧气耗尽,则可用于培养厌氧菌。如肝片肉汤培养基、肉渣汤培养基。

(2) 制作培养基的基本要求

① 含有丰富的营养物质,不含任何抑菌物质。

② 具有适当的 pH 和水分。

③ 均匀透明,易于观察。

④ 经过灭菌和无菌检验。

2. 培养基制备的基本程序

培养基制备的基本程序:配料→溶解→测定及校正 pH→过滤→分装→灭菌→无菌检验→保存备用。

(1) 营养肉汤(肉膏汤)培养基

成分:牛肉膏 5 g,蛋白胨 10 g,氯化钠 5 g,磷酸氢二钾 1 g,蒸馏水 1 000 mL。

制法:将称量好的牛肉膏、蛋白胨、氯化钠、磷酸氢二钾加入蒸馏水中,加热溶解。校正 pH 至 7.4~7.6,过滤分装。置高压蒸汽灭菌器内,121 ℃经 20 min 灭菌,4 ℃冰箱保存。

用途:可供一般细菌生长,同时也是制作其他培养基的基础培养基。

(2) 营养琼脂培养基

成分:营养肉汤 1 000 mL,琼脂粉 12~15 g。

制法:将琼脂粉加入营养肉汤内,煮沸使其完全溶解,校正 pH 至 7.4~7.6,4 层纱布过滤分装于试管或三角烧瓶中,121 ℃灭菌 20 min。营养琼脂培养基可制成斜面、高层培养基或琼脂平板等不同形态。

此培养基可供一般细菌的分离培养、纯培养,观察菌落特征及保存菌种等,也可作特殊培养的基础培养基。

(3) 血液琼脂培养基　制备含鲜血的琼脂平板时,应将刚灭菌好的营养琼脂温度降至 50 ℃左右(50 ℃水浴),按 5%~10% 的比例加入无菌血液(脱纤维血或抗凝血),摇匀后倒入灭菌的平皿。若制作鲜血琼脂斜面,则应将试管内刚灭菌好的营养琼脂温度降至 50 ℃左右,向每一个营养琼脂管加入 1~2 滴血液,混匀,摆成斜面即可。

(4) 半固体培养基　按营养肉汤培养基的成分称量好所有试剂,加入蒸馏水,再加入 0.3%~0.7% 的琼脂粉,煮沸使其完全溶解,校正 pH 至 7.4~7.6,过滤后分装于试管中,121 ℃灭菌 20 min 即成。用于保存菌种或观察细菌的运动性。

(5) 肉渣汤(庖肉)培养基　于每支试管中加入 2~3 g 牛肉渣和营养肉汤 5~6 mL,液面盖一薄层液状石蜡,经 121 ℃灭菌 20~30 min 后,4 ℃冰箱保存备用。此培养基用于厌氧菌的培养,使用时将肉渣汤培养基置于 100 ℃水浴 10 min,以赶出培养基内存留的氧气。

3. 培养基 pH 的测定与校正

(1) 精密 pH 试纸法　取精密 pH 试纸一条浸入欲测的培养基中,0.5 s 后取出与标准比色卡比较,如为酸性,滴加适量 1 mol/L 氢氧化钠,充分摇匀,再用试纸测定使其达到所需 pH;如为碱性,滴加适量 1 mol/L 盐酸,充分摇匀,再用试纸测定使其达到所需 pH。

(2) 标准比色管法

① 取与标准比色管大小一致的试管 3 支,按图 1-2-3 所示,每管内加入不同的溶液。管 1

为对照管(加培养基 5 mL);管 2 为标准比色管;管 3 为蒸馏水管;管 4 为检查管(加培养基 5 mL、0.02% 酚红指示剂 0.25 mL)。

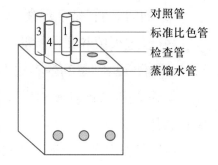

图 1-2-3　比色架

② 对光观察　比较比色架两侧观察孔内颜色是否相同,培养基若为酸性(一般呈酸性),则向管 4 中慢慢加 0.1 mol/L 氢氧化钠,每滴 1 次,将试管内液体摇匀,直至两侧观察孔内颜色相同为止。

③ 记录 5 mL 培养基用去 0.1 mol/L 氢氧化钠的量,按下列公式计算培养基总量中需加 1 mol/L 氢氧化钠的用量。

所需 1 mol/L 氢氧化钠量 =5 mL 培养基所需 0.1 mol/L 氢氧化钠毫升数 × 培养基总毫升数 ÷5÷10

④ 加入计算所得量的 1 mol/L 氢氧化钠至培养基后摇匀,重复步骤①②,如 pH 不在所需范围,应重新校正。

随着经济的发展,一些常用的培养基已商品化,不需要测定与校正 pH,应用相当方便。

4. 细菌的接种培养

(1) 倾注平皿接种法　无菌操作,将少量液体待检材料加入灭菌平皿内,然后将冷却至 50 ℃左右的琼脂培养基倾入平皿内,摇匀,水平放置,待其凝固后放入培养箱中培养。本法适合检测鲜奶及奶制品、饮水、尿液等液体材料中的细菌。

(2) 平板划线培养法　无菌操作,用灭过菌的接种环取少量材料,然后在营养琼脂平板表面划线,再进行培养。平板划线培养的目的在于使所划线路上的细菌逐渐减少,从而得到单个菌落。琼脂平板经划线后,应使平板底朝上,放在恒温培养箱中培养。划线法适合于材料含菌量较多时的细菌分离。

(3) 斜面接种法　用灭过菌的接种环将材料接种于琼脂斜面上使其生长。此法适合细菌移植和菌种保存。

(4) 穿刺接种法　用灭过菌的接种针挑取少量菌落或液体培养物,于培养基中心穿入,当针尖距管底 0.3~0.5 cm 时将接种针按原穿刺线退出。此法适合半固体培养基、明胶高层培养基等的接种和菌种保存。

(5) 液体培养基接种法　用灭过菌的接种环挑取待检材料,插入盛有液体培养基的试管中摇动 2~3 次,塞好试管塞后培养。

(四) 细菌的分离培养和移植

1. 细菌的分离培养

细菌的分离培养是进行细菌学诊断的重要环节。

(1) 平板划线分离法　目的是将被检查的材料做适当的稀释,在琼脂平板上划线分离,以便能得到单个菌落。其操作方法如下：

①右手持接种环于酒精灯上烧灼灭菌,待冷。

②无菌操作取病料,若为液体病料,可直接用灭菌的接种环取病料一环;若为固体病料,首先将烙刀在酒精灯上灭菌,并立即用其烧烙病料表面灭菌,然后用灭菌接种环从烧烙部位伸到组织中取内部病料。

③左手持培养皿,用拇指、食指和中指将皿盖打开一侧(角度大小以能顺利划线为宜),将
已取被检材料的接种环伸入平皿,并涂于培养基一侧,
然后自涂抹处以腕力在平板表面轻轻地分区划线,可
间断划线(图1-2-4A),也可连续划线(图1-2-4B),第
一组作1~3次划线,环上的多余细菌材料烧掉后,从第
一组划线引出第二组划线,接种环灭菌,再从第二组划
线引出第三组划线,如此反复3~4组划线后,即可把整
个平板表面划满。一组划线的起点只能与邻近的上一
组划线重叠,这样就可在最后的1~2组划线上出现多
量的单个菌落。

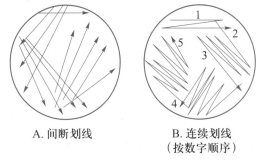

A. 间断划线　　B. 连续划线
　　　　　　　　　(按数字顺序)

图 1-2-4　平板划线分离法

④划线完毕,烧灼接种环,将培养皿盖好,用记号笔在培养皿底部注明被检材料和日期,
将培养皿倒置于37 ℃培养箱中,培养18~24 h后观察结果。

(2)倾注分离法　取3支灭菌后冷却至50 ℃左右的营养琼脂管,用灭菌的接种环取1环
培养物(或被检材料)接种至第1管中,振荡混匀,
再由第1管取1环至第2管,振荡混匀后,再由第2
管取1环至第3管,振荡混匀后,3支管分别倒入3
个灭菌培养皿中,待凝固后,将培养皿倒置于37 ℃
培养箱中培养24 h观察结果(图1-2-5)。

2. 厌氧菌的分离培养

(1)用上述平板划线或倾注分离法接种后,将
培养皿置于无氧环境中培养即可。

(2)创造无氧环境　在厌氧菌的培养中,创造
无氧环境的方法很多,本实验以碱性焦性没食子酸
法为例作介绍。

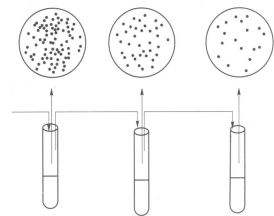

图 1-2-5　倾注分离和培养结果

焦性没食子酸与氢氧化钠混合后,可迅速吸收氧气成为深褐色化合物。焦性没食子酸与
氢氧化钠的用量按器皿的容积计算,每1 000 mL空间用焦性没食子酸10 g、10% 氢氧化钠液
100 mL。

在干燥器的底部用橡皮泥或石蜡做一个高约0.5 cm的堤,把干燥器的底一分为二,一侧

放焦性没食子酸,一侧放氢氧化钠液;然后放上干燥器的隔板,并把需培养的平板放在隔板上,加盖密封后,倾斜干燥器,使氢氧化钠流向另一侧的焦性没食子酸,然后将干燥器放在37 ℃培养箱内24~48 h,即可获得厌氧菌的培养物。

3. 细菌移植

(1) 斜面移植法

① 左手斜持菌种管和被接种琼脂斜面管,使管口互相并齐,管底部放在拇指和食指之间,松动两管试管塞,以便接种时容易拔出。

② 左手斜持菌种管和被接种琼脂斜面管,使试管口靠近酒精灯火焰,右手持接种棒,将接种环和接种棒在火焰上灭菌,用右手小指和无名指并齐同时拔出两管试管塞。

③ 将接种环伸入菌种管内,先在无菌生长的琼脂上接触使接种环冷却,再挑取少许细菌后将该接种环立即伸入另一管斜面培养基上,勿碰及斜面和管壁,直达斜面底部,从斜面底部开始划曲线,向上至斜面顶端(图1-2-6),接种环通过火焰灭菌,将试管塞塞好。

④ 接种完毕,放下接种棒。在斜面管壁上注明菌种名、日期、接种者等信息,置于37 ℃培养箱中培养。

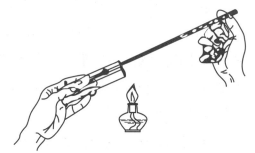

图1-2-6　斜面移植

(2) 待检可疑菌的移植法　从平板培养基上选取可疑菌落移植到琼脂斜面上做纯培养时,用右手持接种棒,将接种环火焰灭菌。左手打开培养皿盖,用接种环挑取可疑菌落,退出接种环,左手盖上培养皿盖,放下培养皿,立即用左手取斜面管,按上述方法进行接种,培养。

厌氧菌的纯培养常用肉渣汤(庖肉培养基)培养法,先将试管倾斜,使培养基表面的石蜡层变薄,然后挑取可疑菌落接种,接种后将试管直立,液状石蜡即完全封闭液面,置于37 ℃培养箱中培养。

(3) 肉汤移植法　用灭菌的接种环取少许细菌,迅速伸入肉汤管内,在接近液面的管壁轻轻研磨,并蘸取少许肉汤调和,使细菌混合于肉汤中,将试管塞塞好。接种完毕,接种环通过火焰灭菌后放下接种棒,在管壁上注明菌种名、日期、接种者等信息,置于37 ℃培养箱中培养。

(4) 半固体培养基穿刺接种法　方法基本同斜面移植,不同的是用接种针代替接种环接种,用接种针挑取细菌,由培养基表面中心垂直刺入管底,然后由原线路退出接种针。

4. 细菌在培养基中生长特性的观察

(1) 在固体培养基中的生长情况　固体培养基含水量少,在固体培养基上,有鞭毛细菌和无鞭毛细菌都无法扩散生长,而是定点繁殖。细菌在固体培养基上定点繁殖后形成孤立的、肉眼可见的堆积物,称为菌落。细菌菌落的大小、形态、透明度、隆起度、硬度、湿润度,表面光滑或粗糙、有无光泽等,都随细菌的种类不同而异,在细菌检验中有重要意义(图1-2-7)。由于细

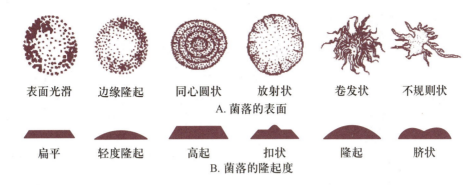

图 1-2-7 细菌在固体培养基中的生长表现

菌繁殖很快,如果错过观察时机,许多菌落就会融合成一片,成为菌苔。

① 大小 以直径(mm)表示,小菌落如针尖大,大菌落为 5~6 mm,甚至更大。

② 形状 有圆形、针尖状、露滴状、同心圆状、不规则状等。

③ 边缘 有整齐、波浪状、锯齿状、卷发状等。

④ 表面形态 有光滑、粗糙、同心圆状、放射状、皱状、颗粒状等。

⑤ 湿润度 有的菌落湿润,而有的菌落干燥。

⑥ 隆起度和隆起形状 隆起度有隆起、轻度隆起、中央隆起等,隆起形状有脐状、扣状、扁平状等。

⑦ 色泽和透明度 色泽有无色、白、黄、橙、红等;透明度有透明、半透明、不透明等。

⑧ 质地 分坚硬、柔软或黏稠。

⑨ 溶血性 观察菌落周围有无溶血环。呈很小的半透明绿色的溶血环称为 α 型溶血;有透明的溶血环称为 β 型溶血;不溶血的为 γ 型溶血。

(2) 在液体培养基中的生长情况 在液体培养基上,有鞭毛的细菌能主动运动,而无鞭毛的细菌发生被动运动。因此,所有细菌在液体培养基上都能扩散生长,并出现混浊、沉淀,或形成菌膜、菌环等(图 1-2-8)。

① 混浊度 有高度混浊、轻微混浊或仍保持透明者。

② 沉淀 管底有无沉淀,沉淀物为颗粒状或棉絮状等。

③ 表面 液面有无菌膜,管壁有无菌环。

④ 色泽 液体是否变色,如绿色、红色。

(3) 在半固体培养基中的生长情况 在半固体培养基上,有鞭毛的细菌能主动运动,无鞭毛的细菌不能运动。因而,将细菌穿刺培养在半固体培养基中,无鞭毛的细菌只在穿刺线上生长,形成线状混浊;而有鞭毛的细菌从穿刺线向周围扩散生长,出现试管刷状混浊(图 1-2-9)。用这种方法,可以检查细菌有无运动性。

5. 人工培养细菌的意义

(1) 细菌的鉴定 研究细菌的形态、生理、抗原性、致病性、遗传与变异等生物学性状,均

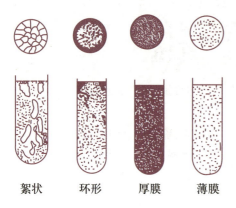

絮状　环形　厚膜　薄膜

图 1-2-8　细菌在肉汤中的生长表现

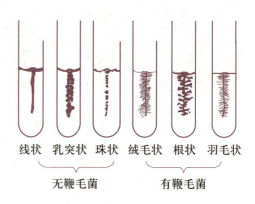

线状　乳突状　珠状　绒毛状　根状　羽毛状

无鞭毛菌　　　　有鞭毛菌

图 1-2-9　细菌在半固体培养基中的生长表现

需人工培养细菌才能实现,而且分离培养细菌也是人们发现未知新病原的先决条件。

　　(2) 传染性疾病的诊断　从患病动物标本中分离培养出病原菌是诊断传染性疾病最可靠的依据。对分离的病原菌进行药物敏感试验,可帮助临床上选择有效药物进行治疗。

　　(3) 分子流行病学调查　对细菌特异基因的分子检测、序列测定、基因组 DNA 指纹分析等分子流行病学研究,也需要细菌的纯培养物。

　　(4) 生物制品的制备　经人工培养获得的细菌,可用于制备菌苗、类毒素、诊断用菌液等生物制品。

　　(5) 饲料或动物产品卫生学指标的检测　可通过定量方法检测饲料、动物产品中的微生物存在状况,对饲料、动物产品作出卫生评价。

二、细菌的生化试验

(一) 细菌的新陈代谢

1. 细菌的酶

　　细菌的新陈代谢是细菌生命活动的中心环节,包括合成代谢和分解代谢,这些代谢反应都是在一系列酶的催化下完成的。

　　细菌的酶种类很多,根据各种酶所催化的反应类型,国际生物化学联合会酶学委员会将酶分为氧化还原酶、转移酶、水解酶、裂解酶、异构酶、合成酶六大类。

　　根据发挥作用的部位,细菌的酶可分为胞外酶和胞内酶。胞外酶是在细菌内部产生后分泌到菌体细胞外发挥作用的,能把大分子的营养物水解成小分子的物质,便于细菌吸收。胞外酶有蛋白酶、脂肪酶、糖酶等水解酶。胞内酶在细胞内产生并发挥作用,主要参与进入细胞内的肽类、多糖等多种物质的代谢,包括了细菌进行生物氧化的一系列酶。

　　按照酶的产生方式,细菌的酶分为固有酶和适应酶。自然生活状态下细菌本身具有的酶称为固有酶,如大多数水解酶;细菌在环境因素刺激下产生的酶称为适应酶,如大肠杆菌的半乳糖酶,只有在生长环境中有乳糖时才产生,乳糖消失后,该酶也不再形成。

按照酶对机体有无危害,可分为毒性酶和非毒性酶。大多数致病菌能产生毒性酶,对机体细胞和组织有强烈的毒害作用。

2. 细菌的呼吸类型

微生物在酶的作用下分解营养物质,并取得能量的生物氧化过程称为呼吸。呼吸是氧化过程,因此伴随着电子的得失。凡在生物氧化过程中得到电子的物质称为受氢体。根据受氢体的不同,微生物的呼吸分为有氧呼吸和无氧呼吸。

在呼吸代谢过程中,如果以游离氧作为受氢体,则称为有氧呼吸,参与有氧呼吸的酶能够以游离氧作为底物。在呼吸过程中,如果以游离氧以外的其他物质作为受氢体,则称为无氧呼吸。

根据细菌呼吸时对氧的需要程度,可将细菌分为需氧菌、厌氧菌、微嗜氧菌和兼性厌氧菌四种类型。

(1) 需氧菌 如果细菌只具有催化有氧呼吸的酶系统,必须在有氧的条件下才能完成生长和繁殖,称为需氧菌,典型的需氧菌如铜绿假单胞菌(绿脓杆菌)。

(2) 厌氧菌 细菌不具备催化有氧呼吸的酶系统,而只有催化无氧呼吸的酶系统,只能在无氧条件下才能生长繁殖,称为厌氧菌,如破伤风梭菌、肉毒梭菌。

(3) 微嗜氧菌 这类细菌的酶活性介于需氧与厌氧之间,其代谢过程中虽然需要氧,但只在 20 kPa 氧压下生长最好。代表菌为牛流产布鲁菌。

(4) 兼性厌氧菌 细菌的酶系统比较完善,既含有催化有氧呼吸的酶,又含有催化无氧呼吸的酶,在有氧或无氧的条件下均能进行生长繁殖,则称为兼性厌氧菌。代表菌为大肠杆菌。大多数细菌属此类型。

3. 细菌的新陈代谢产物

细菌在新陈代谢中所产生的各种代谢产物,可积累于菌体内,也可分泌或排泄到环境中,有些产物能被人类利用,如有些可作为检验细菌的依据,有些则与细菌的致病性有关,可判断疾病来源。

(1) 分解代谢产物与生化反应 各种细菌所具有的酶不完全相同,对营养物质的分解能力也不尽相同,因而代谢产物也就有差别,这些产物就是鉴别细菌的依据。据此设计的用生物化学的方法检查细菌的代谢产物的试验称为细菌的生化试验。吲哚试验(I)、甲基红(MR)试验(M)、维-培(VP)试验(V)和柠檬酸盐利用试验(C)4 种试验常用于鉴定肠道杆菌,合称为 IMVC 试验。例如大肠杆菌对这四种试验的结果是 ++--,而产气杆菌则为 --++("+"为阳性,"-"为阴性)。

① 糖的代谢产物 绝大多数细菌都能利用糖类产生酸类、醇类及酮类,还能产生 CO_2、H_2、CH_4 等气体。

　　不同种类的细菌有不同的酶,对于某种糖,有的细菌能分解,有的则不能分解。如大肠杆菌能分解乳糖,而沙门菌不分解乳糖。细菌分解某种糖后,有的能产生酸类物质,有的能产生气体,有的能同时产生酸和气体,借此可以鉴别细菌。常用检测细菌糖代谢的生化反应试验有:糖发酵试验、VP 试验、甲基红试验和柠檬酸盐利用试验等。其中糖发酵试验能检测细菌能否分解某种特定的糖以及分解后产酸产气的能力。细菌对葡萄糖的利用能力可以通过 VP 试验、甲基红试验进行区分。为了研究细菌对简单碳源的利用,可应用柠檬酸盐利用试验进行验证。

　　② 蛋白质的代谢产物　不同种类的细菌,分解蛋白质、蛋白胨、氨基酸等含氮化合物的能力有差异,分解后的产物也不同。细菌蛋白酶能将蛋白质分解为肽类,渗入细胞内为菌体所利用;而肽酶能将多肽和二肽分解为氨基酸。

　　细菌分解含硫氨基酸可以产生 H_2S,分解色氨酸可以产生吲哚(靛基质)。明胶是一种凝胶蛋白,有的细菌有明胶酶,能使凝胶状的明胶液化;有的细菌能形成尿素酶,分解尿素而形成 NH_3。此外,有的细菌能将硝酸盐还原为亚硝酸盐等。复杂的蛋白质如肉、奶、蛋及其制品,经细菌分解后能形成氨基酸、胺类、酸类、NH_3、CO_2、H_2、H_2S、CH_4 和吲哚等,是鉴定细菌的重要依据。常用试验有:吲哚试验(I)、硫化氢(H_2S)试验、明胶液化试验和尿素分解试验等。用吲哚试验能区别细菌能否分解色氨酸,产生吲哚;硫化氢试验能检测细菌利用含硫氨基酸后能否产生 H_2S;明胶液化试验能分辨细菌能否产生明胶酶而液化明胶;尿素分解试验可检测细菌能否把尿素分解成 NH_3。

　　(2) 合成产物　细菌通过新陈代谢不断合成菌体成分,如糖类、脂质、核酸、蛋白质和酶类。此外,细菌还能合成一些与人类生产实践有关的产物。

　　① 维生素　是某些细菌自行合成的生长因子,不仅能满足菌体的需要,还能分泌到菌体外。动物体内的正常微生物群能合成 B 族维生素和维生素 K。

　　② 细菌素　是某些细菌产生的一种具有抗菌作用的蛋白质,作用范围狭窄,仅对亲缘关系较近的细菌有抑制作用。如非致病性大肠杆菌产生的细菌素仅能抑制部分致病性大肠杆菌及沙门菌的繁殖,而对其他细菌没有明显作用。目前发现的有大肠菌素、绿脓菌素、弧菌素和葡萄球菌素等。

　　③ 抗生素　是某些微生物在代谢过程中产生的,能抑制和杀死某些微生物或肿瘤细胞的物质。抗生素大多数由放线菌和真菌产生,细菌产生的很少,只有多黏菌素、杆菌肽等。

　　④ 毒素　细菌产生的毒素有内毒素和外毒素两大类。毒素的产生与细菌的毒力有关。革兰阴性菌主要产生内毒素,而革兰阳性菌多产生外毒素,外毒素有极强的致病力。

　　⑤ 热原质　主要是指革兰阴性菌产生的一种脂多糖物质,将其注入人和动物体内,可以引起发热反应,能耐高压蒸汽灭菌。在制造注射剂和生物制品时,必须除去热原质。

　　⑥ 酶类　细菌需要合成多种酶参与代谢过程。致病性细菌往往产生毒性酶,能破坏动物的正常组织和细胞成分,帮助细菌在体内扩散,增强细菌的致病能力。

⑦ 色素　某些细菌在氧气充足、温度和 pH 适宜条件下能产生色素。细菌产生的色素有水溶性和脂溶性两类,如铜绿假单胞菌的绿脓色素和荧光素是水溶性的,而葡萄球菌产生的色素是脂溶性的。色素在细菌检验中有一定的意义。

(二) 细菌生化试验

1. 糖发酵试验

(1) 原理　细菌分解糖可产生有机酸、二氧化碳和水,产酸可通过指示剂的颜色变化来检查,产气在半固体培养基中可见气泡。

(2) 糖发酵培养基

① 成分　蛋白胨 1 g,氯化钠 0.5 g,某种糖 1 g,1.6% 溴甲酚紫乙醇溶液 0.1 mL,琼脂 0.5 g,蒸馏水 100 mL。

② 制法　取蛋白胨、氯化钠、琼脂和水,混合加热溶解,校正 pH 为 7.6,再加热 10 min。加入 1.6% 溴甲酚紫乙醇溶液后,加入某种糖。待糖溶解后,分装于小试管内,加上硅胶塞包装好,115 ℃高压灭菌 20 min,取出后即可应用。

(3) 方法　将细菌纯培养物接种于各种糖培养基中,置于 37 ℃培养 1~7 d,多数细菌在 24 h 即可观察结果:培养基变黄表示分解糖产酸(记录为"+");培养基变黄并有气泡产生表示分解糖产酸产气(记录为"⊕");培养基不变色,仍为蓝紫色表示不分解糖(记录为"-")。

2. 甲基红试验

(1) 原理　某些细菌如大肠杆菌分解葡萄糖产生丙酮酸,进一步分解产生甲酸、乙酸、乳酸和琥珀酸等,使培养基的 pH 降至 4.5 或更低,甲基红试验呈阳性(红色)。产气杆菌分解葡萄糖产生中性的乙酰甲基甲醇,而产酸较少,pH 在 5.4 以上,甲基红试验呈阴性(呈橘黄色)。

(2) 葡萄糖蛋白胨培养基

① 成分　蛋白胨 0.5 g,葡萄糖 0.5 g,氯化钠 0.5 g,磷酸氢二钾 0.1 g,蒸馏水 100 mL。

② 制法　将上述成分混合于蒸馏水中,加热溶解,校正 pH 为 7.0,用滤纸过滤,分装于小试管内,每管约 5 mL,加硅胶塞包好,115 ℃高压灭菌 20 min,备用。

(3) 方法　将细菌纯培养物接种于葡萄糖蛋白胨培养基中,置于 37 ℃培养 1~3 d 后,加甲基红试剂(甲基红 0.1 g 溶于 95% 乙醇 300 mL 中,加蒸馏水 200 mL)1~5 滴于 5.0 mL 培养物中,呈红色者为甲基红试验阳性反应,黄色者为阴性反应。

3. 维 - 培试验

(1) 原理　某些细菌在葡萄糖代谢过程中,产生丙酮酸,丙酮酸进一步代谢可生成乙酰甲基甲醇,乙酰甲基甲醇在碱性条件下,遇氧生成二乙酰,二乙酰与蛋白胨中精氨酸的胍基结合,生成红色叠氮化合物。

葡萄糖→丙酮酸→乙酰甲基甲醇→二乙酰 + 精氨酸的胍基→红色叠氮化合物

(2) 培养基　葡萄糖蛋白胨培养基。

(3) 方法　将细菌纯培养物接种于葡萄糖蛋白胨培养基中,置于 37 ℃培养 1~3 d,加 6% α-萘酚乙醇溶液 2.0 mL,再加 40% 氢氧化钾溶液 1.0 mL,充分摇动试管,在数分钟内出现红色者为阳性反应;如为阴性,在 37 ℃培养箱中放置 4 h 再观察,若出现红色者为阳性反应,仍为无色者为阴性反应。

4. 吲哚(靛基质)试验

(1) 原理　细菌分解蛋白胨中的色氨酸,产生吲哚,与对二甲基氨基苯甲醛作用后,形成玫瑰吲哚而呈红色。

(2) 蛋白胨培养基

① 成分　蛋白胨 1 g,氯化钠 0.5 g,蒸馏水 100 mL。

② 制法　将上述成分混合于蒸馏水中,加热溶解,校正 pH 至 7.6,分装于小试管内,每管 1.5 mL,115 ℃高压灭菌 20 min,备用。

(3) 方法　将细菌纯培养物接种于蛋白胨培养基中,置于 37 ℃培养箱培养 1~2 d,向培养物中缓缓加入吲哚试剂(在 95 mL 的 95% 乙醇中加 1 g 对二甲基氨基苯甲醛充分溶解,缓缓加入浓盐酸 20 mL 即成)0.5~1.0 mL,不要摇动,使其形成明显两层,试剂层在上,培养物层在下,注意观察试剂层与培养物层交接面的变化,呈红色者为吲哚试验阳性,无变化者为吲哚试验阴性。

5. 硫化氢试验

(1) 原理　细菌分解含硫的胱氨酸、半胱氨酸,产生硫化氢,如遇到重金属盐类(铅、铁等的化合物),生成黑色沉淀。

(2) 醋酸铅琼脂培养基

① 成分　蛋白胨 20 g,磷酸氢二钾 2 g,葡萄糖 1 g,琼脂 5 g,10% 醋酸铅液 2 mL,蒸馏水 1 000 mL。

② 制法　将除醋酸铅以外的各成分混合于蒸馏水中,加热溶解,校正 pH 为 7.0~7.4,然后加入醋酸铅液,混合均匀,分装于试管内,115 ℃高压灭菌 20 min,取出摇匀,直立凝固成柱状的醋酸铅琼脂。

(3) 方法　将细菌纯培养物穿刺接种于醋酸铅琼脂(或三糖铁琼脂)内,于 37 ℃培养 1~2 d,如沿穿刺线有黑色沉淀,即为硫化氢试验阳性;无黑色沉淀则为阴性。

6. 柠檬酸盐利用试验

(1) 原理　当细菌利用铵盐作为唯一氮源,利用柠檬酸盐作为唯一碳源时,才能在柠檬酸盐培养基上生长。细菌生长时,分解柠檬酸钠生成碳酸钠,使培养基变成碱性,培养基中的溴麝香草酚蓝指示剂由绿色变为蓝色;若细菌不能利用柠檬酸盐,则细菌不能生长,培养基不变色。

(2) 柠檬酸盐琼脂

① 成分　NaCl 5 g,$MgSO_4 \cdot 7H_2O$ 0.2 g,$NH_4H_2PO_4$ 1 g,K_2HPO_4 1 g,柠檬酸钠 5 g,琼脂粉 12 g,

蒸馏水 1 000 mL,0.2% 溴麝香草酚蓝 40 mL。

②　制法　先将上述各种盐类溶于蒸馏水中,加入琼脂粉加热溶解,校正 pH 为 6.8,然后加入指示剂,摇匀后用 4 层纱布过滤,分装于试管内(分装量为试管的 1/3),121 ℃高压灭菌 20 min。灭菌完成后,待冷却至 60 ℃,取出摆成斜面。

(3)　方法　将细菌纯培养物接种于柠檬酸钠琼脂斜面上,置于 37 ℃培养 4 d,每天观察生长状况。若有细菌生长,培养基由绿色变为蓝色,试验阳性;若无细菌生长,培养基仍为绿色,试验阴性。

 任务实施

一、细菌的分离培养及培养性状的观察

1. 实施目标

(1) 学会制备常用培养基。

(2) 熟练掌握细菌分离培养的方法。

(3) 掌握细菌的移植方法。

2. 实施步骤

(1) 仪器材料准备　电磁炉、恒温培养箱、高压蒸汽灭菌器、天平、量筒、漏斗、试管、培养皿、烧杯、三角瓶、试管塞、三角瓶塞、标准比色管、精密 pH 试纸、纱布、接种环、酒精灯、干燥器、病料、实验用菌种、牛肉膏、蛋白胨、琼脂粉、氯化钠、磷酸氢二钾、氢氧化钠、脱纤维绵羊血或柠檬酸钠抗凝绵羊血、比色架、1 mol/L 氢氧化钠溶液、1 mol/L 盐酸溶液、焦性没食子酸、橡皮泥或石蜡等。

(2) 确定工作实施方案

① 小组讨论　分小组实施,每小组 3~5 人。小组召集人组织组员根据“任务准备”中学习的内容,逐条、充分地讨论操作方案,合理分工,以完成细菌的分离培养及培养性状观察。小组召集人由本组成员轮流担任,每完成一项工作轮换一次。

② 确定方案　各小组召集人上台汇报本小组工作任务单中的相关操作内容及人员分工,其他组的同学点评其优缺点并做补充。教师综合评价各组表现,并根据各组汇报归纳出供全班同学实际操作的实施方案。

(3) 实施操作　各小组按最终的工作实施方案进行操作,填写表 1-2-1 和表 1-2-2。每项工作完成后,由小组召集人召集组员纠错与反思,完善操作任务,最后对工作过程进行评价。

表1-2-1　细菌的分离培养及培养性状观察工作任务单

工作内容	组内分工	设备和材料	工作要求	工作过程评价	
				自评	互评
1. 制备营养肉汤、营养琼脂、血液琼脂、半固体培养基					
2. 制备营养琼脂平板与血液琼脂平板、斜面					
3. 用提供的菌种进行划线分离和倾注分离					
4. 进行斜面移植、肉汤移植和半固体培养基移植					
5. 观察细菌在培养基中的生长特性,并填写记录表（表1-2-2）					

表1-2-2　细菌在培养基中的生长特性记录表

菌种					
培养基类型					
培养性状描述					

二、细菌生化试验技能训练

1. 实施目标

(1) 熟悉细菌生化试验原理。

(2) 掌握细菌生化试验的操作方法。

2. 实施步骤

(1) 仪器材料准备　蛋白胨培养基、葡萄糖蛋白胨培养基、糖发酵培养基、醋酸铅琼脂、柠檬酸盐琼脂斜面、甲基红(MR)试剂,以及维-培(VP)试剂、吲哚试剂,以及大肠杆菌、产气杆菌、沙门菌的24 h纯培养物。

(2) 确定工作实施方案

① 小组讨论　分小组实施,每小组3~5人。小组召集人组织组员根据"任务准备"中学习的内容,逐条、充分地讨论操作方案,合理分工,以完成细菌的生化试验。小组召集人由本组成员轮流担任,每完成一项工作轮换一次。

② 确定方案　各小组召集人上台汇报本小组工作任务单中的相关操作内容及人员分工,其他组的同学点评其优缺点并做补充。教师综合评价各组表现,并根据各组汇报归纳出供全班同学实际操作的实施方案。

(3) 实施操作　各小组按最终的工作实施方案进行操作,填写表1-2-3和表1-2-4。每项工作完成后,由小组召集人召集组员纠错与反思,完善操作任务,最后对工作过程进行评价。

表 1-2-3　细菌生化试验工作任务单

工作内容	组内分工	设备和材料	工作要求	工作过程评价	
				自评	互评
1. 接种糖发酵管					
2. 接种蛋白胨培养基、葡萄糖蛋白胨培养基					
3. 穿刺接种醋酸铅琼脂					
4. 接种柠檬酸盐斜面					
5. 将以上接种好的培养基置于 37 ℃培养 24 h,进行相应生化试验,并记录结果(表 1-2-4)					

表 1-2-4　细菌生化试验记录表

菌种	生化试验					
大肠杆菌						
产气杆菌						
沙门菌						

随堂练习

1. 名词解释

(1) 需氧菌;(2) 兼性厌氧菌;(3) 抗生素;(4) 细菌素。

2. 填空题

(1) 根据细菌体内碳元素的来源,细菌的营养类型可分为_____和_____。

(2) 培养基按物理性状可分为_____、_____、_____三类。

(3) 细菌接种培养的方法有_____、_____、_____、_____和_____。

(4) 根据发挥作用的部位,细菌的酶可分为_____和_____。

(5) 常用检测细菌糖代谢的生化试验有:_____、_____、_____和_____等。

3. 问答题

(1) 培养基制作的基本要求是什么? 包括哪几个基本步骤?

(2) 人工培养细菌的意义是什么?

（3）细菌生长繁殖的四个时期有什么特点？

（4）根据细菌对氧的需要，可将细菌分为哪几种类型？

（5）简述细菌的合成代谢产物及其临床意义。

任务 1.3　细菌的致病性

 **任务目标**

知识目标：

　　1. 掌握细菌致病性的确定原则、细菌毒力的测定方法。

　　2. 了解细菌侵袭力的决定因素，掌握外毒素与内毒素的区别。

　　3. 掌握感染发生的条件，熟悉细菌感染发生的条件。

技能目标：

　　掌握细菌致病性检测实验技术。

 **任务准备**

一、细菌的致病作用

　　凡能引起人和动物发病的细菌，称为病原菌或致病菌。有些细菌，长期生活在动物体内，只在一定条件下才引起动物发病，这类细菌称为条件性病原菌，如动物呼吸道的巴氏杆菌。还有一些细菌并不侵入机体，而是在食物或饲料中繁殖而产生毒素，人或动物食用后引起人或动物食物中毒，这类细菌称为腐生性病原菌，如肉毒梭菌。

（一）细菌致病性的确定原则

　　细菌的致病性又称病原性，是指一定种类的病原菌在体内寄生、增殖并使动物发生疾病的现象或性质。病原菌都有致病性，如炭疽杆菌引起人和多种动物发生炭疽病，具有致病性。

1. 经典柯赫法则

　　柯赫法则是确定某种细菌是否具有致病性的主要依据，其要点是：①特殊的病原菌应在同一疾病中查到，在健康者不存在。②此病原菌能被分离培养而得到纯培养物。③此培养物接种易感动物,能导致同样病症。④从实验感染的动物体内能重新获得该病原菌的纯培养物。

柯赫法则虽在确定一种新的病原体时非常重要,但也有一定的局限性,某些情况并不符合该法则。如健康带菌或隐性感染,有些病原菌迄今仍无法在体外人工培养,有的则没有可用的易感动物。另外,该法则只强调了病原微生物一方面,忽略了它与宿主的相互作用。

2. 基因水平的柯赫法则

基因水平的柯赫法则是随着分子生物学的发展应运而生的。其要点是:①应在致病菌株中检出某些基因或其产物,而无毒力菌株中则无。②如有毒力的菌株某个毒力基因被损坏,则菌株的毒力应减弱或消除,或者将此基因克隆到无毒力菌株内,后者成为有毒力菌株。③将细菌接种动物时,这个基因应在感染的过程中表达。④在接种动物中能检测到这个基因产物的抗体,或产生免疫保护。该法则也适用于细菌以外的微生物,如病毒。

(二) 细菌的致病作用

细菌的致病作用包括侵袭力和毒素两个方面。

1. 侵袭力

侵袭力指病原菌突破机体的防御机能,在体内生长繁殖、蔓延扩散的能力。

(1) 吸附及抵抗吞噬　菌毛能帮助致病菌吸附于动物细胞表面,如致病性大肠杆菌可借菌毛附着于肠黏膜上皮细胞而破坏肠壁细胞。

荚膜能使致病菌抵抗动物机体吞噬细胞的吞噬作用。炭疽杆菌具有荚膜,其致病力极强;金黄色葡萄球菌能产生血浆凝固酶,引起血液发生凝固,使致病菌包在血凝块中,不仅能抵抗动物吞噬细胞的吞噬作用,而且能在血凝块中繁殖;结核分枝杆菌细胞壁中的蜡质等成分能抵抗吞噬细胞溶酶体的作用,即使被吞噬,也能在吞噬细胞内生存繁殖。

(2) 毒性酶　某些致病菌在代谢过程中能向细胞外分泌多种毒性酶,有利于细菌侵入组织,并在其中生长繁殖、扩散、蔓延,呈现致病作用。

① 透明质酸酶　动物体结缔组织中的透明质酸能阻止病菌的扩散。葡萄球菌和链球菌产生的透明质酸酶能水解动物体结缔组织中的透明质酸,有利于细菌和毒素在动物机体组织中扩散。

② 胶原酶　胶原酶是一种蛋白质水解酶,它能水解动物机体肌肉或皮下结缔组织中的胶原纤维,从而使肌肉软化、崩解和坏死,有利于病原菌的侵袭和蔓延。溶组织梭菌和产气荚膜梭菌能产生这种酶。

③ 卵磷脂酶　致病性梭菌产生的卵磷脂酶能分解动物细胞中的卵磷脂,引起细胞坏死或红细胞溶解。

④ 血浆凝固酶　金黄色葡萄球菌能产生一种血浆凝固酶,引起血浆发生凝固,将细菌包

裹起来,能逃避吞噬细胞的吞噬。

⑤ 溶纤维蛋白酶 由链球菌和致病性葡萄球菌产生,能使血凝块中的纤维蛋白重新溶解,有利于血凝块中的细菌扩散。

2. 毒素

细菌产生的毒素有外毒素和内毒素两类,两者的来源和主要区别见表1-3-1。

表1-3-1 外毒素和内毒素的主要区别

区别要点	外毒素	内毒素
主要来源	革兰阳性菌	革兰阴性菌
存在部位	由活的细菌产生并释放至菌体外	是细胞壁的组成成分,细菌崩解后释放出来
化学成分	蛋白质	多糖－磷脂－蛋白质复合物
毒性	毒性强,不同的外毒素对某些组织细胞有特殊亲和力,引起特殊病症	毒性弱,各种细菌内毒素的毒性作用相似
耐热性	一般不耐热,60~80 ℃ 30 min 被破坏	耐热,160 ℃经 2~4 h 才能被破坏
抗原性	强,能刺激动物机体产生抗毒素,经甲醛处理后成为类毒素	弱,不能刺激动物机体产生抗毒素,经甲醛处理不能成为类毒素

外毒素经 0.3%~0.5% 甲醛在 37 ℃处理一定时间后,可以脱毒成为类毒素,但仍保留很强的抗原性,可用于传染病的预防。

(三) 细菌毒力的测定

毒力是指病原菌引起动物发病的能力。不同种类的病原菌,其致病能力不同;同种细菌由于菌株不同,其毒力也存在着差异。

细菌毒力的测定不仅用于确定病原菌致病力的强弱,而且用于疫苗、血清和药物安全性检查。毒力的测定主要是在实验室条件下进行的,毒力的强弱用以下几项指标来表示:

1. 最小致死量

最小致死量(MLD)是指实验动物于感染后一定时间内发生死亡的最小活微生物量或毒素量。

2. 半数致死量

半数致死量(LD_{50})是指能使半数实验动物于感染后一定时间内死亡的活微生物量或毒素量。

3. 最小感染量

最小感染量(MID)是指引起实验对象(动物、鸡胚和细胞等)发生传染的最小病原微生物的量。

4. 半数感染量

半数感染量(ID_{50})是指使半数实验对象发生感染的病原微生物的量。

(四) 病原菌毒力增强或减弱的方法

1. 增强毒力的方法

连续通过易感动物,可使病原菌的毒力增强。有的细菌与其他微生物共生或被温和噬菌体感染也可增强毒力,例如产气荚膜梭菌与八叠球菌共生时毒力增强,白喉杆菌只有被温和噬菌体感染时才能产生毒素而成为有毒细菌。

2. 减弱毒力的方法

病原菌的毒力可自发或人为减弱。人为减弱病原菌的毒力,在疫苗研制上有重要意义。如炭疽芽孢苗就是利用炭疽杆菌在人工培养基上较高温度下培养得到毒力减弱的菌株制成的。

常用的减弱病原菌毒力的方法有:将病原菌连续通过非易感动物;在较高温度下培养;在含有特殊化学物质的培养基中培养。此外,在含有特殊抗血清、特异噬菌体或抗生素的培养基中,进行长期的人工继代培养,也能使病原菌的毒力减弱。

二、感染

(一) 感染的概念

感染又称为传染,指病原微生物侵入机体,在一定部位生长繁殖,引起一系列病理变化的过程。感染是病原微生物与动物机体之间相互作用、相互斗争的过程。

(二) 感染发生的条件

1. 病原微生物的毒力、数量与侵入门户

侵入动物机体的病原微生物,必须具有一定的毒力和数量,才能突破动物机体的防御机能,在动物体内生长繁殖。病原微生物侵入易感动物体时必须经过适宜的途径(侵入门户),才能引起感染,例如破伤风梭菌必须经深部组织创伤才能引起病理过程,而经口则不引起感染。当然,有些病原微生物可以通过多种途径使机体感染,如炭疽杆菌可通过皮肤、呼吸道、消化道等多种途径使动物发生疾病。

2. 易感动物

如果一种病原微生物能侵入某种动物而发生感染,则这种动物就是该病原微生物的易感动物。否则,就不是易感动物。

不同种类的动物对某种病原微生物有无易感性,主要是先天性因素决定的。猪感染猪瘟病毒,是猪瘟病毒的易感动物;而马不感染猪瘟病毒,不是猪瘟病毒的易感动物。

同种动物对病原微生物的感受性也有差异,这与动物个体的生活环境和抵抗力有关。

3. 外界环境因素

外界环境因素对动物机体和病原微生物都有不可忽视的影响。外界环境因素一方面可以影响病原微生物的生长、繁殖和传播,另一方面可使动物机体抵抗力降低,由不易感状态变成易感状态。如夏季气温高,病原微生物易于生长繁殖,因此易发生消化道传染病;而冬季因寒冷能降低易感动物呼吸道黏膜抵抗力,因此易发生呼吸道传染病。

综上所述,感染的发生和发展,必须具备三个条件:①具有一定数量和足够毒力的病原微生物;②具有对该病原微生物易感的动物;③具有可促使病原微生物侵入易感动物机体内的外界条件。缺少任何一个条件,都不可能引起感染。

(三) 感染的类型

感染的发生、发展和转归涉及机体与病原菌在一定条件下相互作用的复杂过程。根据两者之间的力量对比,感染类型可分为隐性感染、显性感染和带菌状态,三种类型可以随着两者力量的变化而处于相互转化或交替出现的动态变化之中。

1. 隐性感染

当机体抗感染的免疫力较强,或侵入的病原菌数量较少、毒力较弱时,感染后病原菌对机体的损害较轻,不出现或仅出现轻微的临床症状,称为隐性感染或亚临床感染。隐性感染后,机体一般可获得足够的特异性免疫力,能抵御同种病原菌的再次感染。隐性感染的动物为带菌者,能向体外排出病原菌。

2. 显性感染

当机体抗感染的免疫力较弱,或侵入的病原菌数量较多、毒力较强时,机体组织细胞常受到严重损害,生理功能发生改变,出现一系列的临床症状和体征,称为显性感染。

显性感染可分为急性感染和慢性感染。前者发病急、病程短,一般只有数天至数周,病愈后,病原菌即从宿主体内消失;后者发病缓、病程长,常持续数月至数年。

按感染部位及性质不同,显性感染又可分为局部感染和全身感染。局部感染是指病原菌侵入机体,仅局限在一定部位生长繁殖,引起局部病变;全身感染是指感染发生后,病原菌及其毒性代谢产物向全身扩散,引起全身症状。

临床上常见的全身感染有以下几种情况:

(1) 菌血症 即病原菌由原发部位一时性或间断性侵入血流,但并不在血液中生长繁殖。

(2) 毒血症 即病原菌侵入机体后,仅在局部生长繁殖而不入血,但其产生的外毒素入血,到达易感组织和细胞,引起特殊的毒性症状。

（3）败血症　即病原菌侵入血流并在其中大量繁殖，产生毒性代谢产物，引起严重的全身中毒症状，如高热、皮肤黏膜有淤斑、肝和脾肿大。

（4）脓毒血症　即化脓性细菌由病灶局部侵入血流，在其中大量繁殖，并随血流扩散至全身组织和器官，产生新的化脓性病灶。

3. 带菌状态

机体在显性感染或隐性感染后，病原菌在体内继续留存一段时间，与机体免疫力处于相对平衡状态，称为带菌状态。处于带菌状态的动物称为带菌者，带菌者可经常或间歇性排出病原菌，是重要的传染源之一。

三、细菌的致病性实验

（一）实验动物的保定

进行实验时，首先要限制动物的活动，使动物保持安静状态，以便进行抓取、固定、操作和正确记录动物的反应情况。保定动物的方法依实验内容和动物的种类而定。下面以小鼠作为实验动物介绍保定方法。

小鼠腹腔注射保定法：先用右手抓住尾巴，提起两后肢，令其前爪抓住某物（如饲养盒上的铁丝网），然后用左手拇指与食指抓住颈部皮肤，并翻转左手，使小鼠腹部朝上，将其尾巴挟在左手掌与小手指之间，头部稍向下，消毒腹部后，即可进行注射（图 1-3-1）。如需较长时间操作时，可将小鼠固定在小鼠固定器上。

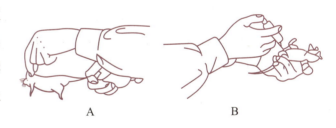

图 1-3-1　小鼠的捕捉（A）、保定及注射（B）

（二）实验动物接种前的准备

对选择的接种部位，要先进行除毛，除毛的方法有剪毛、拔毛、剃毛和化学脱毛等。除毛后，先用碘酊，再用 75% 乙醇消毒。

接种用的注射器要预先进行灭菌处理。吸取接种材料时，吸取量应比使用量稍多些，注射器内不可留有气泡，吸取接种物后，倒转注射器使针头向上，在针头上插一个乙醇棉球，排出注射器内空气，将棉球弃于污物筒内，消毒处理。

（三）实验动物的接种

将实验动物进行编号，记录在卡片上。根据实验目的和要求的不同，可采取不同的接种方法。下面以小鼠腹腔接种为例加以说明。

先将小鼠固定在实验者左手掌上,使小鼠头部略向下,右手持注射器先穿过皮肤到皮下,再经腹壁下部刺入,腹腔注射时要注意:针头刺入部位不宜靠近上腹部,以免刺破内脏;针与腹壁的角度不宜太小,否则容易刺入皮下;使用针头不宜太粗,以免注射后药液从针孔溢出;注射量一般为 0.1~0.2 mL;注射完成后用干脱脂棉按住注射部位一段时间;接种后,观察接种部位不应有隆起,有隆起表示接种到皮下,而未接种到腹腔内。

(四) 接种实验动物的观察

(1) 应根据实验目的要求,每天或每周观察一次。观察时,先核对卡片号和实验动物是否对应,再注意实验动物的外表有无异常现象,最后观察接种部位的局部反应和周围淋巴结情况。

(2) 加强饲养管理,提供适合实验动物的饲料、饮水及适宜的饲养环境,避免因饲养管理不善,造成实验误差。

(3) 根据实验的要求,定时进行体温、体重、心率及血象测定,观察接种后实验动物生理状态变化。

(4) 对接种后发病的动物,要认真记录出现的各种症状,测定各种指标,对死亡的动物要判断是因接种病原引起的死亡,还是其他原因引起的死亡,对因接种病原引起死亡的动物要及时剖检,记录病理变化。

(5) 对需要剖检而未死亡的动物可用人工方法处死。常用的方法有:麻醉致死法、放血致死法及空气栓塞致死法;对于大小为 80~150 g 的小鼠可用拉颈法处死,按住头部,强拉尾巴使颈椎断开即可。

 **任务实施**

细菌致病性检测实验技能训练

1. 实施目标
(1) 熟练掌握动物(以小白鼠为例)的保定方法。
(2) 掌握皮肤消毒技术和腹腔接种技术。
2. 实施步骤
(1) 仪器材料准备　电热干燥箱、高压蒸汽灭菌器、电热式恒温培养箱、细菌培养物、小鼠、小鼠饲养笼盒、剪毛剪、碘酊、75% 乙醇、注射器、干脱脂棉等。
(2) 确定工作实施方案

　　① 小组讨论　分小组实施,每小组 3~5 人。小组召集人召集组员,根据"任务准备"中学习的内容,逐条、充分地讨论操作方案,合理分工,以完成细菌致病性检测实验。小组召集人由本组成员轮流担任,每完成一项工作轮换一次。

　　② 确定方案　各小组召集人上台汇报本小组工作任务单中的相关操作内容及人员分工,其他组的同学点评其优缺点并做补充。教师综合评价各组表现,并根据各组汇报归纳出供全班同学实际操作的实施方案。

　　(3) 实施操作　各小组按最终的工作实施方案进行操作,填写表 1-3-2。每项工作完成后,由小组召集人召集组员纠错与反思,完善操作任务,最后对工作过程进行评价。

表 1-3-2　细菌致病性检测试验工作任务单

工作内容	组内分工	设备和材料	工作要求	工作过程评价	
				自评	互评
1. 进行小鼠保定					
2. 接种前准备					
3. 进行小鼠腹腔接种					
4. 将小鼠放入笼盒饲养,提供足够的饲料和饮水,每天观察					
5. 记录小鼠生理指标及出现的症状					

随堂练习

1. 名词解释

(1) 侵袭力;(2) 半数致死量;(3) 易感动物;(4) 类毒素;(5) 感染;(6) 带菌状态。

2. 问答题

(1) 毒力的强弱用哪些指标来表示?

(2) 外毒素和内毒素的区别是什么?

(3) 毒性酶包括什么?

(4) 外界环境对病原微生物的传染有什么影响?

任务 1.4 部分病原菌的检验

 **任务目标**

知识目标:

1. 掌握细菌性病料的采集方法、保存方法及送检要求。

2. 了解细菌的检验方法。

3. 了解葡萄球菌、链球菌、大肠杆菌、沙门菌、多杀性巴氏杆菌和布鲁菌的致病性和防治措施。

4. 熟悉葡萄球菌和链球菌的生物学特性和微生物学检验方法。

5. 熟悉多杀性巴氏杆菌和布鲁菌的生物学特性。掌握多杀性巴氏杆菌和布鲁菌的微生物学检验方法。

6. 理解大肠杆菌与沙门菌的区别。

技能目标:

1. 熟练掌握细菌性病料的采集、保存及送检技术。

2. 能够利用微生物学检验方法分离鉴定葡萄球菌、链球菌、大肠杆菌、沙门菌、多杀性巴氏杆菌和布鲁菌。

 **任务准备**

一、细菌性疾病的实验室诊断

(一) 细菌性病料的采集、保存及送检

1. 病料采集方法

(1) 剖检前检查　凡发现患病动物死亡时,未剖检之前,在最短时间内由耳部采取患病动物的血液,用显微镜检查是否有炭疽杆菌存在。如怀疑是炭疽病时,则不可随意剖检,进行深埋或送至 P3 实验室进行检验。

(2) 取材时间　内脏病料的采集,必须在患病动物死亡后 6 h 内进行。时间过长,肠内其他细菌侵入,会使尸体腐败,不利于病原菌的检出。

（3）器械的消毒　刀、剪、镊子、注射器、针头等用具可煮沸 30 min 进行灭菌，使用前，再用乙醇棉球擦拭，并在火焰上灼烧。器皿在高压灭菌器内或干烤箱内灭菌，或置于 1% 的碳酸氢钠溶液中煮沸 10 min；硅胶塞和橡皮塞置于 0.5% 石炭酸（又称苯酚）溶液中煮沸 10 min。载玻片在 1% 的碳酸氢钠溶液中煮沸 10 min，水洗后，再用清洁纱布擦干，保存于乙醇和乙醚体积比为 1∶1 的溶液中备用。每采集一种病料，使用一套器械与容器，不可用其再采其他病料或容纳其他脏器材料。

（4）各种病料的采集　不同的传染病，应根据微生物在组织器官中的分布情况来决定采集病料的种类。在无法判断是哪种传染病时，可进行全面的采集。为了避免杂菌污染，病变的检查在完成取材后进行。

① 脓汁　用灭菌注射器抽取脓肿深部的脓汁，注入灭菌试管中。若为开口的化脓灶或鼻腔，则用无菌棉签浸蘸后，放在灭菌试管中。

② 淋巴结及内脏　将淋巴结、肺、肝、脾及肾等有病变的部位各采取 1~2 cm 的小块，分别置于灭菌试管或培养皿中。

③ 血液

全血：采集 10 mL 全血，立即注入盛有 1 mL 5% 柠檬酸钠的灭菌试管中，搓转试管使血液和柠檬酸钠液混合均匀。

血清：无菌操作采取血液 10 mL 于灭菌试管中，待血液凝固析出血清后，吸出血清置于另一灭菌试管内待检。为了防止病原菌扩散，可于每毫升血清中加入 5% 石炭酸溶液 2 滴。

④ 乳汁　先用消毒药水洗净乳房（挤奶工的手也一起消毒），并把乳房附近的毛刷湿。挤奶时，最初 3 股乳汁弃去，之后采集 10 mL 乳汁于灭菌试管中。

⑤ 肠　如果仅采取肠内容物，则用烧红刀片或铁片将欲采集的肠表面烙烫后穿一小孔，持灭菌棉签插入肠道内，蘸取内容物，取出棉签置于灭菌试管内；亦可用线扎紧一段肠（约 6 cm）的两端，然后将两端切断，置于灭菌器皿内。

⑥ 皮肤　取大小约 10 cm × 10 cm 的皮肤，保存于 30% 甘油缓冲溶液中。

⑦ 胎儿　如果胎儿较小，可将流产后的整个胎儿装入无菌的塑料袋或塑料桶中，立即送往实验室。

⑧ 脑、脊髓　可将脑、脊髓浸入 50% 甘油盐水溶液中；也可将整个头部装入灭菌的塑料袋或塑料桶中送检。

⑨ 供显微镜检查用的脓汁、血液及黏液抹片　先将材料置于载玻片上，用一灭菌玻棒均匀涂抹或另取一载玻片涂抹。组织块、致密结节及脓汁等亦可压在两张玻片中间，然后沿水平面向两端推移。用组织块做触片时，用镊子将组织块的新鲜切面在载玻片上轻轻涂抹即可。

2. 病料的保存及送检

供细菌检验的病料,若能在 2 d 内送到实验室,则可保存在有冰的保温瓶或 4~10 ℃冰箱内,也可保存在灭菌液状石蜡或 30% 甘油盐水缓冲保存液中。

供细菌学检验的病料,由专人带好取样记录送检。取样记录内容包括送检单位、地址、动物品种、性别、年龄、送检病料种类和数量、检验目的、保存方法、死亡日期、送检日期、送检者姓名等,并附临床病例摘要。临床病例摘要包括发病时间、死亡情况、临床表现、免疫状态和用药情况等。

(二) 细菌的检验

检验细菌时,先按无菌操作方法取检验材料,进行涂片染色,利用显微镜进行形态检查,作出初步判断。需要做详细细菌鉴定时,则须进行细菌的分离培养、生化试验,必要时,还要进行细菌致病性试验及血清学试验。

1. 细菌的形态检查

细菌个体微小,经染色后,在显微镜下可清晰地看到细菌形态。染色检查能确定细菌的形态、大小和排列方式,也能发现其特殊结构。形态检查的应用有两种情况:一是针对在形态和染色性上具有特征的致病菌,病料直接涂片染色(如革兰染色法、抗酸染色法)后显微镜观察,即可作出诊断,如禽霍乱和炭疽的诊断。二是仅凭形态学检查不能作出确切诊断的,需将细菌分离培养,再进行涂片染色镜检,通过观察纯培养物细菌的形态结构、排列及染色特性来进行诊断,进一步进行生化试验和血清学试验才能确诊。

2. 细菌的分离培养检查

在分离培养的基础上观察细菌的生长性状和细菌在鉴别培养基上的生长表现,是识别和检验细菌的基本依据。同时,细菌分离培养也是其他检验工作的基础。

细菌分离培养后,根据菌落的大小、形态、颜色、表面性状、透明度和溶血性等可对细菌种类作出初步判断。如根据肠道病原菌在选择培养基上长出菌落的颜色、大小、透明度等特征,可直接进行判断。

3. 细菌的生化试验

不同种类的细菌,将蛋白质和糖类等营养物质利用后能形成特定的分解产物。检查细菌对蛋白质和糖的分解产物是检验细菌的重要依据。对于鉴别一些在形态和培养特性上不能区别,而代谢产物不同的细菌尤为重要。例如肠道菌群种类很多,一般为革兰阴性菌,它们的染色特性、镜下形态和菌落特征基本相同,因此,生化试验是鉴定肠道菌必不可少的步骤。

4. 动物接种试验

动物接种试验主要用于测定细菌的毒力和再次分离致病菌。将一定量的致病菌或者细菌毒素接种于动物体内,通过动物的临床症状表现,观察记录致病菌对该动物的致病情况,以证实致病菌的毒力。随后再进行致病菌的分离、鉴定,即是对柯赫法则的完整应用。常用的接种方法有本动物接种和实验动物(如家兔、小鼠)接种。

5. 血清学试验

培养后的细菌及病料中的细菌还可以用血清学方法进行检查。如凝集试验、沉淀试验、补体结合试验及免疫荧光技术。

(1) 凝集试验　凝集试验是颗粒性抗原与抗体在体外结合形成可见的大型复合物的试验方法。凝集试验可以在载玻片上进行,也可以在试管内进行,是检查细菌的常用血清学方法。细菌是颗粒性抗原,在电解质存在的适宜条件下,可以和相应抗体特异性结合而产生明显的凝集现象。因此,可以用已知抗体检查细菌的存在情况。

(2) 沉淀试验　可溶性抗原在介质中扩散,遇到相应抗体时即可结合,产生可见的沉淀物。以试管内的液体为介质进行的沉淀试验,称为试管沉淀试验,反应后在液体中出现环状沉淀。以琼脂为介质进行的沉淀试验,称为琼脂免疫扩散试验,反应后在琼脂中形成沉淀线。

细菌的内毒素、外毒素、菌体裂解物、血清、病毒悬液及组织浸出液等成分都含有可溶性抗原,如多糖、类脂及蛋白质。用已知抗体就能检测这些可溶性抗原,从而检验细菌等微生物的存在。

(3) 补体结合试验　补体结合试验由检验系统和指示系统两个系统构成。检验系统由已知抗原(或抗体)和被检抗体(或抗原)组成。指示系统由绵羊红细胞和抗绵羊红细胞的抗体构成。若补体与检验系统的抗原、抗体结合,则发生的变化肉眼不可见;若补体与指示系统的抗原抗体结合,则发生的溶血作用肉眼可见。

检验时,先向试管中加入补体及检验系统的抗原、抗体,如果抗原和抗体是相对应的,则作用一定时间后形成抗原抗体复合物,此复合物能结合补体,使补体不再游离。接着加入指示系统的抗原、抗体,此时补体被检验系统的复合物结合而不能与指示系统的抗原、抗体结合,不出现可见的溶血作用。如果检验系统中的抗原和抗体是不对应的,则作用后不形成抗原抗体复合物,补体未被结合而呈游离状态,在加入指示系统的抗原、抗体后,补体与指示系统的抗原、抗体结合发生溶血作用。因此,可以通过有无溶血反应来确定检验系统中的抗原、抗体是否有对应关系。

(4) 免疫荧光技术　将荧光物质标记在已知抗原(或抗体)上,再和被检抗体(或抗原)结合,作用一定时间后经过洗涤,在荧光显微镜下观察。如果能观察到特异性荧光,则表示被检材料中有相应的抗体(或抗原)存在。如果观察不到荧光,则表示被检材料中不含相应的抗体(或抗原)。

二、葡萄球菌和链球菌的检验

(一)葡萄球菌的特性

1. 葡萄球菌的生物学特性

葡萄球菌革兰染色彩图

(1)形态及染色　葡萄球菌直径为 0.5~1.5 μm,排列成葡萄串状,但生长在脓汁中或液体培养基中的葡萄球菌常呈双球或短链排列(图1-4-1)。无芽孢,无荚膜,无鞭毛,革兰染色阳性。

(2)培养特性　本菌为需氧或兼性厌氧菌,最适生长温度为 37 ℃,最适 pH 为 7.4。在普通琼脂培养基上生长良好,形成湿润、光滑、隆起的圆形菌落,直径 1~2 mm,并能产生黄色或橙色脂溶性色素。在血液琼脂培养基上形成的菌落较大,致病性葡萄球菌形成明显的 β 型溶血环,而非致病性菌则不溶血。在麦康凯培养基上不生长。

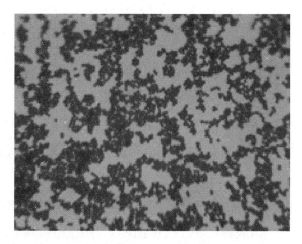

图1-4-1　葡萄球菌 (革兰染色,×1 000)

(3)生化特性　多数菌株能分解葡萄糖、乳糖、麦芽糖、蔗糖,产酸而不产气;金黄色葡萄球菌凝固酶试验阳性,在厌氧条件下能分解甘露醇产酸,在高盐甘露醇培养基上可生长。VP 试验阳性,触酶(3% 过氧化氢)试验阳性,氧化酶试验阴性,硝酸盐还原试验阳性,吲哚试验阴性。

(4)抗原性及分类　葡萄球菌的抗原结构比较复杂,含有蛋白质及多糖两类抗原。大多数金黄色葡萄球菌细胞壁表面含有一种蛋白质成分,称为葡萄球菌 A 蛋白(SPA),是一种特异性表面抗原。

本菌根据生化反应和产生色素不同,可分为金黄色葡萄球菌、表皮葡萄球菌和腐生葡萄球菌三种。其中金黄色葡萄球菌多为致病菌,表皮葡萄球菌偶尔致病,而腐生葡萄球菌一般不致病。

(5)抵抗力　在不形成芽孢的细菌中,葡萄球菌的抵抗力是最强的,80 ℃经 30 min 才能被杀死,但煮沸可以迅速致死。消毒药中以石炭酸效果最好,3%~5% 石炭酸 3~15 min 即可致死,70% 乙醇在数分钟内可杀死本菌,1%~3% 甲紫(又称龙胆紫)也有杀灭效果。本菌对青霉素、金霉素、红霉素等敏感,但易产生耐药性,耐药菌株对庆大霉素和先锋霉素比较敏感。

2. 葡萄球菌的致病性

葡萄球菌广泛分布于自然界,空气、水、土壤及动物的皮肤上都有存在,是最常见的化脓性细菌之一,80% 以上的化脓性疾病由木菌引起。葡萄球菌的致病力主要来自葡萄球菌外毒素和酶,致病性葡萄球菌能产生"一酶五素",即血浆凝固酶和溶血素、肠毒素、表皮溶解毒素、杀白细胞毒素、毒性休克综合征毒素。

葡萄球菌常引起两类疾病。一类是化脓性疾病,局部炎症如动物的创伤感染、脓肿、蜂窝织炎、牛羊乳房炎、鸡的关节炎以及猪羊的皮炎;内脏炎症如气管炎、肺炎、中耳炎;全身炎症如败血症和脓毒血症。另一类是毒素性疾病,葡萄球菌污染的食物或饲料被人和动物食入能引起食物中毒,出现呕吐、肠炎等症状。

3. 葡萄球菌的微生物学诊断

(1) 病料的采集　根据发病类型采集相应病料。如化脓性病灶取脓汁或渗出物;败血症取血液;乳腺炎取乳汁;食物中毒取可疑食物、呕吐物及粪便等。

(2) 形态观察　将采集的病料直接涂片,革兰染色、镜检,显微镜下见到球形或椭圆形,排列呈双球、短链或葡萄串状的革兰阳性菌,可以作出初步诊断。

(3) 分离培养　将病料在血液琼脂平板上进行划线分离,37 ℃培养 18~24 h,观察菌落特征、色素形成、有无溶血,并挑取典型菌落进行纯培养,进一步做生化试验检验。菌落呈金黄色,周围有溶血现象者多为致病菌株。

(4) 生化试验　用分离的纯培养物进行糖发酵试验(葡萄糖、蔗糖、麦芽糖、甘露醇)、触酶试验、血浆凝固酶试验、VP 试验,观察结果(表 1-4-1)。常以凝固酶阳性作为致病菌株的主要依据。

表 1-4-1　金黄色葡萄球菌生化试验特性

试验物质	葡萄糖	蔗糖	麦芽糖	甘露醇	触酶	凝固酶	VP
特性	+	+	+	+	+	+	+

注:+ 表示产酸不产气或阳性,− 表示阴性。

(5) 动物致病性试验　家兔对本菌最敏感,静脉注射 37 ℃培养 24 h 的肉汤纯培养物 0.1~0.5 mL,于 24~48 h 死亡。剖检可见浆膜出血,肾、心肌及其他脏器出现大小不等的脓肿。若皮下注射 1.0 mL 肉汤纯培养物,能引起皮肤溃疡或坏死。

发生食物中毒时,取剩余食物或呕吐物进行分离培养,将分离的葡萄球菌接种营养肉汤,置于 30% CO_2 培养箱中 37 ℃培养 40 h,离心沉淀后取上清液,100 ℃水浴 30 min(破坏其他毒素,不能破坏肠毒素),取 2.0 mL 注入幼猫腹腔内。如幼猫在 15 min 到 2 h 内出现寒战、呕吐、腹泻等急性胃肠炎症状,表明有肠毒素存在。

金黄色葡萄球菌检验标准参照《食品安全国家标准　食品微生物学检验　金黄色葡萄球菌检验》(GB 4789.10—2016)。

4.葡萄球菌病的防治

感染葡萄球菌后,不产生明显的免疫力,可再次感染。葡萄球菌类毒素或灭活苗接种动物有一定预防效果。在动物饲养实践中,预防本病的方法是避免动物发生创伤,一旦发生创伤及时处理。若使用抗生素,通过药敏试验选择敏感药物进行治疗是可靠的方法。

(二)链球菌的特性

1.链球菌的生物学特性

链球菌革兰
染色彩图

(1)形态及染色 单个菌体呈圆形或卵圆形,直径 0.5~1.0 μm,链状排列或成双排列(图 1-4-2),链的长短常与细菌的种类及生长环境有关,致病性的链长,非致病性的链短。革兰染色阳性。无鞭毛,无芽孢,幼龄培养物可形成荚膜。

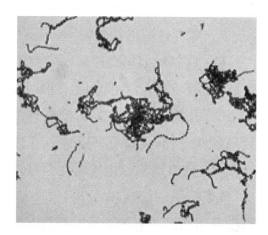

图 1-4-2 链球菌 (革兰染色,×1 000)

(2)培养特性 本菌为需氧或兼性厌氧菌,生长最适温度为 37 ℃,适宜 pH 为 7.4~7.6。多数致病性链球菌的营养要求较高,在普通培养基上生长不良,在加有血液、血清、腹水的培养基中生长良好。在血液琼脂平板上形成圆形、隆起、表面光滑、灰白色半透明或不透明的细小菌落,有的菌落周围有 β 型溶血现象。在血清肉汤培养基中生长时易形成长链状,管底呈絮状沉淀。

(3)生化特性 本菌发酵葡萄糖、蔗糖、麦芽糖、海藻糖产酸不产气,不发酵阿拉伯糖、甘露醇、山梨醇、甘油和核糖,触酶试验阴性。

(4)分类 根据溶血的性质将链球菌分为三类:①α 型溶血链球菌。在血液琼脂平板上,菌落周围可形成 1~2 mm 宽的不透明草绿色溶血环(红细胞未溶解,血红蛋白变成草绿色),致病力不强,多为条件性致病菌。②β 型溶血链球菌。在血液琼脂平板上,菌落周围可形成 2~4 mm 宽的完全透明溶血环(红细胞完全溶解),这类菌致病力强,常引起人及动物的各种疾病。③γ 型溶血链球菌。在血液琼脂平板上,菌落周围无溶血现象,一般为非致病菌。

根据抗原结构分类:链球菌的抗原结构比较复杂,包括属特异性抗原,又称核蛋白抗原或 P 抗原;群特异性抗原,又称多糖抗原或 C 抗原;型特异性抗原,又称蛋白质抗原或表面抗原。根据 C 抗原的不同,可将 β 型溶血链球菌分为 20 个血清型,用英文字母 A~V(无 I 和 J)表示,但有的分离株不能定型。

(5)抵抗力 链球菌的抵抗力不强,对干燥、湿热均较敏感,60 ℃经 30 min 即可被杀死。绝大多数链球菌对青霉素、金霉素、红霉素、四环素敏感,但近年来产生了很多耐药菌株。

2. 链球菌的致病性

链球菌是一类常见的化脓性细菌。广泛分布于自然界、人和动物的上呼吸道、胃肠道及泌尿生殖道。链球菌的致病力与荚膜、毒素和酶有关,可产生多种酶和外毒素。如透明质酸酶、蛋白酶、链激酶、脱氧核糖核酸酶、核糖核酸酶、溶血毒素、红疹毒素及杀白细胞素。

不同血清群的链球菌所致动物的疾病也不同。A 群的某些链球菌,主要对人类致病,如猩红热、扁桃体炎及各种炎症及败血症等;B 群的链球菌主要引起牛乳房炎;C 群的某些链球菌,常引起猪的急性或亚急性败血症、脑膜炎、关节炎及肺炎等;D 群的某些链球菌可引起仔猪心内膜炎、脑膜炎、关节炎及肺炎等;E 群的链球菌主要引起猪淋巴结脓肿;L 群的链球菌可致猪的败血症、脓毒血症。我国流行的猪链球菌病是一种急性败血型传染病,病原体属于 C 群。现已证明人也可以感染猪链球菌而发病。

3. 链球菌微生物学诊断

(1) 病料的采集 根据链球菌所致疾病不同,采取相应的病料,如脓汁、血液、关节液、乳汁、动物的脏器或被污染的食物。

(2) 涂片镜检 取病料直接涂片,革兰染色后镜检,若发现有革兰阳性、呈链状排列的球菌,可作出初步诊断。

(3) 分离培养 将病料接种于血液琼脂平板,37 ℃培养 18~24 h,观察其菌落特征。链球菌形成圆形、隆起、表面光滑、边缘整齐的灰白色小菌落,多数致病菌株有溶血现象。呈 β 溶血的链球菌,注意和葡萄球菌进行区别;呈 α 溶血的链球菌,注意和肺炎球菌进行区别。采集的血液病料,先在葡萄糖血清肉汤中增菌,再进行血平板划线分离。

(4) 生化试验 取纯培养物做触酶试验和糖发酵试验(葡萄糖、蔗糖、麦芽糖、甘露醇、山梨醇等),37 ℃培养 24 h,观察结果(表 1-4-2)。

表 1-4-2 链球菌生化试验鉴定结果表

试验物	触酶	葡萄糖	蔗糖	麦芽糖	甘露醇	山梨醇
结果	–	+	+	+	–	–

注:发酵糖产酸不产气或试验阳性用"+"表示,不发酵糖或试验阴性用"–"表示。

(5) 血清学试验 可使用特异性血清,对所分离的链球菌进行血清学分群和分型。

链球菌检验标准参照《食品安全国家标准 食品微生物学检验 β 型溶血性链球菌检验》(GB 4789.11—2014)。

4. 链球菌病的防治

链球菌病的预防原则与葡萄球菌病一致,动物发生创伤时要及时处理。发生猪链球菌病的地区,可用疫苗预防接种。目前国内已有猪、羊链球菌弱毒苗和灭活苗,也有用当地分离菌株制备疫苗进行预防的。对已经感染链球菌的动物,可使用磺胺药或其他抗生素进行治疗,青霉素是治疗链球菌感染的首选药物。

三、大肠杆菌和沙门菌的检验

（一）大肠杆菌的特性

大肠杆菌革兰染色彩图

1. 大肠杆菌的生物学特性

（1）形态及染色　大肠杆菌的学名为大肠埃希菌,为革兰阴性杆菌,大小为$(0.4\sim0.7)\ \mu m \times (2.0\sim3.0)\ \mu m$,两端钝圆、散在（图1-4-3）,周身有鞭毛,少数菌株可形成荚膜。

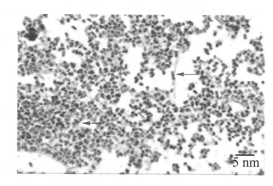

图1-4-3　大肠杆菌（革兰染色,×1 000）

（2）培养特性　需氧或兼性厌氧。在普通培养基上生长良好,培养24 h后形成光滑型菌落,直径2~3 mm。在血液琼脂培养基上,菌落较大,引起仔猪黄痢与水肿病的菌株有明显的β型溶血环。在伊红亚甲蓝琼脂平板上,形成紫黑色带金属光泽的菌落。在麦康凯培养基上形成红色菌落。

（3）生化特性　本菌能分解葡萄糖、乳糖、麦芽糖、蔗糖、甘露醇产酸、产气。吲哚试验、MR试验阳性,VP试验阴性,不能利用柠檬酸盐作为碳源,多数菌株不产生硫化氢。

（4）抗原性　大肠杆菌有O、K和H三种抗原,它们是血清型鉴定的依据。O抗原为菌体抗原,K抗原是菌体表面抗原,H抗原是鞭毛蛋白抗原。根据一种大肠杆菌可同时含有两种或三种抗原,其血清型的表示方法为O:K:H,如$O_8:K_{23}(L):H_{19}$,即表示该菌具有O抗原8,L型K抗原23,H抗原19。

（5）抵抗力　大肠杆菌对热的抵抗力较其他肠道杆菌强,55 ℃保持60 min或60 ℃保持15 min仍有部分细菌存活。在自然界的水中可存活数周至数月,在温度较低的粪便中存活更久。5% 石炭酸、3% 甲酚皂（又称煤酚皂、来苏尔）在5 min内可将其杀灭。

2. 大肠杆菌的致病性

大肠杆菌是人和动物肠道内的正常寄生菌,能产生大肠杆菌素,抑制致病性大肠杆菌生长,对机体有利。致病性大肠杆菌可引起人和动物发病,主要分为肠道内感染和肠道外感染。其中肠道内感染的产毒素大肠杆菌可引起婴儿和幼龄动物腹泻,肠出血性大肠杆菌可引起猪的水肿病;肠道外感染可引起化脓和败血症。常见疾病为仔猪黄痢、仔猪白痢、仔猪水肿病和鸡大肠杆菌病。

3. 大肠杆菌的微生物学诊断

（1）病料的采集　动物腹泻病例,采集粪便、肠黏膜或肠系膜淋巴结作为病料。败血症病例,采集血液或病变组织作为病料。

(2) 形态观察　取病料直接制成涂片,或用接种环取病料在普通平板、麦康凯平板进行划线分离,挑取典型菌落涂片,革兰染色镜检,若在显微镜下见到两端钝圆、单在、中等大小的革兰阴性杆菌,即可作出初步诊断。

(3) 培养与纯化

① 分离培养　将病料直接在血液琼脂平板或麦康凯琼脂平板上划线分离,37 ℃培养 24 h,观察各种培养基上的菌落特征和溶血情况。大肠杆菌在麦康凯琼脂平板上形成直径 1~3 mm、红色的露珠状菌落,在血液琼脂平板上呈 β 溶血(仔猪黄痢与水肿病菌株)。

② 纯培养　挑取麦康凯或血平板上的典型单个菌落,移植到普通琼脂斜面,37 ℃培养箱培养 18~24 h,获得大肠杆菌纯培养物。

(4) 生化试验　分别进行糖发酵试验(葡萄糖、乳糖、麦芽糖、蔗糖和甘露醇)、吲哚试验、MR 试验、VP 试验、柠檬酸盐利用试验、H_2S 试验,观察结果(见表 1-4-3)。

表 1-4-3　大肠杆菌生化试验鉴定结果表

试验方法	葡萄糖	乳糖	麦芽糖	蔗糖	甘露醇	吲哚	MR	VP	柠檬酸盐利用	H_2S
结果	⊕	⊕	⊕	⊕	⊕	+	+	−	−	−

注:发酵糖产酸产气用"⊕"表示,试验阳性用"+"表示,试验阴性用"−"表示。

(5) 动物试验　取分离菌的纯培养物接种 10 日龄的小鸡,皮下注射 0.2 mL/ 只,观察实验动物的发病情况,并做进一步细菌学检查。

(6) 血清学试验　在分离鉴定的基础上,通过对毒力因子的检测便可确定其属于何类致病性大肠杆菌,也可以利用平板凝集试验鉴定血清型。

大肠杆菌检验标准参照《食品安全国家标准　食品微生物学检验　大肠埃希氏菌计数》(GB 4789.38—2012)。

4. 大肠杆菌病的防治

本病重在预防。加强饲养管理,做好卫生消毒工作,进行预防接种。

目前,预防大肠杆菌病已有多种疫苗,如灭活苗、亚单位苗、类毒素苗、基因工程疫苗,免疫怀孕母猪,其后代可通过初乳获得免疫力。幼龄动物可用灭活苗进行免疫。

大肠杆菌对磺胺药、链霉素、氯霉素等敏感,但易产生耐药性,临床治疗时,应进行抗生素敏感试验以选择有效的抗生素。

5. 大肠菌群的卫生学意义

大肠菌群是指在 37 ℃经 24 h 能发酵乳糖产酸产气、需氧或兼性厌氧的革兰阴性无芽孢杆菌的总称。

大肠菌群和大肠杆菌是评价卫生质量的重要指标,也是食品中粪便污染指标。食品中检出大肠菌群,表明该食品有粪便污染,即可能有肠道致病菌存在,因而也就有可能通过污染的食品引起肠道传染病的流行。大肠菌群数的高低,表明了粪便污染的程度,也反映了对人体健康危害性的大小。我国饮用水卫生标准是每1 L水中大肠菌群数不超过3个。

大肠菌群计数方法参照《食品安全国家标准 食品微生物学检验 大肠菌群计数》(GB 4789.3—2016)。

(二)沙门菌的特性

1. 沙门菌的生物学特性

(1)形态及染色 沙门菌的形态和染色特性与大肠杆菌相似,呈直杆状,大小为(0.7~1.5)μm×(2.0~5.0)μm,革兰阴性。除鸡白痢和鸡伤寒沙门菌无鞭毛不运动外,其余各菌均为周身鞭毛,能运动。有菌毛,无荚膜。

(2)培养特性 沙门菌为需氧或兼性厌氧菌,在SS琼脂平板、伊红亚甲蓝琼脂平板、麦康凯琼脂平板上形成无色透明、圆形、光滑、湿润、边缘整齐的小菌落。在三糖铁琼脂斜面培养基上培养24 h,斜面变红,底部变黑并有气泡。

(3)生化特性 沙门菌与大肠杆菌的最大区别在于不能发酵乳糖和蔗糖。能发酵葡萄糖、麦芽糖和甘露醇产酸产气。吲哚试验阴性,MR试验阳性,VP试验阴性,柠檬酸盐利用试验阳性,尿素分解试验阴性,致病性沙门菌大多能分解含硫氨基酸产生硫化氢。

(4)抗原性 沙门菌抗原结构复杂,可分为菌体抗原(O)、鞭毛抗原(H)和表面抗原(Vi)3种。O和H抗原是其主要抗原,并且O抗原又是每个菌株必有的成分。

(5)抵抗力 沙门菌的抵抗力中等,与大肠杆菌相似。亚硒酸盐、煌绿等染料对沙门菌的抑制作用小,而对大肠杆菌的抑制作用大。用亚硒酸盐、煌绿制备选择性培养基,有利于粪便中沙门菌的分离。60 ℃保持30 min沙门菌会死亡;煮沸条件下沙门菌立即死亡。沙门菌在5%苯酚中2~5 min死亡,在污染的水及土壤中可存活数日至数月。

2. 沙门菌的致病性

沙门菌种类繁多,目前已发现2 000多个血清型,而且不断有新的血清型发现。它们主要寄生于人类及各种温血动物肠道。引起人和动物疾病的沙门菌,均有毒力较强的内毒素,有些还能产生肠毒素。与动物有关的沙门菌有:猪霍乱沙门菌,引起仔猪副伤寒;马流产沙门菌,使怀孕母马流产或公马睾丸炎;鸡白痢沙门菌,使雏鸡发生白痢;鼠伤寒沙门菌,引起各种动物的副伤寒;肠炎沙门菌,对多种动物有致病性。

3. 沙门菌的微生物学诊断

(1)病料的采集 肝、脾可直接在普通琼脂或鉴别培养基平板上划线分离,但已污染的被检材料如饮水、粪便、饲料、肠内容物、已败坏组织等,因含菌数远超过沙门菌,故常需要增菌培养基增菌后再进行分离。

（2）形态观察　取病料直接涂片或纯培养物，革兰染色后镜检，沙门菌为革兰阴性直杆菌。

（3）培养与纯化　取病料接种于 SS 琼脂平板或麦康凯琼脂平板上划线分离，置于 37 ℃恒温培养箱培养 18~24 h，观察其在各种培养基上的菌落特征，在 SS 琼脂平板和麦康凯琼脂平板上形成无色透明或半透明较小的边缘整齐的菌落。挑取麦康凯琼脂平板上的几个典型菌落，转到三糖铁琼脂斜面培养基上做初步生化鉴定和纯培养。沙门菌在三糖铁琼脂斜面上生长，产酸，斜面为红色，底部变黑并产气。

（4）生化试验　分别进行糖发酵试验（葡萄糖、乳糖、麦芽糖、蔗糖和甘露醇）、吲哚试验、MR 试验、VP 试验、H_2S 试验，观察结果（见表 1-4-4）。

表 1-4-4　沙门菌生化试验鉴定结果表

试验方法	葡萄糖	乳糖	麦芽糖	蔗糖	甘露醇	吲哚	MR	VP	H_2S
结果	⊕	−	⊕	−	⊕	−	+	−	+

注：发酵糖产酸产气用"⊕"表示，试验阳性用"+"表示，不发酵糖或试验阴性用"−"表示。

（5）血清学试验　在分离鉴定的基础上，取纯培养物进行平板凝集试验鉴定血清型。此外，还可用乳胶颗粒凝集试验、酶联免疫吸附测定（ELISA）等血清学试验方法进行快速诊断。

沙门菌检验标准参照《食品安全国家标准　食品微生物学检验　沙门氏菌检验》（GB 4789.4—2016）。

4. 沙门菌病的防治

目前应用于动物的疫苗多限于预防各种动物特有的沙门菌病，如猪副伤寒弱毒冻干苗，马流产沙门菌灭活苗。治疗可选用庆大霉素、卡那霉素、环丙沙星等药物。防治家禽沙门菌病应严格检疫，净化种鸡群。

四、多杀性巴氏杆菌的检验

1. 多杀性巴氏杆菌的生物学特性

（1）形态及染色　多杀性巴氏杆菌为两端钝圆、中央微凸的短杆菌，大小为（1.0~1.5）μm×（0.3~0.6）μm。无芽孢，无鞭毛，新分离的强毒株具有荚膜，革兰染色阴性。患病动物的血涂片、组织或体液涂片，经瑞氏或美蓝染色，菌体多呈卵圆形，两端着色深，中央着色浅，像并列的两个球菌（两极浓染），故又将本菌称为两极杆菌（图 1-4-4）。但用培养物做的涂片，两极着色则不那么明显。用印度墨汁等染料染色时，可看到清晰的荚膜。

多杀性巴氏杆菌美蓝染色彩图

（2）培养特性　本菌为需氧或兼性厌氧菌。培养基中加有血液或血清才能良好生长。在血液琼脂平板上可形成灰白色、光滑型露珠状小菌落,不溶血;普通肉汤中呈轻度混浊,管底有黏稠沉淀物,表面形成菌环。

(3)生化特性 多杀性巴氏杆菌能分解葡萄糖、半乳糖、果糖、蔗糖产酸不产气,不发酵乳糖、鼠李糖、麦芽糖、核苷等。吲哚试验、硫化氢试验、触酶试验均为阳性,MR 试验、VP 试验阴性,不液化明胶。

(4)抗原性 多杀性巴氏杆菌主要以菌体抗原(O)和荚膜抗原(K)区分血清型,O 抗原有16 个型,K 抗原有 6 个型。以阿拉伯数字表示菌体抗原型,大写英文字母表示荚膜抗原型,其中 5:A,8:A 血清型比较常见。

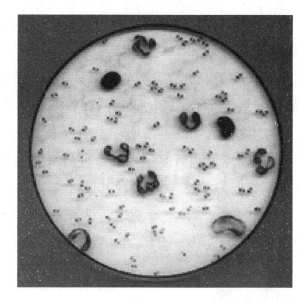

图1-4-4 多杀性巴氏杆菌(美蓝染色,×1 000)

(5)抵抗力 多杀性巴氏杆菌抵抗力不强,对热敏感,60 ℃、20 min 可将其杀死。对常用消毒剂敏感,3% 苯酚 1 min、1% 氢氧化钠 1 min、2% 甲酚皂溶液 3 min 均可杀死多杀性巴氏杆菌。多杀性巴氏杆菌对链霉素、磺胺药及许多新的抗菌药物敏感。

2. 多杀性巴氏杆菌的致病性

多杀性巴氏杆菌为条件性致病菌,常存在于动物的上呼吸道内,一般不致病。只有当机体抵抗力降低时,才引起发病,主要引起动物发生出血性败血症或肺炎。常见疾病有猪肺疫、牛出血性败血症、兔巴氏杆菌病和禽霍乱等。实验动物中小白鼠和家兔易感性也很高,可发生败血症。

3. 多杀性巴氏杆菌的微生物学诊断

(1)病料的采集 急性型死亡病例可从心、肝、脾或体腔内渗出物采取病料;慢性型病例可从病变部位、脓液、渗出液或呼吸道分泌物采取病料。

(2)涂片镜检 新鲜病料涂片或触片,用碱性美蓝或瑞氏染液染色,如发现典型的两极浓染的球杆菌,即可作出初步诊断。但慢性病例或腐败材料不易发现典型菌体,须进行分离培养和动物试验。

(3)分离培养 将病料接种于血液琼脂平板和麦康凯琼脂平板上,在血液琼脂平板上生长良好,37 ℃培养 24 h 形成灰白、湿润的水滴样小菌落,周围无溶血现象,革兰染色为阴性球杆菌。在麦康凯琼脂平板上不生长。

(4)动物试验 取病料少许,用无菌生理盐水制成 1:10 悬液,肌内或皮下接种小鼠或家兔,0.2~0.5 mL/ 只。也可用分离的纯培养物悬液接种。若被接种动物于 18~48 h 死亡,用其心、肝、脾涂片,染色镜检发现典型的巴氏杆菌,即可确诊此病。

(5) 血清学试验 若要鉴定菌体抗原和荚膜抗原型,则要用抗血清或单克隆抗体进行血清学试验。动物血清中的抗体,可用试管凝集、间接凝集、琼脂扩散或 ELISA 等试验检测。

巴氏杆菌病诊断标准参照《中华人民共和国农业行业标准 禽霍乱(禽巴氏杆菌病)诊断技术 》(NY/T 563—2016),《中华人民共和国农业行业标准 猪巴氏杆菌病诊断技术 》(NY/T 564—2016)。

4. 多杀性巴氏杆菌病的防治

疫苗是控制动物巴氏杆菌病的有效方法,猪可选用猪肺疫氢氧化铝菌苗,禽用禽霍乱弱毒苗,牛用牛出血性败血症氢氧化铝菌苗。发生疾病时可选用抗生素、磺胺药、喹诺酮类药进行治疗。

五、布鲁菌的检验

1. 布鲁菌的生物学特性

(1) 形态及染色 布鲁菌又名布氏杆菌,呈球形或短杆形,大小为(0.6~1.5) μm × (0.5~0.7) μm,多散在,少数呈短链,无芽孢,无荚膜,无鞭毛,不运动,革兰染色阴性(图1-4-5)。鉴别染色常用柯兹洛夫斯基染色法,布鲁菌呈红色,其他细菌及细胞呈绿色。

布鲁菌革兰染色彩图

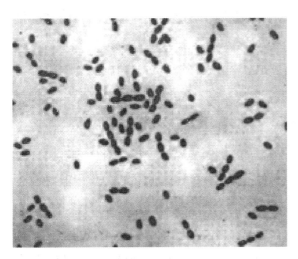

图1-4-5 布鲁菌 (革兰染色,×1 000)

(2) 培养特性 本菌为需氧菌(部分微嗜氧),对营养要求较高,培养较困难。在含有肝浸液、血液、血清等培养基上生长良好,羊种布鲁菌(即马耳他布鲁菌)和牛种布鲁菌(即流产布鲁菌)初次培养时需要 5%~10% 的 CO_2,5~10 d 可形成肉眼可见的菌落。在血液琼脂培养基上培养,2~3 d 形成灰白色、不溶血的小菌落。液体培养基上呈轻微混浊生长,时间长可形成很厚的菌膜。

(3) 生化特性 本菌能分解葡萄糖产生少量酸,不产生吲哚,不液化明胶、不凝固牛乳,MR试验和VP试验均为阴性,不分解甘露醇,能分解尿素,能分解含硫氨基酸产生硫化氢。

(4) 分类 布鲁菌属有 6 个种,即马耳他布鲁菌(羊种菌)、流产布鲁菌(牛种菌)、猪布鲁菌、绵羊附睾型布鲁菌、沙林鼠布鲁菌和犬布鲁菌。

(5) 抵抗力 本菌在自然界中抵抗力较强,在土壤中可存活24~40 d,在水中可存活5~150 d,在患病动物肉制品中存活可 40 d,阳光直射需 30 min 至 4 h 才能将其杀死。但对湿热抵抗力不强,煮沸立即死亡。本菌对常用的消毒药品敏感,如 2.5% 漂白粉、3% 甲酚皂可在 2 min 内将其杀死。

2. 布鲁菌的致病性

本菌产生毒素较强的内毒素。羊型布鲁菌内毒素毒力最强,猪型次之,牛型较弱。本菌侵袭力较强,可通过完整的皮肤、黏膜进入体内,并有很强的繁殖与扩散能力。患病动物感染后主要发生生殖系统疾病,如雌性动物流产、子宫炎,雄性动物睾丸炎、关节炎等。本菌感染多为慢性,症状多不明显,致死率低,但较长时间经乳、粪、尿和子宫分泌物排菌,传染人和动物,危害较大,是重要的人和动物共患病病原。实验动物中豚鼠最敏感,家兔、小鼠则有抵抗力。

3. 布鲁菌的微生物学诊断

本菌所致疾病,症状复杂,多不典型,难与其他疾病区别,故微生物检查较为重要。

(1) 细菌学检验

① 病料的采集　对流产病例,可取流产胎儿胃内容物、羊水及胎盘的坏死部分为病料;其他病例,可取精液、关节炎液。死后采集病料的首选组织为网状内皮组织(如头、乳腺、生殖器、淋巴结及脾)。

② 涂片镜检　病料直接涂片,做革兰染色和柯兹洛夫斯基染色镜检,若革兰染色阴性,柯兹洛夫斯基染色菌体呈红色时,即可作出初步诊断。

③ 分离培养　病料可直接划线接种于适宜的培养基。初次培养应置于 10% 二氧化碳环境中,37 ℃培养,形成灰白色、圆形、边缘整齐、隆起的黏液状菌落。每 3 d 观察 1 次,如有细菌生长,可挑选可疑菌落做生化试验鉴定;如无细菌生长,可继续培养至 30 d 后,仍无生长者方可视为阴性。

④ 动物试验　将病料乳剂进行豚鼠腹腔或皮下注射,每只 1~2 mL,每隔 7~10 d 采血检查血清抗体,如凝集价达到 1∶50 以上,即认为有布鲁菌感染。

(2) 血清学检验　动物感染布鲁菌后,血清中可出现凝集素、补体结合抗体等,主要是 IgG、IgM,其中的凝集抗体于患病动物流产 6~10 d 后效价高达 1∶(100~1 000),并可持续几个月(一般 6 个月后凝集抗体即下降),常用平板凝集试验,检出率较高,也可进行补体结合试验,间接血凝试验和乳汁环状试验检出抗体的存在情况。

(3) 变态反应诊断　动物感染布鲁菌 20~25 d 后,常可出现变态反应阳性,并且持续时间较长,我国通常用注射布鲁菌水解素作为变态反应原,来诊断绵羊和山羊的布鲁菌病:将布鲁菌水解素皮内注射至羊右侧颈部皮内,左侧作对照,3 d 后用游标卡尺测量注射部位皮肤厚度,同时测量左侧同位置皮肤厚度,右侧比左侧皮肤厚度增加超 1.5 mm 判为布鲁菌感染阳性,此法对慢性病例检出率较高。

布鲁菌病诊断标准参考《中华人民共和国卫生行业标准　布鲁氏菌病诊断 》(WS 269—

2019)。

4. 布鲁菌病的防治

菌苗虽有显著效果,但要根除本病,必须采用建立健康群的方法,来预防布鲁菌病。即定期检疫,及时淘汰阳性动物,以确保动物群的安全。目前我国应用的疫苗有羊型 5 号(M_5)和猪型 2 号(S_2)两种弱毒活菌苗。

附2　柯兹洛夫斯基染色法

1. 将涂片在火焰上固定,滴加 0.5% 沙黄染液,并加热至出现气泡,2~3 min,水洗。
2. 滴加 0.5% 孔雀绿染液,复染 40~50 s,水洗,待干,镜检。
3. 结果:布鲁菌呈红色,其他细菌及细胞呈绿色。

 **任务实施**

一、病料的采集、保存及送检

1. 实施目标

(1)掌握各种病料(以鸡为例)采集的方法。

(2)掌握病料保存及送检的要领。

2. 实施步骤

(1)准备仪器材料　电热干燥箱、高压蒸汽灭菌器、电热式恒温培养箱、棉拭子、试管、培养皿、载玻片、手术刀、手术剪、镊子、吸管、注射器、针头、酒精灯、乙醇棉球、塑料袋、液状石蜡、30% 甘油盐水缓冲液、患病鸡。

(2)确定工作实施方案

① 小组讨论　小组召集人根据"任务准备"中学习的内容,逐条、充分地讨论操作方案,合理分工,以完成病料的采集、保存及送检。小组召集人由本组成员轮流担任,每完成一项工作轮换一次。

② 确定方案　各小组召集人上台汇报本小组工作任务单中的相关操作内容及人员分工,其他组的同学点评其优缺点并做补充。教师综合评价各组表现,并根据各组汇报归纳出供全班同学实际操作的实施方案。

(3)实施操作　各小组按最终的工作实施方案进行操作,填写表1-4-5。每项工作完成后,由小组召集人召集组员纠错与反思,完善操作任务,最后对工作过程进行评价。

表 1-4-5　病料的采集、保存及送检工作任务单

工作内容	组内分工	设备和材料	工作要求	工作过程评价	
				自评	互评
1. 鸡的剖检前准备					
2. 鸡的剖检和各种病料的采集					
3. 保存病料，填写送检记录单					
4. 填写鸡的剖检报告					

二、葡萄球菌和链球菌的微生物学鉴别技能训练

1. 实施目标

能够利用微生物学检验方法区分葡萄球菌和链球菌。

2. 实施步骤

（1）仪器材料准备　葡萄球菌纯培养物、链球菌纯培养物、37 ℃恒温培养箱、血平板、各种糖发酵管（葡萄糖、乳糖、麦芽糖、蔗糖、甘露醇、山梨醇等）、3%H_2O_2、兔血浆、葡萄糖蛋白胨水、柠檬酸盐斜面、载玻片、革兰染液等。

（2）确定工作实施方案

① 小组讨论　分小组实施，每小组 3~5 人。小组召集人组织小组成员根据"任务准备"中学习的内容，逐条、充分地讨论操作方案，合理分工，以完成葡萄球菌和链球菌的微生物学鉴别。小组召集人由本组成员轮流担任，每完成一项工作轮换一次。

② 确定方案　各小组召集人上台汇报本小组工作任务单中的相关操作内容及人员分工，其他组的同学点评其优缺点并做补充。教师综合评价各组表现，并根据各组汇报归纳出供全班同学实际操作的实施方案。

（3）实施操作　各小组按最终的工作实施方案进行操作，填写表 1-4-6。每项工作完成后，由小组召集人召集组员进行纠错与反思，完善操作任务，最后对工作过程进行评价。

表 1-4-6　葡萄球菌和链球菌的微生物学鉴别工作任务单

工作内容	组内分工	设备和材料	工作要求	工作过程评价	
				自评	互评
1. 血平板划线分离					
2. 接种生化培养基					

续表

工作内容	组内分工	设备和材料	工作要求	工作过程评价	
				自评	互评
3. 将接种好的平板、生化培养基置于 37 ℃ 培养箱培养 24 h					
4. 涂片染色镜检					
5. 记录血平板上菌落的生长表现					
6. 记录生化试验结果					
7. 填写两种细菌的区别记录表(表1-4-7)					

表1-4-7　葡萄球菌与链球菌的区别

细菌	检验方法							
	形态染色	菌落	葡萄糖	甘露醇	山梨醇	触酶	MR	柠檬酸盐利用
葡萄球菌								
链球菌								

三、大肠杆菌和沙门菌的微生物学鉴别技能训练

1. 实施目标

能够利用微生物学检验方法分离鉴定大肠杆菌和沙门菌。

2. 实施步骤

(1) 仪器材料准备　电热恒温培养箱、电热干燥箱、高压蒸汽灭菌器、载玻片、大肠杆菌菌种、沙门菌菌种、普通琼脂平板、麦康凯琼脂平板、各种糖发酵培养基(葡萄糖、乳糖、麦芽糖、蔗糖、甘露醇等)、三糖铁斜面、蛋白胨培养基、葡萄糖蛋白胨培养基、柠檬酸盐斜面、吲哚试剂、MR 试剂、VP 试剂、革兰染色液等。

(2) 确定工作实施方案

① 小组讨论　分小组实施,每小组 3~5 人。小组召集人组织小组成员逐条、充分地讨论操作方案,合理分工,以完成大肠杆菌和沙门菌的微生物学鉴别。小组召集人由本组成员轮流担任,每完成一项工作轮换一次。

② 确定方案　各小组召集人上台汇报本小组工作任务单中的相关操作内容及人员分工,其他组的同学点评其优缺点并做补充。教师综合评价各组表现,并根据各组汇报归纳出供全班同学实际操作的实施方案。

(3) 实施操作　各小组按最终的工作实施方案进行操作,填写表1-4-8。每项工作完成后,由小组召集人召集组员进行纠错与反思,完善操作任务,最后对工作过程进行评价。

表 1-4-8 大肠杆菌和沙门菌的微生物学鉴别工作任务单

工作内容	组内分工	设备和材料	工作要求	工作过程评价	
				自评	互评
1. 将大肠杆菌、沙门菌分别接种普通琼脂平板、麦康凯琼脂平板,置于 37 ℃培养箱培养 24 h					
2. 将大肠杆菌、沙门菌分别接种蛋白胨培养基、葡萄糖蛋白胨培养基、柠檬酸盐斜面、三糖铁斜面,置于 37 ℃培养箱培养 24 h					
3. 将大肠杆菌、沙门菌分别接种各种糖培养基,置于 37 ℃培养箱培养 24 h					
4. 培养后观察并描述大肠杆菌、沙门菌在普通琼脂平板、麦康凯琼脂平板的生长表现。分别挑取单个菌落进行染色镜检					
5. 记录糖发酵结果					
6. 分别进行吲哚试验、MR 试验、VP 试验、柠檬酸盐利用试验、H_2S 试验,并记录结果					
7. 填写大肠杆菌、沙门菌的区别记录表(表 1-4-9)					

表 1-4-9 大肠杆菌与沙门菌的区别

细菌	检验方法								
	形态染色	菌落	糖发酵	三糖铁	吲哚	MR	VP	H_2S	柠檬酸盐利用
大肠杆菌									
沙门菌									

四、多杀性巴氏杆菌的微生物学诊断技能训练

1. 实施目标

能够利用微生物学检验方法分离鉴定多杀性巴氏杆菌。

2. 实施步骤

(1)仪器材料准备 电热恒温培养箱、电热干燥箱、高压蒸汽灭菌器、载玻片、多杀性巴氏杆菌菌种、血液琼脂平板、麦康凯琼脂平板、各种加血清的糖发酵培养基(葡萄糖、乳糖、麦芽糖、蔗糖等)、蛋白胨培养基、葡萄糖蛋白胨培养基、吲哚试剂、MR 试剂、VP 试剂、革兰染色液、亚甲蓝(美蓝)染液等。

（2）确定工作实施方案

① 小组讨论　分小组实施,每小组 3~5 人。小组召集人组织小组成员,根据"任务准备"中学习的内容,逐条、充分地讨论操作方案,合理分工,以完成多杀性巴氏杆菌的微生物学诊断。小组召集人由本组成员轮流担任,每完成一项工作轮换一次。

② 确定方案　各小组召集人上台汇报本小组工作任务单中的相关操作内容及人员分工,其他组的同学点评其优缺点并做补充。教师综合评价各组表现,并根据各组汇报归纳出供全班同学实际操作的实施方案。

（3）实施操作　各小组按最终的工作实施方案进行操作,填写表 1-4-10。每项工作完成后,由小组召集人召集组员进行纠错与反思,完善操作任务,最后对工作过程进行评价。

表 1-4-10　多杀性巴氏杆菌的微生物学诊断工作任务单

工作内容	组内分工	设备和材料	工作要求	工作过程评价	
				自评	互评
1. 将多杀性巴氏杆菌接种血液琼脂平板、麦康凯平板,置于 37 ℃培养箱培养 24 h					
2. 将多杀性巴氏杆菌接种蛋白胨培养基、葡萄糖蛋白胨培养基,置于 37 ℃培养箱培养 24 h					
3. 将多杀性巴氏杆菌接种各种糖培养基,置于 37 ℃培养箱培养 24 h					
4. 培养后观察并描述多杀性巴氏杆菌在血液琼脂平板、麦康凯琼脂平板的生长表现。挑取单个菌落进行染色镜检					
5. 记录糖发酵结果					
6. 分别进行吲哚试验、MR 试验、VP 试验,并记录结果					
7. 填写多杀性巴氏杆菌特性记录表(表 1-4-11)					

表 1-4-11　多杀性巴氏杆菌特性记录

检验方法	形态染色	菌落	葡萄糖	乳糖	麦芽糖	蔗糖	吲哚	MR	VP
结果									

五、布鲁菌的微生物学诊断技能训练

1. 实施目标

能够利用微生物学检验方法诊断布鲁菌病。

2. 实施步骤

（1）仪器材料准备　电热恒温培养箱、电热干燥箱、高压蒸汽灭菌器、游标卡尺、载玻片、布鲁菌菌种、血液琼脂平板、革兰染液、孔雀绿染液、布鲁菌水解素、虎红平板凝集抗原、实验动物（豚鼠、山羊）等。

（2）确定工作实施方案

① 小组讨论　分小组实施，每小组 3~5 人。小组召集人组织小组成员，根据"任务准备"中学习的内容，逐条、充分地讨论操作方案，合理分工，以完成布鲁菌的微生物学诊断。小组召集人由本组成员轮流担任，每完成一项工作轮换一次。

② 确定方案　各小组召集人上台汇报本小组工作任务单中的相关操作内容及人员分工，其他组的同学点评其优缺点并做补充。教师综合评价各组表现，并根据各组汇报归纳出供全班同学实际操作的实施方案。

（3）实施操作　各小组按最终的工作实施方案进行操作，填写表 1-4-12。每项工作完成后，由小组召集人召集组员进行纠错与反思，完善操作任务，最后对工作过程进行评价。

表 1-4-12　布鲁菌的微生物学诊断工作任务单

工作内容	组内分工	设备和材料	工作要求	工作过程评价	
				自评	互评
1. 提前 20 d，山羊皮下接种布鲁菌纯培养物的混悬液 5 mL					
2. 将布鲁菌水解素皮内注射至山羊右侧颈部，3 d 后用游标卡尺测量左右侧皮肤厚度					
3. 采集山羊血液分离血清，用分离的血清和虎红平板凝集抗原进行平板凝集试验					
4. 菌种接种血液琼脂平板，于 37 ℃培养箱培养 3 d					
5. 取血液琼脂平板上的单个菌落进行涂片，革兰染色镜检					
6. 取血液琼脂平板上的单个菌落进行涂片，柯兹洛夫斯基染色镜检					
7. 分析试验结果，作出诊断结论					

随堂练习

1. 填空题

（1）致病性葡萄球菌能产生"一酶五素"，即_____和_____、_____、_____、_____、_____。

（2）链球菌在血液琼脂平板上形成_____、_____、_____的细小菌落，有的株菌落周围有 β 型溶血现象。

（3）根据溶血的性质将链球菌分为三类：_____、_____、_____。

（4）大肠杆菌在血液琼脂培养基上，菌落较大，仔猪黄痢与水肿病菌株有明显的_____；在伊红亚甲蓝琼脂平板上，形成_____菌落；在麦康凯培养基上形成_____菌落。

（5）我国饮用水卫生标准是 1 L 水中大肠菌群数不超过_____个。

（6）沙门菌与大肠杆菌的最大区别在于不能发酵_____和_____。

（7）多杀性巴氏杆菌在血液琼脂平板上可形成_____、_____小菌落，不溶血。

（8）多杀性巴氏杆菌主要引起动物发生出血性败血症或肺炎。常见疾病有_____、_____、_____和_____等。

（9）布鲁菌鉴别染色常用_____染色法，布鲁菌呈_____，其他细菌及细胞呈_____。

（10）布鲁菌患病动物感染后主要发生_____疾病，是重要的人和动物共患病病原。

2. 问答题

（1）实验室检测细菌有哪些技术和方法？

（2）试制作一张病料送检记录单。

（3）简述病料采集的方法。

（4）简述链球菌微生物学诊断程序。

（5）大肠杆菌的卫生学意义是什么？

（6）仔猪出现腹泻症状，怀疑为细菌感染引起，怎样区分其病原是大肠杆菌还是沙门菌？

（7）多杀性巴氏杆菌染色镜检时，其主要特征是什么？

（8）简述布鲁菌病的微生物学诊断要点。

项 目 小 结

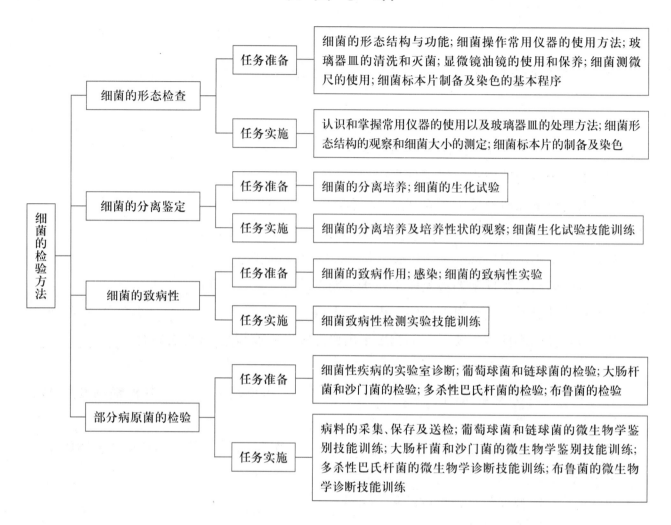

项 目 测 试

一、名词解释

细菌、芽孢、培养基、菌落、热原质、致病性、毒力、隐性感染、SPA、大肠菌群、质粒、荚膜、菌胶团、鞭毛、菌毛、侵袭力、半数致死量、类毒素、感染。

二、单项选择题

1. 不属于细菌基本结构的是（   ）。

    A. 细胞壁   B. 细胞膜   C. 芽孢   D. 核体

2. 革兰阳性菌特有的成分是（   ）。

    A. 肽聚糖   B. 磷壁酸   C. 脂蛋白   D. 脂多糖

3. 青霉素、头孢菌素导致细菌死亡的机制是（   ）。

A. 破坏磷壁酸   B. 损伤细胞膜

C. 抑制菌体蛋白的合成   D. 抑制肽聚糖的合成

4. 与细菌的致病作用直接相关的结构和物质有（　　　）。

     A. 鞭毛、芽孢、毒性酶和毒素   B. 荚膜、菌毛、毒性酶和毒素

     C. 细胞壁、核体、细胞质、色素   D. 荚膜、菌毛、色素、细菌素

5. 细菌生长繁殖所需条件不包括（　　　）。

     A. 营养物质   B. 温度   C. 光线   D. 气体

6. 细菌的繁殖方式主要是（　　　）。

     A. 裂殖法   B. 芽生法   C. 复制法   D. 二分裂法

7. 研究细菌性状最好选用哪个生长期的细菌？（　　　）

     A. 迟缓期   B. 对数期   C. 稳定期   D. 衰落期

8. 不属于细菌合成代谢产物的是（　　　）。

     A. 抗毒素   B. 细菌素   C. 色素   D. 热原质

9. 细菌致病性强弱主要取决于细菌的（　　　）。

     A. 基本结构   B. 特殊结构

     C. 侵袭力和毒素   D. 分解代谢产物

10. 带菌者的描述正确的是（　　　）。

     A. 体内带有正常菌群

     B. 体内带有条件致病菌

     C. 病原菌潜伏在体内，不向体外排菌

     D. 携带某病原菌但无临床症状，又不断向体外排菌

11. 外毒素的主要特点有（　　　）。

     A. 主要由革兰阳性菌产生，不耐热、毒性强、抗原性弱

     B. 主要由革兰阴性菌产生，耐热、毒性弱、抗原性强

     C. 主要由革兰阳性菌产生，不耐热、毒性强、抗原性强

     D. 主要由革兰阴性菌产生，耐热、毒性弱、抗原性弱

12. 葡萄球菌的诊断中常用（　　　）阳性来作为致病菌株的主要依据。

     A. 甘露醇发酵试验   B. 触酶试验

     C. VP 试验   D. 凝固酶试验

13. 治疗链球菌的首选药物是（　　　）。

     A. 青霉素   B. 链霉素   C. 氯霉素   D. 黄连素

14. 对疑有沙门菌感染的粪便标本进行选择培养时最宜选用（　　　）。

     A. 肉汤培养基   B. 血琼脂培养基

    C. 伊红美蓝培养基   D. 麦康凯培养基

15. 下列哪些细菌主要侵害动物生殖系统? (   )

    A. 大肠杆菌   B. 葡萄球菌

    C. 多杀性巴氏杆菌   D. 布鲁菌

16. 细菌的繁殖主要靠(   )。

    A. 二分分裂   B. 纵裂   C. 出芽   D. 四分分裂

17. 固体培养基中,琼脂使用浓度为(   )。

    A. 0   B. 0.2%~0.7%   C. 1.5%~2.0%   D. 5%

18. 用牛肉膏做固体培养基能为微生物提供(   )。

    A. C 源   B. N 源   C. 生长因素   D. ABC 都提供

19. 果汁、牛奶常用的灭菌方法为(   )。

    A. 巴氏消毒   B. 干热灭菌   C. 间歇灭菌   D. 高压蒸汽灭菌

20. 细菌属于(   )。

    A. 非细胞型微生物   B. 原核细胞型微生物

    C. 真核细胞型微生物   D. 细胞型微生物

21. 杆菌的长度一般为(   )μm。

    A. 1.0   B. 2~8   C. 1~50   D. 0.5~1

22. 大部分细菌生长的最适 pH 是(   )。

    A. 7.0~7.5   B. 7.2~7.6   C. 8.5~9.0   D. 6.4~6.6

23. 革兰染色法乙醇脱色步骤后革兰阴性菌呈现(   )。

    A. 蓝紫色   B. 红色   C. 无色   D. 深绿色

24. 超高温巴氏灭菌法是使鲜牛奶通过不低于(   )℃的管道(   )s。

    A. 72,1~2   B. 100,2~3   C. 132,1~2   D. 121.3,2~3

25. 青霉素族的抗生素主要用于抗(   )。

    A. 病毒   B. 真菌   C. 革兰阳性菌   D. 革兰阴性菌

三、填空题

1. 细菌是一类具有细胞壁的单细胞_____微生物。根据单个细菌的基本形态可以把细菌分为_____、_____和_____三类。

2. 能维持细菌的固有形态的结构是_____,控制遗传性状的是_____,与细菌的致病力有关的结构是_____,被称为细菌的运动器官的结构是_____,对外界的抵抗力最强的结构是_____。

3. 细菌生长繁殖所需要的营养物质有_____、_____、_____、_____、_____。

4. 根据细菌对氧的需要程度,可将细菌分为_____、_____、_____和_____四种类型。大多数细菌属于_____。

5. 感染类型可分为_____、_____和_____。

6. 葡萄球菌根据生化反应和产生色素不同,可分为_____、_____和_____三种。

7. 链球菌的抗原结构比较复杂,包括_____、_____和_____三种抗原。

8. 与动物有关的沙门菌有:_____,引起仔猪副伤寒;_____,使怀孕母马流产或公马睾丸炎;_____,使雏鸡发生白痢;_____,引起各种动物的副伤寒;_____,对多种动物有致病性。

9. 细菌大小的测量单位是_____,可以在_____下观察。

10. 细菌的基本结构由外到内分别是_____、_____、_____及_____等。

11. 用革兰染色法将细菌分为_____和_____两大类,前者染成_____色,后者染成_____。

12. 玻璃器皿的干热灭菌的温度是_____℃,灭菌时间是_____。也可用高压蒸汽灭菌,一般使用的温度是_____℃,灭菌时间是_____。

13. 细菌的生长过程有一定的规律性,一般分为四个时期:_____、_____、_____和_____。

14. 按培养基的物理性状可分为_____、_____、_____三类。

15. 大肠杆菌在血液琼脂培养基上,菌落较大,仔猪黄痢与水肿病菌株有明显的_____;在伊红亚甲蓝琼脂平板上,形成_____菌落;在麦康凯培养基上形成_____菌落。

16. 革兰阳性菌细胞壁独有的化学成分是_____,而革兰阴性菌细胞壁独有的化学成分是_____。

17. 半固体培养基多用于检测细菌的_____。

18. 按照细菌对营养物质的需要情况,可将细菌分为_____和_____两大营养类型。

四、判断题

1. 在动物体内,致病性炭疽杆菌是有荚膜的。　　　　　　　　　　　（　　）

2. 加入 2%~5% 的琼脂制成的培养基是半固体培养基。　　　　　　（　　）

3. 大多数细菌都能通过 0.22 μm 的滤器。　　　　　　　　　　　（　　）

4. 肉毒梭菌致病的主要因子是内毒素。　　　　　　　　　　　　　（　　）

5. 细菌的营养类型可分为自养型和异养型两种。　　　　　　　　　（　　）

6. 仔猪黄痢和仔猪白痢都是由大肠杆菌引起的。　　　　　　　　　（　　）

7. 破伤风梭菌需严格需氧培养。　　　　　　　　　　　　　　　　（　　）

8. 细菌芽孢对外界不良理化因素的抵抗力较繁殖体强得多。 （ ）

9. 细胞壁、细胞膜、芽孢、荚膜都是细菌生活必不可少的结构,荚膜在微生物处于不良营养状态下,也可充当微生物的营养物质。 （ ）

10. 鞭毛与细菌的黏附有关,是细菌的致病因子之一。 （ ）

11. 沙门菌在麦康凯琼脂培养基上菌落呈红色。 （ ）

12. 菌毛与细菌的运动有关,是细菌的致病因子之一。 （ ）

13. 青霉素的作用位点在革兰阳性菌的细胞壁的聚糖骨架上。

14. 灭菌是杀灭物理上所有微生物的方法,包括杀灭细菌芽孢、霉菌孢子在内的全部病原微生物和非病原微生物。 （ ）

五、问答题

1. 比较革兰阳性菌和革兰阴性菌的细胞壁结构差异,在实践中有什么意义?

2. 细胞膜的主要成分是什么? 细胞膜有什么生理功能?

3. 细菌的生长繁殖需要满足哪些条件?

4. 常见培养基有哪些类型? 琼脂在培养基中起什么作用?

5. 感染发生的必要条件是什么?

6. 什么是易感动物? 动物对某种病原微生物有无易感性,主要是什么因素决定的?

7. 动物皮肤出现了化脓创,如何确定是葡萄球菌还是链球菌引起的?

8. 细菌生长曲线分为哪几个时期? 各有何特点?

9. 简述细菌外毒素和内毒素的主要区别。

■ 项目2 病毒的检验方法

项目导入

　　2019年底,世界范围内发生不明原因的肺炎,临床表现主要为发热,少数病人呼吸困难,胸片呈双肺浸润性病灶。从1例病人样本中分离出该病毒,通过病毒的形态检查、分离培养和核酸检验,最终确定了这次不明原因肺炎病原是一种冠状病毒,为了和以前流行的冠状病毒区别,定名为新型冠状病毒,经核酸测序获得该病毒的全基因组序列。2020年2月12日,国际病毒分类委员会将其命名为严重急性呼吸综合征冠状病毒2(SARS-CoV-2),同日世界卫生组织将这一病毒导致的疾病正式命名为新型冠状病毒肺炎(COVID-19),简称"新冠肺炎"。实验室是通过什么方法发现该病的病原? 又是如何进行各种检测的?

　　通过本项目的学习,同学们将掌握病毒的分离培养技术和检验技术,认识病毒的形态和结构,熟悉主要动物病毒的生物学特性、致病性、微生物学诊断及防控方法,这对这些病毒性疾病的诊断和防控具有十分重要的意义。

　　本项目将要学习4个任务:(1)病毒的形态检查技术;(2)病毒的分离培养技术;(3)病毒的检验技术;(4)主要的动物病毒。

任务2.1　病毒的形态检查技术

 任务目标

知识目标:

　　1. 熟悉不同病毒的特征性形态及其在病毒鉴定中的作用。

　　2. 熟悉病毒大小差异,了解病毒大小在病毒鉴定中的作用。

　　3. 掌握病毒的基本结构及其功能,了解病毒的基本分类。

　　4. 掌握病毒的形态和大小的观察方法。

技能目标:

1. 学会使用电子显微镜观察病毒的大小和结构。
2. 掌握负染法对病毒进行染色的方法和基本程序。

 **任务准备**

一、病毒的形态和大小

病毒多数呈球形或近球形(流感病毒和疱疹病毒),少数呈砖形(禽痘病毒和牛痘病毒)、子弹状(狂犬病病毒)、丝状(埃博拉病毒)、纺锤形(口疮病毒)、多形性(副黏病毒和冠状病毒)或蝌蚪状(T2 噬菌体),图 2-1-1 显示了各类病毒的形态和大小对比。类病毒、拟病毒和朊病毒没形成完整病毒粒子,故没有一定的形态。

图 2-1-1　主要动物病毒的形态和相对大小

病毒是形体最小的微生物,单个病毒在光学显微镜下看不到,只能借助于电子显微镜观察。形体较大的病毒是砖形的痘病毒,长度为 300 nm,最小的病毒如细小病毒,其直径仅 20 nm 左右。大多数病毒的大小在 150 nm 以下,所以能通过 0.22 μm 的滤器。

二、病毒的结构及化学组成

病毒颗粒的结构和化学组成比较简单,所有的病毒都含有核酸和蛋白质。大多数病毒的结构只有芯髓(核酸)和衣壳(蛋白质或多肽)两部分,有些病毒衣壳外还有一层囊膜(图 2-1-2)。

1. 芯髓

芯髓位于病毒的中心,由单股或双股核酸链构成,所以又称为核酸芯髓。病毒只具有一种

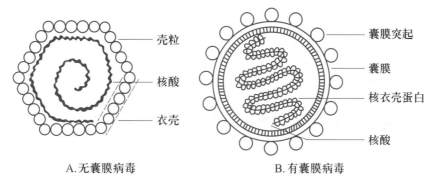

A.无囊膜病毒   B.有囊膜病毒

图 2-1-2   病毒结构示意图

核酸,不能同时具备 DNA 和 RNA。核酸芯髓携带着基因,决定着病毒的遗传特性。失去衣壳和囊膜的裸露核酸有时也能侵入活细胞,并形成结构完整的病毒,称为传染性核酸。核酸若被破坏,病毒就会失去活性。

2. 衣壳

衣壳是包围芯髓的外壳,由蛋白质或多肽组成。球形病毒的衣壳呈二十面体对称;弹状病毒的衣壳呈螺旋状对称。衣壳由规则排列的圆形壳粒构成,每个壳粒中含一条或几条多肽链。核酸芯髓与外层衣壳共同构成核衣壳。衣壳能保护病毒核酸免受酶及理化因素的破坏;能使病毒吸附于易感细胞表面,有利于使病毒进入细胞内部,开始寄生生活。

3. 囊膜

简单的病毒仅由蛋白质衣壳和核酸芯髓两部分构成。稍复杂的病毒在衣壳的外面还包裹着一层囊膜。囊膜由类脂、蛋白质和糖类构成。它是病毒在增殖过程中,通过寄主细胞膜或核膜时获得的,所以具有宿主细胞的类脂成分,易于被乙醚、氯仿和胆盐等脂溶性溶剂所破坏。有些病毒的囊膜表面有放射状排列的突起,称为纤突,由糖蛋白分子构成。囊膜能保护衣壳,并与病毒的吸附和致病性有关。

由于病毒缺乏细胞壁、细胞膜等结构,因而对抗生素不敏感,但是对干扰素敏感。

三、病毒的分类

目前主要根据病毒的核酸类型及复制方式进行分类,具体包括:

1. 病毒

(1) DNA 病毒包括双链 DNA 病毒和单链 DNA 病毒。

(2) RNA 病毒包括双链 RNA 病毒、单链正股 RNA 病毒和单链负股 RNA 病毒。

(3) 逆转录病毒包括 DNA 逆转录病毒和 RNA 逆转录病毒。

2. 亚病毒

自然界中还有比病毒更小、结构更为简单的微生物,称为亚病毒。包括类病毒、卫星病毒和朊病毒。

四、病毒形态观察技术

直接负染色法是最常用的观察病毒形态的重要方法之一,以下就以直接负染色法进行介绍,具体步骤是:

(1) 将铜网支持膜置于蜡盘上。

(2) 用孔径极细(约 1 mm)的毛细管吸取标本液滴于铜网支持膜上,约 2 min 后用滤纸条吸去铜网上的标本液,稍候数分钟,待其干燥。

(3) 加 1 滴磷钨酸,约 2 min 后再吸干,经紫外线照射 1 min,使标本干燥并灭活病毒。或者将标本液与等量负染色剂混合,滴于铜网支持膜上,经紫外线照射 1 min,使标本干燥并灭活病毒。

(4) 用镊子夹取制好的铜网,置入电子显微镜手柄的样品槽内,将手柄插入手柄插孔,启动真空系统,待真空系统就绪后,启动高压电系统,在主机调节电子发射系统并对焦,即可进行观察。观察时首先用 2 000~5 000 倍,然后逐步放大至 30 000~40 000 倍,即可观察到病毒颗粒形态和大小。

任务实施

病毒的形态观察

1. 实施目标

(1) 掌握病毒的负染色方法。

(2) 掌握电子显微镜使用方法。

(3) 在电子显微镜下观察病毒颗粒形态。

2. 实施步骤

(1) 准备仪器材料

① 铜网支持膜　为 75 μm 孔径的 400 目网格,表面铺有一层很薄的"电子透明"膜。通常使用的支持膜是用碳、火棉胶、聚乙烯醇缩甲醛等制成,厚度为 10~20 nm。

② 负染色剂　最常用的负染色剂是磷钨酸,浓度为 2%,用 1 mol/L KOH 将 pH 调至 6.8~7.4,储存于 4 ℃。

③ 电子显微镜。

(2) 确定工作实施方案

① 小组讨论　分小组实施,每小组 3~5 人,小组召集人组织小组成员,根据"任务准备"中的学习内容,逐条、充分地讨论操作方案,合理分工,以完成病毒的形态观察。小组召集人由本组成员轮流担任,每完成一项工作轮换一次。

② 确定方案　各小组召集人上台汇报本小组工作任务单中的相关操作内容及人员分工,其他组的同学点评其优缺点并做补充。教师综合评价各组表现,并根据各组汇报归纳出供全班同学实际操作的实施方案。

(3) 实施步骤　各小组按最终的工作实施方案进行操作,填写表 2-1-1。每项工作完成后,由小组召集人召集组员进行纠错与反思,完善操作任务,最后对工作过程进行评价。

表 2-1-1　病毒形态的观察工作任务单

工作内容	组内分工	设备和材料	工作要求	工作过程评价	
				自评	互评
1. 病毒负染					
2. 学习电子显微镜的操作					
3. 使用电子显微镜					
4. 观察病毒					
5. 绘制病毒形态,填写记录					

随堂练习

1. 病毒的基本结构有哪些?
2. 根据核酸类型及复制方式,病毒可分为哪些类型?
3. 病毒囊膜有什么作用?
4. 举例说明病毒有哪些形态。

任务 2.2　病毒的分离培养技术

任务目标

知识目标:

1. 掌握病毒的增殖与培养的基本知识。

2. 掌握鸡胚接种和收集病毒材料的基本方法。

技能目标：

1. 能够熟练进行鸡胚接种。

2. 掌握病毒的培养方法。

3. 针对不同病毒能快速选择最合适的消毒剂。

 **任务准备**

一、病毒的增殖

根据病毒一步生长曲线的规律,观察到病毒具有复制周期,可分为吸附、穿入和脱壳、生物合成、组装和释放等步骤。特异性吸附是病毒表面分子与细胞上受体结合的结果,病毒血凝作用的本质也是病毒与细胞受体的结合。穿入和脱壳可发生在细胞膜、内吞小体和核膜上,因病毒种类而异。在隐蔽期病毒进行活跃的生物合成,此时完成 mRNA 的转录及蛋白质的合成。病毒转录的方式各不相同,有许多值得注意的特点。翻译的蛋白质有的尚需后期加工,如糖基化、酶裂解。结构简单的无囊膜二十面体病毒的衣壳蛋白可自我组装。大多数无囊膜病毒在细胞裂解后释放出病毒粒子。有囊膜的病毒则以出芽的方式成熟并释放,有细胞膜出芽及胞吐两种形式。

1. 吸附

吸附是病毒感染宿主细胞的第一步。这个过程包含静电吸附及特异性受体吸附两个阶段。细胞及病毒粒子表面都带负电荷,Ca^{2+}、Mg^{2+} 等阳离子能降低负电荷,促进静电吸附。静电吸附是可逆的,非特异的。特异性吸附对于病毒感染细胞至关重要。某些病毒表面的分子吸附敏感细胞表面的受体,这种结合是特异的。如流感病毒的凝集素能凝集红细胞,称为病毒的血凝作用,其本质也是病毒与细胞受体的结合。病毒受体是宿主细胞表面的特殊结构,多为糖蛋白。病毒与受体的这种特异结合反映了病毒的细胞亲嗜性。

2. 穿入和脱壳

最早了解的是某些噬菌体的穿入和脱壳。它们依靠尾端的溶菌酶在细菌细胞壁上开一个小孔,尾鞘收缩,尾髓刺入,注入头部的核酸,衣壳则留在细胞外。动物病毒穿入宿主细胞并脱壳的过程有所不同,可发生在细胞膜、内吞小体及核膜上。

3. 生物合成

病毒的生物合成发生在隐蔽期,非常活跃,包括 mRNA 的转录、蛋白质及 DNA 或 RNA 的合成等。生物合成发生的部位因病毒种类而异,多数 DNA 病毒及逆转录病毒发生在细胞核,少数如痘病毒、非洲猪瘟病毒发生在细胞浆,也有二者兼有的情况(如虹彩病毒及嗜肝病毒)。

病毒基因组转录 mRNA 是复制过程的最关键步骤。DNA 病毒特别是双股 DNA 病毒的复制机制与真核细胞有相似之处,但 RNA 病毒差别较大。如果是单股正链 RNA 病毒,其 RNA 基因组本身即可作为 mRNA,单股负链或双股 RNA 病毒则必须携带 RNA 依赖的 RNA 聚合酶,以供转录 mRNA 之用。病毒的 mRNA 是多顺反子 mRNA,通过各种方式翻译产生各种蛋白质。DNA 病毒将其多顺反子 mRNA 转录产物裂解或剪接为单顺反子 mRNA 分子。RNA 病毒大多在胞浆内复制,没有 RNA 加工通道及剪接酶,因此只能通过其他途径,或者是基因组分节段,一般每个节段分子即为一个基因;或者是其多顺反子基因组通过转录的终止及再起始,产生单顺反子 RNA 转录物;或者是采用重叠的套式系列 RNA,每个转录分子再翻译为单个蛋白分子;或者是多顺反子病毒 RNA 翻译为多聚蛋白,然后裂解为所需要的多个蛋白分子。

4. 组装和释放

(1) 无囊膜病毒　无囊膜结构简单的二十面体病毒产生的壳粒可自我组装,形成衣壳,进而包装核酸形成核衣壳,如微 RNA 病毒、乳头瘤病毒和多瘤病毒。大多数无囊膜的病毒蓄积在细胞质或细胞核内,当细胞完全裂解时,释放出病毒粒子。

(2) 有囊膜病毒　有囊膜病毒以出芽的方式成熟,有细胞膜出芽及胞吐两种形式。病毒可从细胞膜、细胞质内膜或核膜出芽。出芽的过程因病毒的种类而异。披膜病毒核衣壳的每个蛋白质分子可直接与膜粒的细胞膜区结合,从而围绕核衣壳形成囊膜结构。具有螺旋形对称的病毒,其基质蛋白附到膜粒的细胞区结合,然后核衣壳蛋白再识别基质蛋白,进而完成出芽过程。有囊膜的病毒颗粒可在数小时或数天内通过出芽大量释放,对细胞膜并无明显损害。

二、病毒的培养

病毒的培养是检查病毒的必经之路。病毒是严格在细胞内寄生的微生物,它不能在人工培养基上生长,但在自然情况下,病毒进入动物机体后,能通过表面的壳粒、纤突等结构与活的组织细胞结合,并在细胞内增殖。病毒只能生活在适宜的组织、细胞中,如流感病毒只能在呼吸道黏膜上皮细胞内增殖,而引起腹泻的病毒往往只能在肠道上皮细胞内增殖。病毒的培养就是在特定的动物、组织或细胞上人工培养病毒。根据病毒的种类和培养条件的不同,培养病毒时可采用动物接种、鸡胚接种和组织培养等方法。

(一) 动物接种

病毒经注射、口服等途径进入易感动物体后可大量增殖,并使动物产生特定反应。动物接种可用于病毒的分离、病毒致病力试验、疫苗效力试验、疫苗及抗血清的生产等。

（二）鸡胚接种

用鸡胚培养病毒既简便又经济，大多数病毒能在鸡胚中增殖，少数病毒只能在鸭胚或鹅胚中增殖。一般选用9~11日龄的鸡胚，按照病毒不同，分别接种于羊膜腔、卵黄囊、尿囊腔或绒毛尿囊膜等部位（图2-2-1）。病毒生长的标志为鸡胚死亡、畸形或出血；或绒毛尿囊膜水肿、出血、坏死及痘斑形成；或收集的胚液具有血凝作用等。鸡胚接种不仅用于病毒分离，也可用于生产疫苗。鸡胚接种病毒的具体步骤如下。

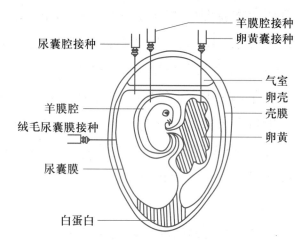

图 2-2-1　病毒鸡胚接种部位示意图

1. 9~11日龄鸡胚的准备

（1）孵化鸡胚　将鸡胚置于全自动孵化器中孵化，鸡胚气室端朝上，孵化条件：温度为37.5 ℃（最低36 ℃，最高38.5 ℃）；相对湿度45%~60%；保持通风良好；孵育3 d后每天翻蛋2~3次，以保证气体交换均匀，鸡胚发育正常。孵化至9~11日龄备用。

（2）照蛋　孵化的第4天起用照蛋器对鸡胚进行检查，弃掉发育不良鸡胚或者死亡的鸡胚。发育正常鸡胚特征：血管明显可见，呈红色树枝状分布。可见胚体，呈黑影状，静止观察可见胚体活动。未受精鸡胚看不到血管，死亡鸡胚血管消散呈暗色且胚体固定一处不动。弃去检出的未受精鸡胚和死亡鸡胚。

2. 鸡胚接种——以绒毛尿囊腔接种为例

（1）照蛋　用照蛋器检查9~11日龄健康鸡胚，用铅笔标出气室位置，并在胚胎靠近气室边缘处、无大血管位置做标记，即为接种部位。

（2）消毒　先后用碘酊和75%乙醇棉球消毒待接种部位和气室的蛋壳表面。

（3）打孔　气室向上置于蛋架上，将打孔器经过火焰消毒，在靠近标记部位气室上打一个孔。

（4）接种　用1 mL注射器抽取接种材料，与蛋壳成30°斜向下刺入小孔3~5 mm达尿囊腔内，注入接种材料。接种量一般为0.1~0.2 mL/胚。

（5）封口　将蜡块在酒精灯火焰上烤化，涂抹打孔位置，完全密封小孔。将接种好的鸡胚放入孵化器继续孵化，保持气室朝上。

（6）检查　接种后每天检查3~4次。弃去接种后24 h内死亡的鸡胚。24 h后死亡的鸡胚收集到冰箱4 ℃保存。

3. 收获病毒液

（1）孵化72 h后，将鸡胚置于4 ℃冰箱6 h，使血液凝固，以免收毒时血管流出的红细胞使尿囊液或者羊水中的病毒发生凝集。

（2）依次用碘酊和乙醇消毒鸡胚气室部位。

（3）将镊子于火焰上灭菌，沿着气室画线位置去除蛋壳，撕破绒毛尿囊膜。

（4）用灭菌镊子轻轻按住胚胎，用灭菌吸管吸取尿囊液装入灭菌容器内，无菌检查后置于 -70 ℃贮存备用。收集的液体应清亮透明，如有血液混入，可 1 500 r/min 离心 10 min，取上清；尿囊液混浊则表示有细菌污染，不可使用。

4. 病毒鉴定

对收集的尿囊液用血凝试验（HA）、血凝抑制试验（HI）、中和试验、聚合酶链式反应（PCR）及荧光抗体技术等方法进行鉴定，确定病毒类型。

（三）组织培养

在离体活细胞上培养病毒的方法称为组织培养法。可以直接在组织碎块上培养病毒，也可以用酶将组织块消化，先培养成单层活细胞，再在单层活细胞上培养病毒。病毒感染细胞后，大都能引起光学显微镜下可见的特定细胞病变，称为病毒的致细胞病变作用（CPE）。表现为细胞变形，胞质颗粒变性、胞核浓缩及裂解等；在单层细胞上培养时，可导致多个相邻细胞死亡而形成空斑，或称蚀斑。组织培养多用于病毒的分离培养、抗原制备和疫苗生产等。

三、病毒的抵抗力

病毒对理化因素的抵抗力与细菌繁殖体相似。病毒受理化因素的作用可失去感染性，称为灭活。

（一）物理因素

干燥通常难以致死病毒，但能使病毒的致病性减弱；高温能杀死病毒，多数病毒在 55 ℃经 30 min 即被灭活。病毒对低温的抵抗力很强，在 0 ℃以下的低温环境利于病毒存活；给病毒液中加入乳糖或脱脂乳后再冻干处理，则可以长期保存病毒。病毒对紫外线敏感，大剂量的紫外线照射或日光（主要是紫外线）照射均能杀灭病毒。

（二）化学因素

大多数病毒对甘油有抵抗力，因此常用 50% 甘油缓冲生理盐水保存病毒材料。乙醇、碘酊、过氧乙酸、次氯酸盐、高锰酸钾、石炭酸及重金属盐类消毒剂均能杀死病毒；大多数病毒对碱敏感，故常用 2% 氢氧化钠溶液消毒；0.125% 甲醛溶液能有效地降低病毒的致病力，但不明显影响其抗原性,所以被用于制备灭活疫苗。乙醚、氯仿等脂溶剂能破坏病毒囊膜,使有囊膜的病毒灭活。去污剂如十二烷基磺酸钠不仅能破坏囊膜,而且能把蛋白质衣壳分解为多肽而使病毒灭活。

 **任务实施**

新城疫病毒的鸡胚接种

1. 实施目标

学会病毒鸡胚接种和收获病毒的方法。

2. 实施步骤

(1) 准备仪器材料　孵化箱、照蛋器、蛋架、打孔钢锥、酒精灯、眼科镊子、注射器、洗耳球、蜡块、灭菌吸管、9~11 日龄鸡胚、新城疫病毒(NDV)–LaSota 株等。

(2) 确定工作实施方案

① 小组讨论　分小组实施,每小组 3~5 人。小组召集人组织小组成员,根据"任务准备"中学习的内容,逐条、充分地讨论操作方案,合理分工,以完成新城疫病毒鸡胚接种及增殖状况观察。小组召集人由本组成员轮流担任,每完成一项工作轮换一次。

②确定方案　各小组召集人上台汇报本小组工作任务单中的相关操作内容及人员分工,其他组的同学点评其优缺点并做补充。教师综合评价各组表现,并根据各组汇报归纳出供全班同学实际操作的实施方案。

(3) 实施操作　各小组按最终的工作实施方案进行操作,填写表 2-2-1。每项工作完成后,由小组召集人召集组员进行纠错与反思,完善操作任务,最后对工作过程进行评价。

表 2-2-1　新城疫病毒鸡胚接种及增殖状况的观察工作任务单

工作内容	组内分工	设备和材料	工作要求	工作过程评价	
				自评	互评
1. 鸡胚准备					
2. 绒毛尿囊腔接种					
3. 病毒增殖状况观察					
4. 收获病毒					
5. 鉴定病毒					

随堂练习

1. 简述病毒的增殖过程。
2. 病毒培养的方法有哪些？
3. 病毒增殖中吸附的本质是什么？
4. 有机溶剂作为病毒消毒剂的原理是什么？

任务 2.3　病毒的检验技术

任务目标

知识目标：

1. 掌握病毒的干扰现象和凝集现象的基本原理。
2. 掌握病毒分离的主要技术。

技能目标：

1. 熟练掌握血凝试验和血凝抑制试验方法。
2. 掌握用滤过的方法分离病毒。

任务准备

一、病毒的干扰现象

两种病毒感染同一细胞时，一种病毒抑制另一种病毒的复制，称为病毒的干扰现象。干扰现象的发生可能是因为两种病毒需要相同的细胞受体而发生了竞争性吸附，或者一种病毒的生物合成抢先占用了宿主细胞内有限的原料、酶和合成场所。但主要原因是受病毒感染的细胞产生了干扰素。

干扰素（IFN）是活细胞受病毒感染后产生的一种低分子量的糖蛋白。除病毒外，细菌、真菌和原虫的抽提物、植物血凝素和人工合成的化学诱导剂（如多聚肌苷酸）等，也能刺激机体细胞产生并释放干扰素，干扰素进入细胞后能阻止病毒蛋白质的合成，阻断病毒的增殖过程。另外，干扰素具有调节免疫和抗肿瘤功能。干扰素对蛋白酶敏感，能被乙醚、氯仿等所灭活，在

pH 为 2~10 的环境中稳定。干扰素具有广谱抗病毒作用,甚至对某些立克次体和衣原体也有干扰作用。

二、病毒的血凝现象

某些病毒能吸附人、鸡、豚鼠等动物的细胞而引起红细胞凝集,简称血凝现象。有的病毒不能吸引任何动物的红细胞,不具备血凝特性。这样,利用动物红细胞进行血凝试验(HA),就能查明标本或培养物中的病毒有无血凝特性,作为鉴定病毒的重要依据。

具有血凝特性的病毒与相应的抗体结合后,就失去血凝作用,称为病毒的红细胞凝集抑制作用,用此原理设计的实验称为血凝抑制试验(HI)。能阻止病毒凝集红细胞的抗体称为红细胞凝集抑制抗体,其特异性很高。如果某种病毒有血凝特性,就可以用已知抗体和病毒作用后,再和动物的红细胞作用,根据有无血凝现象就能确定病毒的存在情况。血凝和血凝抑制试验具体操作步骤如下。

1. 鸡红细胞悬液的制备

(1) 用灭菌的注射器吸取 3.8% 枸橼酸钠溶液(其量为所需血量的 1/10),通过鸡翅静脉或心脏采血,沿离心管壁缓慢注入离心管中。

(2) 加适量的生理盐水,混匀,3 000 r/min 离心 5 min,用吸管吸去血浆、血小板及白细胞等,只剩余沉积在试管底部的红细胞。

(3) 加生理盐水充分混匀,将红细胞重悬,3 000 r/min 离心 5 min,吸取上清弃去。重复 3 次。最后一次离心,吸取上清弃去。

(4) 用吸管吸取 1 mL 红细胞加入到 99 mL 生理盐水中混匀,配制成 1% 的红细胞悬液。

2. 血凝试验

现在多采用 96 孔 "V" 形微量反应板进行试验,操作方法见表 2-3-1。步骤如下:第一步,每孔加生理盐水 25 μL;第二步,第 1 孔加待检病毒液 25 μL,将生理盐水和待检病毒混匀,吸出 25 μL 加至第 2 孔,混匀第 2 孔,吸出 25 μL 加至第 3 孔,以此类推至第 9 孔,第 9 孔液体混匀后吸出 25 μL 弃去;第三步,每孔加生理盐水 25 μL;第四步,每孔加 1% 红细胞悬液 25 μL。操作完成后,将微量反应板置于振荡器振荡 1 min,使红细胞与病毒充分混合,于 37 ℃恒温培养箱中孵育 15 min,每 5 min 观察一次,观察 1 h。

3. 制备 4 单位病毒

根据血凝试验测得的病毒血凝价来判定 4 个血凝单位的稀释倍数,配制成含 4 个血凝单位的病毒液。例如,病毒的血凝效价为 $1:256(1:2^8)$,则 4 个血凝单位的稀释度为 256÷4=64,即原病毒液稀释 64(2^6)倍就是 4 单位病毒。

表 2-3-1　血　凝　试　验　　　　　　　单位:μL

孔号	1	2	3	4	5	6	7	8	9	10
稀释倍数	1:2	1:4	1:8	1:16	1:32	1:64	1:128	1:256	1:512	阴性对照
生理盐水	25	25	25	25	25	25	25	25	25	25
待检病毒	25	25	25	25	25	25	25	25	25	0
生理盐水	25	25	25	25	25	25	25	25	25	25
红细胞	25	25	25	25	25	25	25	25	25	25

37 ℃孵育 15 min 后,每间隔 5 min 观察一次结果

弃去 25

4. 血凝抑制试验

操作方法见表 2-3-2。步骤如下:第一步,每孔加生理盐水 25 μL;第二步,第 1 孔和第 10 孔加阳性血清 25 μL,第 11 孔加阴性血清 25 μL;第三步,将第 1 孔生理盐水和阳性血清混匀,吸出 25 μL 加至第 2 孔,混匀第 2 孔,吸出 25 μL 加至第 3 孔,以此类推至第 9 孔,第 9 孔液体混匀后吸出 25 μL 弃去;第四步,每孔加 4 单位病毒 25 μL;第四步,每孔加 1% 红细胞悬液 25 μL。在反应板振荡器上振荡 1 min,置于 37 ℃恒温培养箱孵育 30 min 后,每 5 min 观察一次结果。

表 2-3-2　血凝抑制试验　　　　　　　单位:μL

孔号	1	2	3	4	5	6	7	8	9	10	11
稀释倍数	1:2	1:4	1:8	1:16	1:32	1:64	1:128	1:256	1:512	阳性对照	阴性对照
生理盐水	25	25	25	25	25	25	25	25	25	25	25
血清	25	25	25	25	25	25	25	25	25	25	25
4 单位病毒	25	25	25	25	25	25	25	25	25	25	25
红细胞	25	25	25	25	25	25	25	25	25	25	25

37 ℃孵育 30 min 后,每间隔 5 min 观察一次结果

弃去 25

5. 结果判定

(1) 血凝试验结果判定　待对照孔红细胞沉降成一个红点,即可观察结果。将微量"V"形反应板倾斜,从背侧观察,红细胞若呈泪珠状流下,判为不凝集。无红细胞流下现象,判为 100% 凝集(血球呈颗粒性散状凝集于孔底周围)。当阴性对照孔不凝集时即可进行判定。100% 凝集的最大病毒稀释度称为该病毒的凝集价,也称为血凝价。

(2) 血凝抑制试验结果判定　当阳性对照孔不凝集,阴性对照孔凝集时即可进行判定。凝集与不凝集的判定方法同(1)。100% 不凝集的血清最高稀释度为该血清的血凝抑制效价。具有凝集红细胞活性的病毒,如果其凝集性能被新城疫标准阳性血清抑制,即判定该病毒为新城疫病毒。

采集鸡群的血液分离血清,测定新城疫病毒血凝抑制价,可判断鸡群的免疫状态。根据新城疫病毒血凝抑制价可推算出鸡群的最适免疫日龄:出壳第一天采血查 HI 效价(抽检率≥0.1%),求出 HI 平均值,再换算成以 2 为底的对数值。最适初免日龄 = 4.5×(1 日龄时 HI 的对数值 −4)+5。例如平均效价是 $1:2^6$(1 日龄时 HI 的对数值 $\log_2 2^6 = 6$),代入公式即 4.5×(6−4)+5=14;如果效价低于 $1:2^4$,则应在 1 日龄初免,而不是 5 日龄。

三、病毒的滤过特性

病毒颗粒极其细小,能通过孔径为 0.22 μm 的滤膜,细菌及细胞性颗粒不能通过,因此,可以用滤过的方法除去病毒液中的杂质。一般在滤过前,先以 3 000~4 000 r/min 的速度进行离心,由于病毒颗粒质量小,以 3 000~4 000 r/min 的速度离心时,病毒处在上清液中,而大分子物质及细胞性颗粒沉淀于离心管底部,离心后的上清液再进行滤过可获得纯病毒。

四、噬菌体

噬菌体是侵袭细菌、真菌等微生物的病毒,具有病毒的一般生物学特性。噬菌体寄生于细菌若能使细菌细胞裂解,则称为烈性噬菌体;若不能裂解,则称为温和噬菌体。携带温和噬菌体的细菌称为溶原性细菌。

五、包涵体

包涵体是部分病毒在动物细胞内大量增殖后形成的集落,经染色后在光学显微镜下可以观察到。包涵体的形状一般呈圆形或卵圆形,染色特征因细胞类型、存在部位及染色特性而异(表2-3-3)。检查包涵体对某些病毒病有诊断意义。包涵体检查的具体步骤如下。

表 2-3-3　常见病毒包涵体的检查依据

病毒名称	侵害动物	感染细胞	包涵体	
			形成部位	染色特性
痘病毒	人、多种畜禽	皮肤棘层细胞	细胞质内	嗜碱性或嗜酸性
狂犬病病毒	人、多种畜禽	唾液腺及中枢神经细胞	细胞质内	嗜酸性
伪狂犬病病毒	人、多种家畜	脑神经细胞和淋巴细胞	细胞核内	嗜酸性
牛传染性鼻气管炎病毒	牛	呼吸道及消化道黏膜细胞	细胞核内	嗜酸性
马鼻肺炎病毒	马属动物	支气管及肺泡上皮细胞	细胞核内	嗜酸性
传染性喉气管炎病毒	鸡、火鸡、孔雀	呼吸道上皮细胞	细胞核内	嗜酸性

1. 染色液的配制

将姬姆萨染料 0.75 g 置于研钵中,徐徐滴入甲醇 75 mL,并不断研磨直至完全溶解;将溶解于甲醇的姬姆萨染料倒入小口瓶内,置于 60 ℃水浴,每隔 30 min 摇动一次,水浴 4 h 后取出,加入 25 mL 中性甘油即制成包涵体染色原液。使用前经滤纸过滤后,在 1 份原液中加入 4 份甲醇,再用去离子水作 5 倍稀释,即成包涵体染色液。

2. 染色

将病料在载玻片上制成抹片或涂片,用甲醇固定 5 min,然后用蒸馏水冲洗,滴加包涵体染色液,静置 30 min。

3. 镜检

用蒸馏水冲洗,晾干后镜检。

4. 结果判定

大型病毒和包涵体呈紫红色,组织细胞呈蓝色。

任务实施

一、病毒的血凝和血凝抑制试验

1. 实施目标

(1) 掌握血凝试验操作方法及结果判定方法。

(2) 掌握血凝抑制试验的操作方法、结果判定方法及其应用。

2. 实施步骤

(1) 准备仪器材料　微量振荡器、普通离心机、37 ℃恒温培养箱;移液器、小试管、96 孔"V"形微量反应板、试管架和烧杯等;新城疫病毒液、1% 鸡红细胞悬液、0.9% 生理盐水、4 单位病毒、新城疫阳性血清和新城疫阴性血清。

(2) 确定工作实施方案

① 小组讨论　分小组实施,每小组 3~5 人。小组召集人组织小组成员,根据"任务准备"中学习的内容,逐条、充分地讨论操作方案,合理分工,以完成病毒的血凝和血凝抑制试验。小组召集人由本组成员轮流担任,每完成一项工作轮换一次。

② 确定方案　各小组召集人上台汇报本小组工作任务单中的相关操作内容及人员分工,其他组的同学点评其优缺点并做补充。教师综合评价各组表现,并根据各组汇报归纳出供全班同学实际操作的实施方案。

(3) 实施操作　各小组按最终的工作实施方案进行操作,填写表 2–3–4。每项工作完成后,由小组召集人召集组员进行纠错与反思,完善操作任务,最后对工作过程进行评价。

表 2-3-4　病毒的血凝和血凝抑制试验工作任务单

工作内容	组内分工	设备和材料	工作要求	工作过程评价	
				自评	互评
1. 制备 1% 的红细胞					
2. 血凝试验					
3. 制备 4 单位病毒					
4. 血凝抑制试验					

二、病毒的包涵体检查

1. 实施目标

掌握病毒包涵体检查的操作方法及结果判定。

2. 实施步骤

(1) 准备仪器材料　切片机、包埋机、光学显微镜、病料、载玻片、洗瓶、甲醇、乙醇、姬姆萨染色液等。

(2) 确定工作实施方案

① 小组讨论　分小组实施,每小组 3~5 人。小组召集人组织小组成员,根据"任务准备"中学习的内容,逐条、充分地讨论操作方案,合理分工,以完成病毒的包涵体检查。小组召集人由本组成员轮流担任,每完成一项工作轮换一次。

② 确定方案　各小组召集人上台汇报本小组工作任务单中的相关操作内容及人员分工,其他组的同学点评其优缺点并做补充。教师综合评价各组表现,并根据各组汇报归纳出供全班同学实际操作的实施方案。

(3) 实施操作　各小组按最终的工作实施方案进行操作,填写表 2-3-5。每项工作完成后,由小组召集人召集组员进行纠错与反思,完善操作任务,最后对工作过程进行评价。

表 2-3-5　病毒的包涵体检查工作任务单

工作内容	组内分工	设备和材料	工作要求	工作过程评价	
				自评	互评
1. 染色剂配制					
2. 切片制备					
3. 染色					
4. 镜检					
5. 结果判定					

随堂练习

1. 病毒的检查方法和细菌的检查方法有什么不同？
2. 什么是病毒的血凝现象？其在病毒检查中有什么作用？
3. 什么是温和型噬菌体？
4. 如何利用物理方法清除病毒中的细菌污染？
5. 什么是包涵体，其在病毒鉴定中有何作用？

任务 2.4　主要的动物病毒

任务目标

知识目标：

1. 掌握口蹄疫病毒、狂犬病病毒、猪瘟病毒、禽流感病毒、新城疫病毒、犬瘟热病毒、犬细小病毒的生物学特性和致病性。

2. 掌握口蹄疫病毒、狂犬病病毒、猪瘟病毒、禽流感病毒、新城疫病毒、犬瘟热病毒、犬细小病毒的微生物学诊断方法。

技能目标：

1. 掌握口蹄疫病毒、狂犬病病毒、猪瘟病毒、禽流感病毒、新城疫病毒、犬瘟热病毒、犬细小病毒的微生物学诊断技术。

2. 掌握口蹄疫、狂犬病、猪瘟、禽流感、新城疫、犬瘟热、犬细小病毒病的防控措施。

任务准备

一、口蹄疫病毒

（一）口蹄疫病毒的生物学特性

口蹄疫病毒（FMDV）属于小 RNA 病毒科、口蹄疫病毒属，病毒核酸为单股 RNA。病毒颗粒呈二十面体立体对称，近似球形，大小为 20~25 nm，无囊膜，耐乙醚，在细胞质内增殖。它有 7

个血清学主型,即 A、O、C、SAT1、SAT2、SAT3(南非 1 型、2 型、3 型)和 Asia I型(亚洲I型)。每个主型又有若干个亚型,共有 70 多个亚型。各主型之间无交互免疫力,但同一主型的亚型之间有交互免疫力。

(二)口蹄疫病毒的致病性

本病毒传染能力强,可感染猪、牛、羊等主要畜种及其他家养和野生偶蹄动物,易感动物达70 余种。病畜口、鼻、蹄和母畜乳头等无毛部位出现水疱,或水疱破损后形成溃疡或痘斑。不同动物的症状稍有不同,怀孕母牛可能流产,导致繁殖力降低。犊牛主要表现为出血性胃肠炎和心肌炎,死亡率极高。猪则以蹄部水疱为主要特征。

吸入或摄入病毒是主要的感染途径,采食或接触污染物均可发生感染。病毒经呼吸道侵入后最初在咽部复制,通过淋巴流传播到全身其他组织。在临床症状出现前的 24 h,患畜即可排出病毒,患病母畜的奶中也有大量病毒。患畜喷出的飞沫中含有大量病毒,可快速远距离传播。

本病毒可在康复动物咽部长时间存在,牛长达 2 年,绵羊 6 个月。猪体内未发现病毒的持续感染。早期 IgM 抗体既能中和同型病毒,也可中和异型病毒。康复期产生的 IgG 具有型特异性。康复牛对同型病毒感染的免疫力可维持 1 年。

(三)口蹄疫病毒的微生物学诊断

实验室诊断只能在特定的实验室进行。送检样品包括水疱液、剥落的水疱皮、咽喉拭子、抗凝血等。死亡动物可采脊髓、扁桃体、淋巴结作为检验材料。采集的样品冰冻保存或置于pH 7.6 的甘油缓冲液中保存。

世界动物卫生组织(OIE)推荐使用商品化及标准化的酶联免疫吸附测定(ELISA)试剂盒进行抗原或抗体检测。可以通过检测 3ABC 蛋白的抗体区分野毒感染动物与疫苗接种动物。以补体结合试验或以乳鼠、豚鼠做中和试验来确定口蹄疫病毒血清型,这对本病的防控极为重要,因为各口蹄疫病毒主型之间不存在交互免疫,必须确定其血清型才能用同型疫苗进行免疫。

1. 核酸检测

FMDV 核酸检测标准参照《口蹄疫诊断技术》(GB/T 18935—2018)中的多重反转录 – 聚合酶链式反应(多重 RT-PCR)进行,具体步骤如下。

(1)病毒总 RNA 的提取 ①取 50~100 mg 样品放入匀浆器中,并加入 1 000 μL TRIZOL充分研磨,将液体部分转移到微量离心管中,室温静置 5 min。②加入 0.2 mL 氯仿,颠倒混匀,室温静置 2~3 min。③在 4 ℃小于 12 000 g 离心 15 min,取上层水相于一新管中。④加入0.5 mL 异丙醇,室温静置 10 min,4 ℃ 12 000 g 离心 10 min。⑤弃上清,用 75% 乙醇洗 RNA 沉淀一次,4 ℃ 12 000 g 离心 5 min,弃上清,室温干燥 5 min。⑥用无 RNA 酶 DEPC 水 30 μL 溶解沉淀,置于 –20 ℃ 备用。

（2）PCR 反应混合液的配制　10× 一步 RNA PCR 缓冲液 50 μL，氯化镁 100 μL，dNTPs 50 μL，上下游引物对各 30 μL，无核酸的水 110 μL，分装入 PCR 扩增管中，-20 ℃保存备用。

（3）多重 RT-PCR 扩增　在已经分装有 PCR 反应混合液的 PCR 反应管中加入已经制备好的总 RNA 提取液 5 μL，盖紧管盖，放入扩增仪按照设定程序扩增：50 ℃反转录 30 min，94 ℃预变性 2 min，然后 94 ℃变性 50 s，58 ℃退火 50 s，72 ℃延伸 60 s，共进行 35 个循环；最后 72 ℃延伸 8 min。

（4）电泳检测　取 10 μL 进行 1.5% 琼脂糖凝胶电泳，电泳结束后取出凝胶，置于凝胶成像仪上观察，如果阳性对照电泳结果为三个条带，分别为 634 bp、483 bp、278 bp，阴性对照无对应扩增条带，说明试验成立，至少扩增出一个条带与阳性对照分子量大小相符，则该样品判定为口蹄疫病毒核酸阳性，无扩增条带，判定为口蹄疫病毒核酸阴性。

2. 抗体检测

FMDV 抗体检测标准参照 GB/T 18935—2018 中的非结构蛋白 3ABC 抗体间接酶联免疫吸附试验（3ABC-I-ELISA）进行，具体步骤如下。

（1）在血清稀释板中，每孔加入血清稀释液 120 μL，然后依次加入阳性对照血清、阴性对照血清和待检血清，每孔 6 μL（1：21 倍稀释）；标准阴、阳性对照血清平行加 2 孔，待测血清加 1 孔，留 2 孔不加血清作为空白对照，轻振混匀；然后将稀释好的血清按对应的位置转移至包被 3ABC 抗原的 ELISA 板上，每孔 100 μL，用封口膜封口，37 ℃结合 30 min。

（2）去掉封口膜，每孔加满洗涤缓冲液，洗涤 5 次，最后一次拍干。

（3）准备工作浓度的酶结合物，每孔加入 100 μL，用封口膜封口，37 ℃结合 30 min。

（4）去掉封口膜，每孔加满洗涤液，洗涤 5 次，最后一次拍干。

（5）每孔加入 100 μL 3,3',5,5'-四甲基联苯胺（TMB）底物，用封口膜封口，37 ℃避光作用 10~15 min。显色过程中监测波长 630 nm 吸光值（OD_{630} 值）接近 0.7 时终止反应。

（6）每孔加入 100 μL 终止液（终止后测定阳性对照孔 OD_{450} 值应小于 2.1），轻轻摇振混匀，测定波长 450 nm 吸光值（OD_{450} 值）。

（7）试验成立的条件是阳性对照平均 OD_{450} 值应大于 0.6，阴性对照的平均 OD_{450} 值应小于 0.2。

（8）结果计算与判定　样品效价 =〔OD_{450}（样品）-OD_{450}（阴性对照）〕÷〔OD_{450}（阳性对照）-OD_{450}（阴性对照）〕。被检血清样品效价小于 0.2 判为阴性。被检血清样品效价大于或等于 0.3 判为阳性。被检血清样品效价介于 0.2~0.3 之间为可疑；可疑样品复测效价大于或等于 0.2，则判定为阳性。

（四）口蹄疫病毒的防控

口蹄疫病毒传播速度快，感染力强，必须严格控制。平时要加强检疫，尤其是口岸检疫，不从口蹄疫疫区引进动物。从外地引进偶蹄动物时，必须查验检疫证明，隔离饲养至少两周，确认动物是否健康。无病地区严禁从疫区调运牲畜及有关畜产品，如乳制品、皮毛。一旦发现口蹄疫患病动物，应及时报告疫情，立即封锁现场，焚毁或深埋病畜。疫区周边的畜群应接种疫苗，建立免疫防护带。弱毒疫苗可能散毒，并对其他动物不安全，如用于牛的弱毒疫苗误给猪接种时，可使猪发病。

二、狂犬病病毒

（一）狂犬病病毒的生物学特性

狂犬病病毒（RV）属于弹状病毒科、狂犬病毒属。病毒颗粒长 140~180 nm，直径 75~80 nm，呈子弹形或试管状。病毒芯髓为单股 RNA，衣壳呈螺旋状对称，具有囊膜和囊膜粒。囊膜粒为糖蛋白，具有抗原性，能刺激机体产生中和抗体，还参与病毒的吸附，故与病毒的免疫和致病作用有关。

狂犬病病毒在中枢神经细胞的胞质内增殖时，能形成圆形或卵圆形的包涵体，可在鼠类、家兔和鸡胚等脑组织和猪肾细胞上培养。通过实验动物继代后，病毒的毒力减弱，可用来制备弱毒疫苗。

（二）狂犬病病毒的致病性

狂犬病病毒可以感染几乎所有的恒温动物，许多动物既是宿主也是传播媒介，猫和狗是 RV 向人类传播的主要媒介，在某些地区，蝙蝠是主要的传播媒介，如在南美洲、非洲地区。由于患病动物唾液中含有病毒，通过咬伤的皮肤、黏膜感染；也可以通过气溶胶经呼吸道感染；人误食患病动物的肉可经消化道感染；在人、犬、牛及实验动物也有经胎盘垂直传播的报道。本病一年四季均可发生，春、夏季发病率较高。本病流行连锁性很明显，一个接着一个呈散发形式出现。伤口的部位越靠近头部和前肢或伤口越深，发病率越高。

被咬伤后患狂犬病的概率与感染病毒的剂量、病毒基因型、被咬部位、伤口严重程度与动物种类有关。患病动物的咬伤通常会使病毒进入到肌肉和结缔组织，在这种皮肤破损的情况下，通常还是会发生感染。病毒从入口部位可直接进入外周神经复制，也可以在肌细胞（心肌细胞）中完成第一轮的复制扩增再进入外周神经。病毒侵入外周神经系统，在感觉或运动神经末梢，病毒与受体特异性结合，神经肌肉接头释放神经递质乙酰胆碱。神经元的感染和轴突内病毒的被动运输最终会导致中枢神经的感染。随后便依次发生神经元感染和神经功能障碍等一系列症状。病毒扩散到大脑边缘系统后大量复制，此时伴随的临床症状即为狂躁，随着病毒在中枢神经系统中的不断扩散，病程逐渐发展到麻痹型狂犬病的临床症状：抑郁，昏迷，呼吸骤停,最终死亡。

在狂犬病感染后期,病毒从中枢神经经过外周神经系统扩散到各种器官,包括肾上腺皮质、胰腺以及唾液腺。在神经系统中,大多数病毒都是在胞浆内膜上出芽生成;而在唾液腺病毒粒子是在质膜表面黏液细胞的顶端生成,以释放高浓度的病毒粒子到唾液中,因此,当病毒在中枢神经系统内复制时,患病动物的唾液有高度传染性。

(三) 狂犬病病毒的微生物学诊断

狂犬病的临床症状是高度可变的,要确诊需要进行实验室检查,患病动物神经元内的内氏(Negri)小体是感染狂犬病最显著的特点,通常要确定咬人的动物是否患狂犬病,需做脑组织切片,检测 Negri 小体;在大多数国家,狂犬病的实验室诊断只能在经过批准的实验室由专业人员进行。

1. Negri 小体检查

取濒死期或死于狂犬病患畜的脑组织做切片或组织切片染色镜检,检查 Negri 小体。Negri 小体位于神经细胞浆内,直径 3~10 nm 不等,呈棱形、圆形或椭圆形,呈嗜酸性的鲜红色,神经细胞呈蓝色,间质呈粉红色,红细胞呈橘红色。

2. 动物接种

将研磨的脑组织用生理盐水制成 10% 悬液,低速离心 15~30 min 取上清液(应为无菌的,如已污染可加青霉素、链霉素各 1 000 U/mL,作用 1 h),脑内接种小鼠 10 只,剂量为 0.01 mL,一般在接种后 9~11 d 死亡。为了及时确诊,可于接种后 5 d 开始,逐日杀死 1 只小鼠,检查其脑内的 Negri 小体。但必须注意与其他病毒感染引起的胞浆内包涵体相区别,其他病毒感染出现的包涵体大小不像 Negri 小体那样大小悬殊。

3. 荧光抗体检查

取病死动物脑组织制成触片或切片,待干后,于 −20 ℃用丙酮固定 4 h,用直接荧光法或阻断对比法进行荧光抗体染色检查。若以正常鼠脑组织悬液吸附的阻断对比法和直接荧光法的荧光抗体染色触片或切片,则呈现特异性荧光(胞浆内亮黄色的荧光颗粒和荧光斑块);而以感染鼠脑液吸收的阻断法和直接荧光法的阴性对照荧光抗体染色,则不呈现特异荧光,即可确诊为狂犬病。

4. 病毒分离

取脑和唾液腺等材料用缓冲盐水或含 10% 灭活豚鼠血清的生理盐水研磨成 10% 乳剂,低速离心或静置,取上清液脑内接种 5~7 日龄乳鼠,每只注射 0.03 mL,每份标本接种 4~6 只乳鼠。唾液或脊髓液则经离心沉淀和以抗生素处理后,直接用于接种乳鼠。乳鼠在接种后继续由母鼠同窝哺养,3~4 d 后如发现哺乳能力减弱、痉挛、麻痹死亡,即可取脑做包涵体检查,并制成抗原,进行病毒鉴定。如经 7 d 仍不发病,可杀其中 2 只,剖取鼠脑制成悬液,通过乳鼠传代。

如第二代仍不发病,可再传代。连续盲传 3 代。第 1、2、3 代总计观察 4 周而仍不发病者,视为阴性结果。新分离的病毒可用电子显微镜直接观察,或者应用抗狂犬病特异免疫血清进行中和试验或血凝抑制试验加以鉴定。

5. 血清学试验

由于血清阳转较晚及感染宿主多死亡,病毒中和试验或 ELISA 不适合常规的诊断,但可用于流行病学调查。狂犬病病毒中和抗体检测参照《动物狂犬病病毒中和抗体检测技术》(GB/T 34739—2017)进行,目前,已经开发了狂犬病病毒 ELISA 抗体检测方法,具体步骤如下。

(1) 设阴性对照 1 孔,阳性对照 1 孔,以样品稀释液设空白 1 孔,每孔加相应液体 100 μL,在其余孔中加入样品稀释液,每孔 100 μL,再加入 5 μL 待检样品,振荡混匀后贴上封口膜,置于 37 ℃温育 30 min。

(2) 将 20 倍浓缩洗液用纯化水 20 倍稀释后备用。

(3) 弃去板中液体,每孔加洗涤液 300 μL,静置数秒后弃去,重复 6 次,拍干。

(4) 加入酶标工作液,每孔 100 μL,贴上封口膜,置于 37 ℃温育 30 min。

(5) 弃去板中液体,每孔加洗涤液 300 μL,静置数秒后弃去,重复 6 次,拍干。

(6) 按顺序加入底物 H_2O_2 和 TMB,每孔各 50 μL,置于 37 ℃避光显色 15 min。

(7) 立即加入终止液,每孔 50 μL,置酶标仪 630 nm 波长下,以空白孔调零,读取各孔 OD_{630} 值。

(8) 结果判定参考值 阴性对照 OD_{630} 值≤0.1 时,试验成立。如果样品 OD_{630} 值≥阳性对照 OD_{630} 值,则血清抗体为阳性;如果样品 OD_{630} 值 < 阳性对照 OD_{630} 值,则血清抗体为阴性。

6. 分子生物学诊断

目前已经建立了针对 N 基因的 RT-PCR 诊断方法,达到快速诊断的目的,狂犬病病毒套式 RT-PCR 检测参照《动物狂犬病病毒核酸检测方法》(GB/T 36789—2018)进行,具体步骤如下。

(1) 反转录 在反应管中加入 4.0 μL 的 2.5 mmol/L dNTPs,1.5 μL 的 50 μmol/L 随机引物,0.5 μL 的 50 μmol/L 寡聚脱氧胸苷酸[Oligo(dT)$_{15}$]引物,4.0 μL 的 10× 反转录缓冲液,1.0 μL 的反转录酶,1.0 μL 的 RNA 酶抑制剂,8.0 μL 的 RNA,共计 20 μL。然后 42 ℃孵育 1.5 h 后 95 ℃反应 5 min,产物为 cDNA,–20 ℃保存备用。

(2) 外套 PCR 反应 在 PCR 反应管中加入 39.7 μL 双蒸水,5.0 μL 含镁离子的 10× Taq 酶缓冲液,外套上游引物和下游引物各 1.0 μL,1.0 μL dNTPs,0.3 μL Taq 酶,2.0 μL cDNA,共计 50 μL。按照 94 ℃预变性 2 min,然后 94 ℃变性 30 s,56 ℃退火 30 s,72 ℃延伸 40 s,共进行 35 个循环;最后 72 ℃延伸 10 min,产物为外套 PCR 产物,4 ℃保存。

(3) 内套 PCR 反应 在 PCR 反应管中加入 39.7 μL 双蒸水,5.0 μL 含镁离子的 10× Taq 酶缓冲液,外套上游引物和下游引物各 1.0 μL,1.0 μL dNTPs,0.3 μL Taq 酶,2.0 μL 外套 PCR 产物,共计 50 μL。按照 94 ℃预变性 2 min,然后 94 ℃变性 30 s,56 ℃退火 30 s,72 ℃延伸 40 s,

共进行 35 个循环;最后 72 ℃延伸 10 min,产物为内套 PCR 产物,4 ℃保存。

（4）电泳检测　取 10 μL 进行 1.0% 琼脂糖凝胶电泳,电泳结束后,取出凝胶置于凝胶成像仪上观察,如果阳性对照外套 PCR 产物出现 845 bp 扩增带、内套 PCR 产物出现 371 bp 扩增带,阴性对照无扩增条带出现时,试验成立,如果被检样品的外套 PCR 产物出现 845 bp 扩增带,内套 PCR 产物出现 371 bp 特异性条带,或仅内套 PCR 产物出现 371 bp 特异性条带时,均判定样品为狂犬病病毒核酸阳性,否则为阴性。

（四）狂犬病病毒的防控

感染狂犬病病毒的动物几乎无一例外以死亡告终,所以不存在病后免疫和治疗的问题。因此狂犬病疫苗的接种应采取以下对策:对犬等动物,主要实施预防性接种;对人,则是被患病动物咬伤后进行紧急接种,使机体在"街毒"（将从人体或者动物体内分离的自然感染的狂犬病病毒称为街毒）侵入中枢神经系统以前产生较强的主动免疫,从而防止临床发病。

用于预防接种的狂犬病疫苗分为两大类:一类为鸡胚疫苗,目前应用最为广泛的是 Flury 疫苗。此类疫苗又分为 LEP（鸡胚低代株）和 HEP（鸡胚高代株）疫苗。LEP 系经鸡胚传代 40~50 代毒株,仍具较大毒性,但对犬不致病且仍保有其免疫原性,活毒 1 次免疫犬的有效期为 3 年。HEP 为组织培养疫苗,其中包括鸡胚成纤维细胞 LEP 疫苗（LEP-CETC）、仓鼠肾细胞 LEP 疫苗（LEP-HKTC）、猪肾细胞 ERA 疫苗、犬肾细胞 HEP 疫苗（HEP-CKTC）和仓鼠肾细胞 CVS 疫苗,前 4 种为活毒疫苗,最后一种为灭活疫苗。用上述疫苗免疫接种犬的免疫期可达 3 年。

我国用于犬的狂犬病疫苗有仓鼠肾原代细胞弱毒疫苗、羊脑弱毒疫苗或灭活疫苗以及 Flury 病毒 LEP 株的 BHK-21 细胞培养弱毒疫苗。上述疫苗的免疫期均在 1 年以上,在控制犬的狂犬病、降低人群被咬伤率和死亡率方面起到了积极作用。

三、猪瘟病毒

（一）猪瘟病毒的生物学特性

猪瘟病毒（CSFV）属于黄病毒科、瘟病毒属,含单股 RNA。病毒颗粒呈球形,直径 40~50 nm,核衣壳呈二十面体对称,有囊膜。在细胞质内增殖,在细胞膜上成熟,以芽生方式释放。猪瘟病毒与同属的牛病毒性腹泻病毒有共同抗原,存在交叉反应。

猪瘟病毒在自然情况下只引起猪感染,只在猪的细胞中繁殖,常不产生细胞病变,人工感染于兔体后毒力减弱,并可获得弱毒疫苗。

（二）猪瘟病毒的致病性

病毒主要通过采食侵入机体,最先定居于扁桃体,然后在内皮细胞、淋巴器官及骨髓增殖,导致出血症,白细胞和血小板减少。组织器官的出血性病灶和脾梗死为其特征性病变。亚急性或慢性病例可见肠黏膜的坏死性溃疡。慢性病猪胸腺、脾及淋巴结生发中心完全萎缩。健康猪对病毒可迅速产生坚强的免疫力。

典型的猪瘟为急性感染,伴高热、厌食、委顿及结膜炎。潜伏期 2~4 d。病猪白细胞严重减少,低于任何其他猪病的水平。仔猪可无症状死亡,成年猪往往因细菌继发感染在 1 周内死亡,死亡率高达 100%。亚急性型及慢性型的潜伏期及病程均延长,病毒毒力减弱。此种毒株感染怀孕母猪可导致死胎、流产或木乃伊胎。所产仔猪不死者产生免疫耐受,表现为颤抖、矮小并终身排毒,多在数月内死亡。病猪或无症状的猪持续感染家猪(主要是种猪)以及野猪是直接接触的传染源。各种用具如车辆、猪场人员的鞋等也可间接传播病毒。

（三）猪瘟病毒的微生物学诊断

诊断应在国家认可的实验室进行。病料可取扁桃体、淋巴结、脾及血液。荧光抗体染色法、免疫组化法或抗原捕捉 ELISA 可快速检出组织中的病毒抗原,RT-PCR 可检测病料中的病毒核酸。病毒可经细胞培养分离获得,但不产生致细胞病变效应(CPE),需用免疫学方法进一步检测。

1. 套式 RT-PCR 法

参照《猪瘟病毒 RT-nPCR 检测方法》(GB/T 36875—2018)进行。

（1）反转录　在反应管中加入 4.0 μL 2.5 mmol/L dNTPs,1.5 μL 50 μmol/L 随机引物,4.0 μL 5×M-MLV 缓冲液,1.0 μL M-MLV 反转录酶,1.0 μL RNA 酶抑制剂,8.5 μL 总 RNA,共计 20 μL。然后 42 ℃孵育 1.5 h 后 95 ℃反应 5 min,产物为 cDNA,−20 ℃保存备用。

（2）外套 PCR 反应　在 PCR 反应管中加入 36.7 μL 双蒸水,5.0 μL 含镁离子的 10×Taq 酶缓冲液,外套上游引物和下游引物各 1.0 μL,4.0 μL dNTPs,0.3 μL Taq 酶,2.0 μL cDNA,共计 50 μL。按照 95 ℃预变性 5 min,然后 95 ℃变性 45 s,55 ℃退火 60 s,72 ℃延伸 60 s,共进行 35 个循环;最后 72 ℃延伸 7 min。产物为外套 PCR 产物,4 ℃保存。

（3）内套 PCR 反应　在 PCR 反应管中加入 36.7 μL 双蒸水,5.0 μL 含镁离子的 10×Taq 酶缓冲液,外套上游引物和下游引物各 1.0 μL,4.0 μL dNTPs,0.3 μL Taq 酶,2.0 μL 外套 PCR 产物,共计 50 μL。按照 95 ℃预变性 5 min,然后 95 ℃变性 45 s,55 ℃退火 60 s,72 ℃延伸 45 s,共进行 35 个循环;最后 72 ℃延伸 7 min。产物为外套 PCR 产物,4 ℃保存。

（4）电泳检测　取 10 μL 进行 1.0% 琼脂糖凝胶电泳,电泳结束后,取出凝胶置于凝胶成像仪上观察,如果阳性对照内套 PCR 产物出现 272 bp 扩增条带,阴性对照无扩增条带出现时试验成立,如果被检样品的内套 PCR 产物出现 272 bp 特异性条带,判定样品为猪瘟病毒核酸阳性,否则为阴性。

2. 猪瘟 ELISA 抗体检测

参照《猪瘟抗体间接 ELISA 检测方法》(GB/T 35906—2018)进行。

(1) 取预包被的检测板,取稀释好的待检血清 100 μL 加入到检测板孔中。阴性对照和阳性对照各设 2 孔,每孔 100 μL。轻轻振匀孔中样品(勿溢出),置于 37 ℃温育 30 min。

(2) 甩掉板孔中的溶液,用洗涤液洗板 5 次,200 μL/孔,每次静置 3 min 后倒掉,再在干净吸水纸上拍干。

(3) 每孔加羊抗猪酶标二抗 100 μL,置于 37 ℃温育 30 min。

(4) 洗涤 5 次,方法同(2),切记每次在干净吸水纸上拍干。

(5) 按顺序加入底物 H_2O_2 和三羟甲基丙烷(TMB),每孔各 50 μL,混匀,室温避光显色 10 min。

(6) 每孔加终止液 50 μL,10 min 内测定结果(测定前在振荡器上轻轻震动一下)。

(7) 结果判定　在酶标仪上测各孔 OD_{630} 值。试验成立的条件是阳性对照孔平均 OD_{630} 值≥1.0,阴性对照孔平均 OD_{630} 值<0.3。如果样品 OD_{630} 值>0.35,判为阳性;样品 OD_{630} 值<0.35,判为阴性。

(四) 猪瘟病毒的防控

猪瘟是 OIE 规定通报的疫病。餐厅、食堂或屠宰场的废弃物等应加热处理后喂猪,以杀死可能存在的猪瘟病毒。冻肉及猪肉制品中的病毒可存活数年,运输检疫应予注意。我国用猪瘟病毒 C 株制成的猪瘟兔化弱毒疫苗是国际公认的有效疫苗,目前仍然发挥着可靠的作用。

一些发达国家消灭猪瘟采取的措施是"检测加屠宰",即检出阳性猪则全群扑杀,费用高昂,但十分成功。其技术的先决条件为:第一,猪瘟病毒仅限于家猪传播。某些欧洲国家由于野猪普遍感染,已成为家猪感染源,此法难以奏效。第二,利用有效的疫苗接种,将需淘汰猪的数量降至最低以减少经济损失。第三,有适当的诊断技术对猪群进行监测。第四,尽可能消除持续感染猪不断排毒的危险性。

四、禽流感病毒

(一) 禽流感病毒的生物学特性

禽流感病毒(AIV)属于正黏病毒科、A 型流感病毒属的成员。病毒粒子的直径为 80~120 nm,呈球形、多形性或长丝状。病毒的核衣壳呈螺旋对称。病毒的基因组由 8 个负链的单股 RNA 组成。本病毒有囊膜,上有一层 12~14 nm 的纤突,两种不同形状的表面纤突是血凝素(HA,棒状,由血凝素分子的三聚体构成,对红细胞有凝集性)和神经氨酸酶(NA,蘑菇状,由神经氨酸酶分子的四聚体构成,能将吸附在细胞表面的病毒粒子解脱下来),两者都是糖蛋白,纤突的一端镶嵌在病毒的脂质囊膜中,囊膜下面有一层膜蛋白。本病毒能凝集多种哺乳动物和禽类的红细胞。

根据本病毒的 HA 和 NA 的抗原性差异,可将其分为不同亚型,目前已知有 16 个 HA 亚型和 10 个 NA 亚型,分别以 H1~H16、N1~N10 命名,HA 和 NA 以任意组合都可以形成一种新的流感病毒,因而 A 型流感病毒的血清亚型很多。不同毒株的致病性有差异。根据 A 型流感病毒各亚型毒株对禽类的致病力不同,将禽流感病毒分为高致病性病毒株、低致病性病毒株和不致病性病毒株。历史上高致病性的禽流感病毒都是由 H5 和 H7 引起的,例如 H5N1 和 H7N7。但并非所有的 H5 和 H7 都是强毒。因此,必须以国际公认的标准来鉴定分离毒株是否为高致病性禽流感病毒株(HPAIV)。

本病毒能在鸡胚中生长,并达到较高效价,具有裂解的血凝素。病毒还能在鸡胚成纤维细胞(CEF)上生长。大多数毒株在 CEF 培养中形成空斑。可以通过血细胞吸附试验测定病毒的生长。

(二)禽流感病毒的致病性

水禽是禽流感病毒的自然储存宿主,在其自然宿主中禽流感病毒的进化几乎是静止的。禽流感病毒一旦从水禽传播到家禽或陆生禽类,即改变宿主后,其进化和变异速度大大加快。本病毒毒力有很大差异。高致病力毒株主要有 H5N1 和 H7N7 亚型的某些毒株。禽流感病毒能感染人,某些毒株甚至可不经猪体混合重配再传染的过程,直接感染人。20 世纪 90 年代开始,就出现了人类感染禽流感病毒发病的事例,但未出现过人与人之间的相互传播或引发流行。

高致病力毒株引起鸡和火鸡突发性死亡,常无可见症状。日龄较大的鸡可耐过 48 d,然后表现为产蛋下降、呼吸道症状、腹泻、头部尤其是鸡冠水肿等。低致病力毒株主要为 H9 亚型,也引起产蛋下降、呼吸道症状及窦炎等。

毒力因子除 HA 和 NA 外,还包括 *NP* 基因及聚合酶基因等表达产物的综合作用。非结构蛋白 NSl 具有抗干扰素活性,有助于病毒感染。

哺乳动物的流感病毒仅在呼吸道和肠道增殖,但禽流感病毒的大多数强毒株感染鸡或火鸡可出现病毒血症,导致胰腺炎、心肌炎及脑炎等。大量病毒可通过粪便排出,在环境中长期存活,尤其是在低温的水中。

(三)禽流感病毒的微生物学诊断

禽流感的诊断根据临床症状和病理变化可作出初步判断。确诊需进一步进行实验室诊断。高致病力毒株的分离及进一步鉴定需送国家级的参考实验室完成。

实验室诊断时,应按标准方法进行样品采集:用于病原鉴定,可采集病死禽的气管、肺、肝、肾、脾、泄殖腔等组织样品。活禽可用棉拭子采集病禽的喉头、气管分泌物。样品短时间内(48 h内)处理可置于 4 ℃冰箱保存,长时间待检应放于 −70 ℃低温下保存。用于血清学检查时,应采用急性期、恢复期的双份血清,−20 ℃冷冻保存。

1. 病毒检测

取 9~11 日龄鸡胚 5 只,用处理过的病料 0.2 mL 做尿囊腔或羊膜腔接种,37 ℃培养箱培养,收获 24 h 后死胚及仍存活鸡胚的羊膜尿囊液,用鸡红细胞检查鸡胚液有无血凝价。如接种的鸡胚死亡、尿囊液对鸡红细胞有凝集时,可用已知鸡新城疫阳性血清做血凝抑制试验和鸡胚中和试验,确定是否为鸡新城疫病毒。在排除新城疫病毒之后,再用禽流感阳性血清做琼脂扩散试验和血凝抑制试验,出现阳性结果时方可确诊为 A 型禽流感病毒。而后进行血凝试验、电镜检查或琼脂凝胶扩散试验、定型试验和致病性试验。

2. 抗体检测

HA 和 HD 是亚型鉴定的常用方法,但不能检出新的 HA 亚型的禽流感病毒。

3. 核酸检测

核酸检测方法包括 RT-PCR、实时荧光 RT-PCR、生物芯片等。特别是实时荧光 RT-PCR 在流感快速诊断与大规模监测中发挥着重要的作用。世界卫生组织(WHO)建议了检测 H5N1 亚型高致病性禽流感时,用实时荧光 RT-PCR 检测方法,具体参照《禽流感病毒通用荧光 RT-PCR 检测方法》(GB/T 19438.1—2004)进行。

(1) 病毒 RNA 的提取　取已处理的样品、阴性对照和阳性对照,分别加入裂解液 600 μL,充分颠倒混匀,室温静置 3~5 min;将液体吸入吸附柱中(吸附柱要套上收集管,吸取液体时尽量不要吸到悬浮杂质,以免离心时堵塞吸附柱),13 000 r/min 离心 30 s;弃去收集管中液体,加入 600 μL 洗液,13 000 r/min 离心 30 s,此步骤重复一次;弃去收集管中液体,13 000 r/min 空柱离心 2 min,以除去残留的洗涤液;将吸附柱移入新的 1.5 mL 离心管中,向柱中央加入洗脱液 50 μL,室温静置 1 min,13 000 r/min 离心 30 s,离心管中液体即为模板 RNA。

(2) 实时荧光 RT-PCR　设被检样品、阴性对照和阳性对照总和为 N,则反应体系配制为:无菌无核酸酶水 $2.7(N+1)$ μL、RT-PCR 反应液 $10(N+1)$ μL、酶混合液 $0.4(N+1)$ μL 和荧光探针 $1.9(N+1)$ μL,将配制的反应体系充分混匀后,分装于每个反应管中各 15 μL。分别取 5 μL 模板 RNA,加入相应反应管中,混匀并作好标记,反应条件为:45 ℃反转录 15 min,95 ℃预变性 1 min;95 ℃变性 5 s,60 ℃退火和延伸 35 s,共 40 个循环。

(3) 结果判定　主要根据每个反应管内的荧光信号到达设定阈值时所需循环数,即 C_t 值进行判定,具体如下:

阳性对照 C_t 值≤30 并出现特定的扩增曲线,阴性对照无 C_t 值并且无特定扩增曲线,实验结果成立;被检样品 C_t 值≤30 并出现特定的扩增曲线为禽流感核酸阳性;被检样品 $30 < C_t < 37$

并出现特定的扩增曲线,需重新取样提取 RNA,扩增后进行结果判定,如仍是可疑,可判定为阳性;被检样品 C_t 值 $\geqslant 37$ 时,超过本方法检测灵敏度范围,判定为阴性。

(四)禽流感病毒的防控

高致病性禽流感被 OIE 列为通报疫病,一旦发生应立即通报。高致病性禽流感的防控主要采取免疫、监测、检疫、监管相结合的综合防控措施。养禽场还应侧重防止病毒由野禽传给家禽,要有隔离设施阻挡野禽。

五、新城疫病毒

(一)新城疫病毒的生物学特性

新城疫病毒(NDV)为副黏病毒科、副黏病毒亚科、禽腮腺炎病毒属的负链 RNA 病毒。病毒粒子直径为 100~200 nm,有囊膜的病毒粒子通常呈圆形,但因囊膜破损而呈不规则形态,粒子直径可达 600 nm,也有丝状体。核衣壳螺旋对称,直径 17 nm,螺距 5 nm,中空部分为 4 nm,囊膜表面上的纤突长约 8 nm,具有血凝活性、神经氨酸酶活性及溶血活性。

病毒对热不敏感,55 ℃经 45 min 或在直射日光下,经 30 min 可灭活。在低温条件下,能够长时间保持其生物学活性,存放在 –70 ℃下数年或 –20 ℃下数月,仍具感染性,在 4 ℃下存放数周,病毒依旧保持活性。病毒在 1∶500 甲醛溶液中 1 h 可灭活。碳酸钠和氢氧化钠的消毒效果不稳定。大多数去污剂可将其迅速灭活。2%~3% 的煤酚皂、酚或甲醛溶液可在 5 min 内将其灭活。但是 NDV 对酸和碱的耐受性较强,在 pH 为 3~10 条件下不被破坏。

病毒粒子表面具有血凝素,可以凝集多种动物红细胞。以鸡、豚鼠和人 O 型红细胞最常用。NDV 只有一个血清型,都属于禽副黏病毒 1 型,但不同的分离株之间仍有抗原性和遗传多样性的存在,且抗原性可能与基因型有关。

(二)新城疫病毒的致病性

新城疫病毒毒株间致病力差异较大,有的毒株可以在感染后 72 h 致死成年鸡,有的不能致死鸡胚。自然发病的潜伏期平均 5~6 d。毒力强的可在 3 d 内出现症状;弱毒株可以延长几周。

病毒首先在呼吸道和肠道黏膜上皮细胞复制,借助血流扩散到脾及骨髓,产生二次病毒血症,从而感染肺、肠及中枢神经系统等器官。病毒在宿主体内的扩散程度与毒株毒力有关,而毒力由病毒 F 糖蛋白氨基酸序列决定。

主要是由健康鸡直接或间接接触病鸡、被污染的垫料、饲料、饮水以及运输工具和鸡舍等传播。温和型新城疫容易形成持久性的传染源,因长期不断污染周围环境而造成疾病流行。

从外观健康家鸡的泄殖腔可分离到 NDV,分离率高达 6.5%~9.3%,在流行病学上有重要意义。

(三) 新城疫病毒的微生物学诊断

1. 病毒分离

病毒含量较高的组织是肺组织和脑组织,因肺部常污染其他病毒,所以常用脑组织进行病毒分离。从感染后 3~5 d 病禽的呼吸道分泌物较易分离到病毒。在症状较严重的病例,可从脾、血液、扁桃体分离到病毒。分离病毒时,最好用 9~11 日龄鸡胚[鸡蛋必须来自健康鸡或无特定病原(SPF)鸡蛋]作尿囊腔接种,置于 37~38 ℃培养,通常鸡胚在 36~96 h 死亡,鸡胚全身充血、头和翅出血、尿囊液清亮含大量病毒,有较高血凝性。弱毒可使鸡胚不死,但鸡胚也能凝集红细胞。可疑病料不使鸡死亡的,可连续传 3 代观察结果。

也可用鸡胚细胞或鸡胚肾细胞分离病毒,其细胞培养物不出现细胞病变,但某些毒株可出现蚀斑,一般在接种后 24~72 h 出现。

2. 血清学试验

目前已有多种血清学方法检测新城疫抗体,包括血凝抑制实验、ELISA、单相辐射免疫扩散实验、单相辐射溶血实验、琼脂扩散实验、鸡胚中和实验及蚀斑中和实验,其中血凝抑制实验方法简便易行,在实际工作中是最常用的。检测可用已知抗体检测抗原,也可用已知血凝价且血凝性良好的抗原检测抗体。检测血清时将血清进行倍比稀释,后与已知 4 个单位的 NDV 抗原作用;测抗原时与此相反。另外,ELISA 也是常用的检测方法之一,具体操作如下。

(1) 取所需用量酶标板条,设阴性 / 阳性对照各 2 孔。

(2) 阴、阳性对照孔分别加入阴、阳性对照 50 μL;样品孔加入稀释后的样品 50 μL。

(3) 每孔加抗体工作液 50 μL,混匀,置于 37 ℃反应 30 min。

(4) 甩去孔内液体,每孔加满洗涤液,静置 30 s 后弃去,重复洗涤 5 次,拍干。

(5) 每孔加酶标记物 100 μL,置于 37 ℃反应 30 min。

(6) 洗涤,同步骤(4)。

(7) 每孔依次加底物液 A、底物液 B 各 50 μL,混匀,37 ℃避光反应 15 min。

(8) 每孔加终止液 50 μL,混匀,于 450 nm(可用 630 nm 作参比波长)测定各孔吸光值(A 值)。

(9) 结果判定 实验正常的情况下,阴性对照吸光值≥1.0,阳性对照阻断率(PI)≥50%。

$$PI(阻断率) = (1- 样本\,A\,值 / 阴性对照孔\,A\,值均值)\times 100\%$$

PI≥50% 判定为阳性;PI<50% 判定为阴性。

3. 分子生物学实验

针对新城疫病毒已建立多种分子生物学检测方法,包括 RT-PCR、核酸探针和抗多肽抗体法等。其中实时荧光定量 RT-PCR 已被列入检测 NDV 的国家标准中,因快速、准确、无污染等优点而在我国的进出口检疫中被广泛应用,以一步法 RT-PCR 进行介绍,核酸检测参照《新城疫诊断技术》(GB/T 16550—2020)进行,具体步骤如下。

(1)反应液配制 在反应管中加入 13.6 μL 无 RNA 酶灭菌超纯水,2.5 μL 10× 反转录缓冲液,2.0 μL dNTPs,0.5 μL RNA 酶抑制剂,0.7 μL AMV 反转录酶,0.7 μL Taq 酶,上游引物和下游引物各 1.0 μL,3.0 μL 模板 RNA,共计 25 μL,瞬时离心后备用。

(2)反应条件 42 ℃反转录 45 min;95 ℃预变性 3 min,然后 94 ℃变性 30 s,55 ℃退火 30 s,72 ℃延伸 45 s,共进行 30 个循环;最后 72 ℃延伸 7 min,产物置于 4 ℃保存。

(3)电泳检测 取 10 μL 进行 1.0% 琼脂糖凝胶电泳,电泳结束后,取出凝胶置于凝胶成像仪上观察,如果阳性对照 PCR 产物出现 535 bp 扩增条带,阴性对照无扩增条带出现时,试验成立,如果被检样品的 PCR 产物出现 535 bp 特异性条带时,判定样品为新城疫病毒核酸阳性,否则为阴性。

(四)新城疫病毒的防控

新城疫是 OIE 规定的通报疫病,我国将其列为一类动物疫病。首先要加强饲养管理,严格按照农业农村部颁布的《新城疫防治技术规范》进行消毒、引种等,制定合理的免疫程序。主要应用灭活疫苗和活疫苗来防控本病的发生和流行。

1. 灭活疫苗

应用鸡胚以甲醛溶液、氯仿或 β- 丙内酯等灭活制造疫苗。其优点是疫苗安全可靠,无散毒危险。适用于雏鸡、初产鸡和健康状态较差的鸡。但免疫期较短,如加入佐剂可延长免疫期。

2. 活疫苗

有弱毒疫苗和中等毒力疫苗。①弱毒疫苗,包括自然弱毒株,如 F 株、B1 株(Ⅱ系疫苗)和 LaSota 株(Ⅳ系疫苗)和 V4 株。这些疫苗一般无致病力,或偶有轻微呼吸道症状和其他反应。弱毒苗可用于 1 日龄鸡和幼龄雏鸡,以喷雾、饮水、滴鼻或点眼等方式免疫,每只鸡接种 $10^{6.5} \sim 10^{7} EID_{50}$。②中等毒力疫苗,有 Ⅰ系疫苗、Roakin 株、Komarov 株、Hertfordshire 株等。每只鸡的适宜剂量为 $10^{5} EID_{50}$,一般作肌肉注射。中等毒力疫苗的免疫效果好,但不能用于 8 周龄以下的鸡,常作为加强免疫之用。

六、犬瘟热病毒

(一)犬瘟热病毒的生物学特性

犬瘟热病毒(CDV)属于副黏病毒科、副黏病毒亚科、麻疹病毒属,为单股 RNA 病毒,病毒颗粒呈球形或不整形,直径为 90~250 nm,核衣壳呈螺旋状,外有囊膜,囊膜表面存在放射状的囊膜粒。敏感细胞感染此病毒后,在细胞质和细胞核内增殖,并在胞浆内产生包涵体,在细胞膜上以出芽的方式释放。犬瘟热病毒与麻疹病毒、牛瘟病毒之间存在共同抗原,能被麻疹病毒或牛瘟病毒的抗体所中和。

(二) 犬瘟热病毒的致病性

在自然条件下,犬瘟热病毒感染犬科(犬、狐、狼)和鼬科(貂、雪貂、臭鼬)等多种动物。但熊和猫科(猫、狮、虎)动物不易感染。小鼠、家兔、豚鼠、鸡、仔猪不敏感。病毒感染犬,潜伏期为 3~5 d,随后出现双相型发热(体温两次升高),眼、鼻有卡他性或脓性分泌物。在第二次发热时表现呕吐、腹泻、呼吸道卡他性炎症,有时发展成肺炎,有的有神经抑郁、体重不断下降、脱水、脚垫和鼻过度角质化、肌肉痉挛或后肢瘫痪等症状。

CDV 侵入机体后首先在上呼吸道及结膜上皮细胞复制,继而在局部淋巴结复制,后被淋巴细胞携带进入血液,产生初始毒血症,同时伴有第一次发热,此时病毒散播到网状内皮系统。在淋巴器官增殖的病毒被淋巴细胞及单核细胞携带进入血液,产生二次病毒血症,伴有第二次体温升高。因此,CDV 主要通过全身淋巴和血液整个网状系统传播到全身。

犬瘟热病毒是一种传染性极强的病原体,在犬和水貂中极易传染。病毒在带毒犬体中持续时间较长,可通过垂直传播感染下一代。可通过直接接触或近距离飞沫传染,因此在同一建筑物内的动物大多均会感染。侵入途径为扁桃体、淋巴组织、呼吸道上皮和眼结膜。

(三) 犬瘟热病毒的微生物学诊断

根据流行病学和临床特征(如发病动物数量、双相热、黏膜卡他性炎症、中枢神经症状及足垫过度角质化)可作出初步诊断,确诊需要进行实验室检查。

1. 病毒分离

犬瘟热病毒含有囊膜,且抵抗力较低,故不易分离。急性病例采集血液样本、亚急性病例采集内脏组织,慢性病例或神经症状病例主要采集脑组织,病料经处理后接种犬肾或貂肾原代细胞进行培养,也可以用犬和貂的巨噬细胞培养,然后用免疫荧光抗体技术或琼脂扩散试验进行检查鉴定。

对于已经分离到的病毒进行病原学鉴定,包括核酸型、囊膜实验、电镜观察、在细胞中增殖的位置和包涵体检查等。

2. 血清学诊断

在分离不到病原的情况下,可进行血清学诊断。包括中和试验、ELISA、琼脂扩散试验、免疫荧光技术、免疫胶体金技术和免疫组化技术等,中和试验可作为评价犬瘟热疫苗和监测免疫动物抗体水平的标准检测方法,ELISA 和免疫组化技术是犬瘟热诊断技术标准推荐的方法,现对 ELISA 进行介绍,具体如下。

(1) 取出所需板条,设置阴、阳性对照孔和样本孔,阴、阳性对照孔中加入阴性对照、阳性对照 50 μL。

(2) 待测样本孔先加待测样本 10 μL,再加样本稀释液 40 μL。

(3) 随后阴、阳性对照孔和样本孔中每孔加入辣根过氧化物酶(HRP)标记的检测抗原 100 μL,用封板膜封住反应孔,于 37 ℃水浴锅或恒温培养箱温育 60 min。

(4) 弃去液体,在吸水纸上拍干,每孔加满洗涤液,静置 1 min,甩去洗涤液,在吸水纸上拍干,如此重复洗板 5 次。

(5) 每孔加入底物 A、B 各 50 μL,37 ℃避光孵育 15 min。

(6) 每孔加入终止液 50 μL,15 min 内,在 450 nm 波长处测定各孔的 OD 值。

(7) 结果判断　如果阳性对照孔 OD 平均值≥1.00,阴性对照孔 OD 平均值≤0.15 时试验结果成立。

临界值 = 阴性对照孔平均值 + 0.15。如果样品 OD 值 < 临界值,样品判为阴性;如果样品 OD 值 > 临界值,则样品判为阳性。

3. 分子生物学诊断

一步法、套式和荧光定量 RT-PCR 均可灵敏地检测出临床样品中的病毒 RNA,此外还有原位杂交、核酸探针和基因序列分析等。犬瘟热病毒 RT-PCR 检测参照《犬瘟热诊断技术》(GB/T 27532—2011)进行,具体步骤如下。

(1) 反转录　在反应管中加入 1.5 μL dNTPs,2.0 μL 随机引物,2.5 μL 10× 反转录酶缓冲液,1.0 μL 反转录酶,1.0 μL RNA 酶抑制剂,17 μL 总 RNA,共计 25 μL。室温静置 10 min 后,42 ℃孵育 1.0 h 后,70 ℃反应 10 min,产物为 cDNA,-20 ℃保存备用。

(2) PCR 反应　在 PCR 反应管中加入 18.5 μL 双蒸水,2.5 μL 含镁离子的 10×Taq 酶缓冲液,上游引物和下游引物各 0.5 μL,0.5 μL dNTPs,0.5 μL Taq 酶,2.0 μL cDNA,共计 25 μL。按照 94 ℃预变性 2 min,然后 94 ℃变性 30 s,55 ℃退火 30 s,72 ℃延伸 40 s,共进行 35 个循环;最后 72 ℃延伸 3 min,产物保存 4 ℃备用。

(3) 电泳检测　取 10 μL 进行 1.5% 琼脂糖凝胶电泳,电泳结束后,取出凝胶置于凝胶成像仪上观察,如果阳性对照 PCR 产物出现 455 bp 扩增条带,阴性对照无扩增条带出现时,试验成立,如果被检样品的 PCR 产物出现 455 bp 特异性条带时,判定样品为犬瘟热病毒核酸阳性,否则为阴性。

(四) 犬瘟热病毒的防控

CDV 呈世界性分布,且在不同种类的动物间交叉感染,因此防控难度较大,但患病动物一旦康复即可以产生持续终身的免疫力。目前尚无特效药物,灭活疫苗因抗体效价下降较快,免疫期较短,较少应用;目前一般使用弱毒疫苗,大多数犬瘟热疫苗株为鸡胚适应株、禽细胞适应株(Ondersтepoort 株)或犬细胞培养适应株(Rockborn 株)。由于犬细胞适应株在免疫后有脑炎发生的报告,所以禽细胞适应株更为安全。异源麻疹病毒免疫幼犬产生保护与母源抗体互不干扰,幼犬母源抗体通常在 12 周以后下降到极低的水平。

七、犬细小病毒

(一) 犬细小病毒的生物学特性

犬细小病毒(CPV)是细小病毒科、细小病毒属的 DNA 病毒。病毒粒子细小,直径 20~22 nm,呈 20 面体对称,有囊膜。在 4 ℃和 25 ℃都能凝集猪和恒河猴的红细胞,但不能凝集其他动物的红细胞。犬细小病毒在猫、犬、牛、猴、浣熊和貂等动物培养细胞中均能生长,并产生大量的嗜碱性核内包涵体。这种包涵体在接种临床病料(如粪便)之后的 36 h 即可出现。CPV 有 2 型、2a 型和 2b 型三型。2 型用来制作疫苗以及单克隆抗体,可以保护 2 型和 2a 型,但 2 型和 2b 型之间没有交叉保护力。病毒对各种理化因素有较强的抵抗力,在 pH 为 3.0~9.0 和 56 ℃的条件下,至少能稳定 1 h,对乙醚和氯仿等脂溶性溶剂不敏感,但对甲醛、β– 丙内酯、氧化物(如次氯酸钙、PP 粉)、紫外线等较为敏感。0.5% 的甲醛溶液能很快使其灭活。

(二) 犬细小病毒的致病性

犬细小病毒主要感染犬,断奶前后的幼犬最易感,小于 4 周龄的仔犬和大于 5 岁的老龄犬发病率低,其次是狐、貂等。病毒存在于病犬粪便、尿液、唾液和呕吐物中。易感犬主要是摄入病毒污染的食物和饮水或与病犬直接接触而经消化道感染。

本病的发生无明显的季节性。一般夏、秋季多发。天气寒冷、气温骤变、拥挤、卫生水平差和并发感染,可加重病情和增加病死率。

(三) 犬细小病毒的微生物学诊断

1. 病原分离与鉴定

采集发病早期的病犬粪便或肝、脾、回肠、肠系膜淋巴结等制成的病料悬液,接种原代或次代犬胎肾或猫胎肾细胞分离培养病毒。可用荧光抗体染色培养 3~5 d 的细胞单层鉴定细胞感染或测定细胞培养液的血凝性,也可用电镜检测病毒粒子。

2. 血清学检测

血凝与血凝抑制试验可迅速检出细胞培养物和粪便中的 CPV,也可很快检出血清中的抗体;中和试验检测血清中的抗体;采用双抗夹心 ELISA 法可检测病料中的病毒抗原,敏感性较高。现以 ELISA 检测抗体进行介绍,具体步骤如下。

(1) 取出所需板条,设置阴、阳性对照孔和样本孔,阴、阳性对照孔中加入阴性对照、阳性对照 50 μL,样本孔加待测样本 50 μL,空白孔中不加。

(2) 除空白孔外,对照孔和样本孔中加入以辣根过氧化物酶(HRP)标记的检测抗体 100 μL,用封板膜封住反应孔,于 37 ℃水浴锅或恒温培养箱温育 60 min。

(3) 弃去液体,在吸水纸上拍干,每孔加满洗涤液,静置 1 min,甩去洗涤液,在吸水纸上拍干,如此重复洗板 5 次。

(4) 每孔加入底物 A、B 各 50 μL,37 ℃避光孵育 15 min。

(5) 每孔加入终止液 50 μL,15 min 内,在 450 nm 波长处测定各孔的 OD 值。

(6) 结果判断   如果阳性对照孔 OD 平均值≥0.8,阴性对照孔 OD 平均值≤0.2 时试验结果成立。

临界值 = 阴性对照孔平均值 + 0.25。如果样品 OD 值 < 临界值,样品判为阴性;如果样品 OD 值 > 临界值,则样品判为阳性。

3. 分子生物学检测

犬细小病毒的分子生物学检测目前常用的方法是 PCR,参照《犬细小病毒诊断技术》(GB/T 27533—2011)进行,具体步骤如下。

(1) PCR 反应   在 PCR 反应管中加入 18.5 μL 双蒸水,2.5 μL 含镁离子的 10×Taq 酶缓冲液,上游引物和下游引物各 0.5 μL,0.5 μL dNTPs,0.5 μL Taq 酶,2.0 μL cDNA,共计 25 μL。按照 94 ℃预变性 2 min,然后 94 ℃变性 30 s,55 ℃退火 30 s,72 ℃延伸 40 s,共进行 35 个循环;最后 72 ℃延伸 3 min,产物于 4 ℃保存备用。

(2) 电泳检测   取 10 μL 产物进行 1.0% 琼脂糖凝胶电泳,电泳结束后,取出凝胶置于凝胶成像仪上观察,如果阳性对照 PCR 产物出现 609 bp 扩增条带,阴性对照无扩增条带出现时,试验成立,如果被检样品的 PCR 产物出现 609 bp 特异性条带时,判定样品为犬细小病毒核酸阳性,否则为阴性。

(四) 犬细小病毒的防控

犬细小病毒病防控的难点是如何彻底改善犬群的卫生状况。灭活苗及弱毒苗用于免疫预防,后者易受母源抗体的干扰。犬的 IgG 半衰期为 10 d,当血清 HI≥80 时,幼犬可获得保护。由于母源抗体水平的差异,建议在幼犬 6~8 周龄接种疫苗,每隔 2~3 周再次接种疫苗,直至 18~20 周龄。在产生有效的免疫保护之前,应对幼犬隔离饲养。

任务实施

口蹄疫病毒和狂犬病病毒的实验室诊断技能训练

1. 实施目标

能够根据口蹄疫病毒和狂犬病病毒的生物学特性写出实验室诊断方案,并且能够有效地实施操作。

2. 实施步骤

(1) 准备仪器材料

① 样本　口蹄疫疫苗及免疫血清,狂犬病疫苗及免疫血清。

② 试剂　病毒 RNA 提取试剂盒、反转录试剂、PCR 反应试剂、对应目的基因的特异引物、口蹄疫抗体检测试剂盒、赛勒染色液、曼氏染色液、人狂犬病 IgG 抗体检测试剂盒。

③ 器材　食道探杯、光学显微镜、96 孔板、微量可调移液器、涡旋振荡器、恒温培养箱、PCR 仪、水平电泳仪、凝胶成像仪、酶标仪。

(2) 确定工作实施方案

① 小组讨论　分小组实施,每小组 3~5 人。小组召集人组织小组成员,根据"任务准备"中学习的内容,逐条、充分地讨论操作方案,合理分工,以完成口蹄疫病毒和狂犬病病毒的实验室诊断。小组召集人由本组成员轮流担任,每完成一项工作轮换一次。

② 确定方案　各小组召集人上台汇报本小组工作任务单中的相关操作内容及人员分工,其他组的同学点评其优缺点并做补充。教师综合评价各组表现,并根据各组汇报归纳出供全班同学实际操作的实施方案。

(3) 实施操作　各小组按最终的工作实施方案进行操作,填写表 2-4-1 和表 2-4-2。每项工作完成后,由小组召集人召集组员进行纠错与反思,完善操作任务,最后对过程进行评价。

表 2-4-1　口蹄疫病毒实验室诊断工作任务单

工作内容	组内分工	设备和材料	工作要求	工作过程评价	
				自评	互评
1. 采集病料					
2. 病毒核酸检测					
3. 病毒抗体检测					

表 2-4-2　狂犬病病毒实验室诊断工作任务单

工作内容	组内分工	设备和材料	工作要求	工作过程评价	
				自评	互评
1. 采集病料					
2. Negri 小体检查					
3. 病毒核酸检测					
4. 病毒抗体检测					

随堂练习

1. 口蹄疫病毒有多少血清型,各血清型间能否交叉免疫保护?

2. 口蹄疫病毒的感染途径有哪些?

3. 如何采集口蹄疫病毒的病料?

4. 试述狂犬病病毒的致病机制。

5. 狂犬病疫苗有哪些类型?

6. 狂犬病病毒如何进行微生物学诊断?

7. 对猪瘟病毒消毒时应首选什么消毒剂?

8. 发达国家消灭猪瘟采取的措施是"检测加屠宰",其先决条件是什么?

9. 猪瘟病毒组织嗜性有哪些特点?

10. 禽流感病毒对不同禽类的致病性是否相同?

11. 禽流感病毒如何分型?

12. 怎样对禽流感病毒进行微生物学检验?

13. 新城疫病毒纤突有哪些生物活性?

14. 如何采集新城疫病毒的病料?

15. 新城疫病毒的疫苗有哪些?

16. 如何避免母源抗体对幼犬免疫的干扰?

17. 如何采集犬瘟热病毒的病料?

18. 怎样对犬瘟热病毒进行微生物学检验?

19. 犬细小病毒对氯仿等脂溶剂和去污剂是否敏感,为什么?

20. 临床上如何采集犬细小病毒样本?

21. 犬细小病毒疫苗如何接种?

项 目 小 结

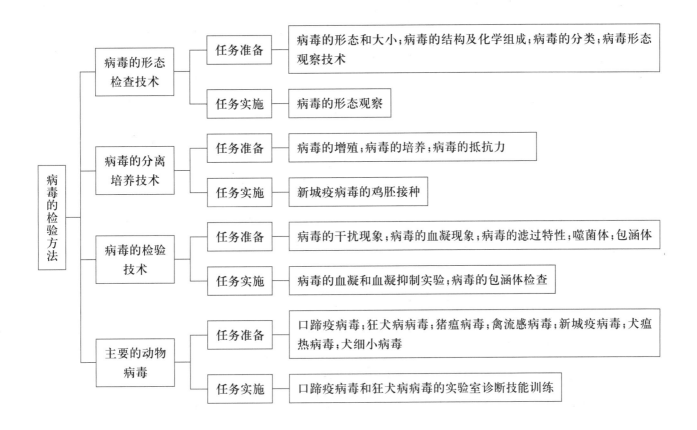

项 目 测 试

一、名词解释

核衣壳、干扰现象、噬菌体、病毒的血凝现象、包涵体、病毒的灭活、囊膜、核酸芯髓、传染性核酸、纤突、亚病毒、动物接种、组织培养法、CPE、蚀斑、干扰素、病毒的血凝价。

二、单项选择题

1.（　　）携带着基因,决定着病毒的遗传特性。

　　A. 衣壳　　　　　　B. 囊膜　　　　　　C. 芯髓　　　　　　D. 纤突

2.（　　）若被破坏,病毒就会失去活性。

　　A. 衣壳　　　　　　B. 囊膜　　　　　　C. 核酸　　　　　　D. 纤突

3. 球形病毒的衣壳呈（　　）。

　　A. 二十面体对称　　B. 螺旋对称　　　　C. 复合对称　　　　D. 网状对称

4. 弹状病毒的衣壳呈（　　）。

　　A. 二十面体对称　　B. 螺旋对称　　　　C. 复合对称　　　　D. 网状对称

5. 下列病毒衣壳不呈二十面体对称的是（　　　）。

    A. 禽白血病病毒   B. 口蹄疫病毒   C. 流感病毒   D. 狂犬病病毒

6. 下列病毒衣壳呈螺旋对称的是（　　　）。

    A. 禽白血病病毒   B. 口蹄疫病毒   C. 流感病毒   D. 狂犬病病毒

7. （　　　）能保护病毒核酸免受酶及理化因素的破坏。

    A. 衣壳   B. 囊膜   C. 芯髓   D. 纤突

8. 病毒的囊膜表面上放射状排列的突起主要由（　　　）构成。

    A. 糖   B. 脂类   C. 蛋白质   D. 糖蛋白

9. 下列病毒中，生物合成仅发生在细胞浆的是（　　　）。

    A. 犬细小病毒   B. 羊痘病毒   C. 猪圆环病毒   D. 伪狂犬病毒

10. 组织培养不能用于病毒的（　　　）。

    A. 分离培养   B. 抗原制备   C. 疫苗生产   D. 抗血清生产

11. 多数病毒在（　　　）℃经 30 min 即被灭活。

    A. 37   B. 42   C. 55   D. 95

12. 能够灭活病毒的物理学方法不包括（　　　）。

    A. 高温   B. 低温   C. 紫外线   D. 日光

13. 常用（　　　）甘油缓冲生理盐水保存病毒材料。

    A. 10%   B. 30%   C. 50%   D. 100%

14. 下列化学试剂中，不能杀灭病毒的是（　　　）。

    A. 50% 甘油   B. 75% 乙醇   C. 高锰酸钾   D. 2% 氢氧化钠

15. 病毒颗粒极其细小，最小能通过孔径为（　　　）的滤膜。

    A. 0.15 μm   B. 0.22 μm   C. 0.45 μm   D. 0.75 μm

三、填空题

1. 病毒主要由_____和_____构成，有的病毒还具有囊膜，它易被溶剂破坏。

2. 病毒的培养方法有_____、_____和_____。用鸡胚培养病毒时常选用_____日龄鸡胚。

3. 用鸡胚培养病毒时，根据病毒不同，分别接种于_____、_____或_____等部位。

4. 血凝素的英文缩写是_____，神经氨酸酶的英文缩写是_____。

5. 新城疫主要通过活疫苗和灭活疫苗进行防控，其中活疫苗分为_____和_____两类。

6. 病毒是形体最小的微生物，只能借助于_____观察。

7. 大多数病毒的结构只有_____和_____两部分。

8. _____若被破坏，病毒就会失去活性。

9. ＿＿＿＿＿＿＿＿＿携带着病毒的基因,决定着病毒的遗传特性。

10. 球形病毒的衣壳呈＿＿＿＿＿＿＿＿＿;弹状病毒的衣壳呈＿＿＿＿＿＿＿＿＿。

11. 病毒＿＿＿＿＿＿＿＿＿主要由类脂、蛋白质和糖类构成,是在通过寄主细胞膜或核膜时获得的。

12. 囊膜能保护衣壳,并与病毒的＿＿＿＿＿＿＿＿＿和＿＿＿＿＿＿＿＿＿有关。

13. 病毒的囊膜表面有放射状排列的突起,称为＿＿＿＿＿＿＿＿＿,主要由＿＿＿＿＿＿＿＿＿构成。

14. 亚病毒主要包括类病毒、卫星病毒和朊病毒。

15. 最常用的观察病毒形态的方法是＿＿＿＿＿＿＿＿＿,该方法最常用的负染色剂是＿＿＿＿＿＿。

16. 病毒的复制可分为＿＿＿＿＿＿＿＿＿、＿＿＿＿＿＿＿＿＿、＿＿＿＿＿＿＿＿＿、＿＿＿＿＿＿＿＿＿等步骤。

17. 病毒血凝作用的本质是病毒与＿＿＿＿＿＿＿＿＿的结合。

18. 病毒与受体的特异结合反映了病毒的＿＿＿＿＿＿＿＿＿。

19. ＿＿＿＿＿＿＿＿＿是病毒感染宿主细胞的第一步,包含＿＿＿＿＿＿＿＿＿和＿＿＿＿＿＿＿＿＿两个阶段。

20. 常用＿＿＿＿＿＿＿＿＿的甲醛灭活病毒制备灭活疫苗。

四、判断题

1. 凡是病毒都含有 RNA 和 DNA。　　　　　　　　　　　　　　　　（　　）

2. 干扰素能抑制病毒增殖。　　　　　　　　　　　　　　　　　　（　　）

3. 用 50% 甘油缓冲盐水能杀死多种病毒。　　　　　　　　　　　　（　　）

4. 犬细小病毒对乙醚及有机溶剂敏感。　　　　　　　　　　　　　（　　）

5. 朊病毒具有完整的病毒粒子,具有特定的形态。　　　　　　　　（　　）

6. 类病毒具有完整的病毒粒子,具有特定的形态。　　　　　　　　（　　）

7. 拟病毒具有完整的病毒粒子,具有特定的形态。　　　　　　　　（　　）

8. 单个病毒可以借助光学显微镜进行观察。　　　　　　　　　　　（　　）

9. 病毒囊膜含有宿主细胞的类脂成分。　　　　　　　　　　　　　（　　）

10. 病毒因为缺乏细胞壁、细胞膜等结构,因而对抗生素不敏感。　（　　）

11. 病毒的特异性吸附是病毒表面分子与细胞上受体结合的结果。（　　）

12. 病毒血凝作用的本质是病毒与细胞受体的结合。　　　　　　　（　　）

13. 病毒的复制具有周期性。　　　　　　　　　　　　　　　　　　（　　）

14. 无囊膜的螺旋状对称病毒的衣壳蛋白可自我组装。　　　　　　（　　）

15. 有囊膜病毒可通过细胞裂解释放出病毒粒子。　　　　　　　　（　　）

16. 病毒受体是病毒表面的特殊结构,多为糖蛋白。　　　　　　　　（　　）

17. 动物病毒穿入宿主细胞并脱壳的过程可发生在细胞膜、内吞小体及核膜上。（　　）

18. 多数 DNA 病毒及逆转录病毒的生物合成发生在细胞核。　　　（　　）

19. 流感病毒只能在呼吸道黏膜上皮细胞内增殖,而引起腹泻的病毒往往只能在肠道上皮细胞内增殖。　　　　　　　　　　　　　　　　　　　　　　　　　　（　　）

20. 病毒的鸡胚接种仅仅用于病毒的分离。　　　　　　　　　　　　　　　　（　　）

21. 大多数病毒对甘油没有抵抗力,因此可用甘油对病毒进行灭活。　　　　　（　　）

22. 乙醇、甘油、过氧乙酸、次氯酸盐、高锰酸钾、石炭酸及重金属盐类均能杀死病毒。
　　　　　　　　　　　　　　　　　　　　　　　　　　　　　　　　　　　（　　）

五、问答题

1. 病毒没有细胞结构,为什么把它称为生物?

2. 口蹄疫发生后为什么要及时确定病毒的亚型?

3. 狂犬病病毒的形态结构有何特点?

4. 疑似猪瘟时采哪些组织作为检查材料?

5. 犬瘟热的致病特点有哪些?

6. 如何诊断犬细小病毒病?

7. 为什么 A 型禽流感病毒的血清亚型很多? 不同亚型的禽流感病毒的致病性是否相同?

8. 怎样对禽流感病毒进行分离鉴定?

9. 病毒衣壳有哪些功能?

10. 简述直接负染色法的步骤。

11. 简述病毒增殖的过程。

12. 病毒在鸡胚中生长的主要表现有哪些?

13. 如何在绒毛尿囊腔接种病毒?

14. 鸡胚接种时如何收获病毒液?

15. 有机溶剂作为病毒消毒剂的原理是什么?

16. 简述甲醛制备病毒灭活的最佳浓度及其原理。

17. 病毒干扰的基本原理是什么?

18. 如何进行血凝试验结果的判定?

19. 如何根据新城疫病毒血凝抑制价推算鸡群的最适免疫日龄?

■ 项目 3　真菌的检验及其他微生物知识

项目导入

　　小张接到肉牛养殖场饲养员的报告,说近期养殖场的牛日渐消瘦,在颈部、胸背部等处出现被毛脱落,剧烈瘙痒症状,与其他物体摩擦后伴发出血、糜烂等,且传染了周围牛群,造成了一定的经济损失。经小张采集病料,送实验室检验,确诊为真菌性皮肤病。那么什么是真菌呢? 兽医是通过什么方法确诊的呢?

　　微生物种类繁多,除了细菌和病毒之外,还有很多微生物也具有致病性。通过本项目的学习,同学们将掌握真菌的特性和诊断技术,了解其他微生物的相关知识和检验方法,以便在实践中应用。

　　本项目将要学习 3 个任务:(1)真菌的形态检查技术;(2)真菌的分离鉴定技术;(3)其他微生物知识。

任务 3.1　真菌的形态检查技术

 任务目标

知识目标:

　　1. 熟悉真菌的基本形态和菌落特征。

　　2. 熟悉常见真菌的基本特征。

技能目标:

　　掌握酵母菌水浸片和霉菌水浸片的制备方法。

任务准备

一、真菌的概念及其重要性

真菌一词来源于拉丁语 fungus,是蘑菇的意思。真菌是指具有细胞壁,不含叶绿素,无根、茎和叶的分化,以寄生或腐生方式生存的一类真核微生物。真菌大多是多细胞微生物,只有少数类群为单细胞微生物,呈分枝或不分枝的丝状体,能进行有性和无性繁殖。

真菌在自然界分布广,种类多,目前已发现 12 万种真菌,但估计在自然界中真菌的种类可达 150 万之多。真菌对人类、动物、植物的作用,分有益和有害两个方面。

在有益方面,真菌在自然界扮演着分解者的角色,能将不同环境中复杂的有机物降解为简单的有机小分子或无机小分子。在食物发酵、医药等方面,现在被人类广泛应用的真菌有:制作面包、馒头、醋、酱的酵母;酿酒的酒曲;发酵饲料的黑曲霉和产朊假丝酵母;食用蘑菇、木耳;药用的麦角、神曲、冬虫夏草、灵芝;产生青霉素的青霉菌等。

在有害方面,有些真菌可对植物、人和动物致病。对人和动物致病的真菌有的在动物肺内生长繁殖后,形成大量的菌丝可以堵塞支气管,引起呼吸困难;有的可产生毒素,引起人和动物食物中毒。引起人和动物疾病的真菌称为病原真菌。产生毒素的真菌称为产毒真菌。

根据真菌体内细胞的数目和形态,真菌可分为酵母菌、霉菌和担子菌三类。

二、真菌的形态结构及菌落特征

1. 酵母菌

酵母菌为单细胞真菌,具有典型的细胞结构(图3-1-1),大小为 (5~30) μm × (1~5) μm,常呈球形、卵圆形或香肠形。有的香肠形酵母菌繁殖出新细胞后不脱落,而与原来的细胞相连,形成所谓假丝状(图3-1-2)。

酵母菌的菌落一般比细菌菌落大,表面光滑、湿润、黏稠,呈乳白色、黄色或红色。

2. 霉菌

霉菌由菌丝和孢子构成。菌丝宽 3~10 μm,分有隔菌丝和无隔菌丝两种。有隔菌丝有横向隔膜,将菌丝隔成许多段,每段为一个细胞,内有一到多个核(图3-1-3A)。无

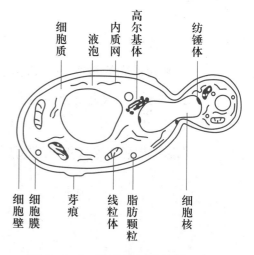

图3-1-1 酵母菌细胞结构示意图

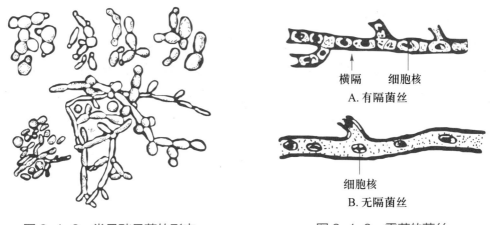

图 3-1-2　常见酵母菌的形态　　　　　　图 3-1-3　霉菌的菌丝

隔菌丝无横隔,整个菌丝就是一个单细胞,内含多个核(3-1-3B)。霉菌菌落大而疏松,多呈绒毛状、絮状或蜘蛛网状。菌丝常为无色透明或灰白色,孢子形成后,菌落常带有颜色。常见的霉菌有根霉、青霉和曲霉(图 3-1-4)。

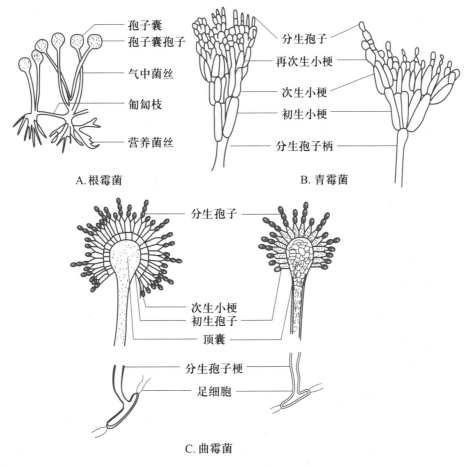

图 3-1-4　常见霉菌的菌丝及孢子形态

3. 担子菌

担子菌由有隔菌丝和担孢子构成。菌丝有单核菌丝、双核菌丝和结实性双核菌丝。结实性双核菌丝高度分化、发育后形成子实体。担子菌的菌落一般为白色,初期呈绒毛状,而子实体往往带有其他颜色,呈索状、瘤状和蕈状。伞状的蘑菇就是一种典型的担子菌子实体。

三、真菌的形态结构观察

观察真菌形态结构要通过制备真菌水浸片,在显微镜或解剖镜下完成。观察酵母菌一般用显微镜,观察霉菌一般用解剖镜。常见的水浸片有酵母菌水浸片和霉菌水浸片。

1. 酵母菌水浸片的制备

将美蓝染色液或蒸馏水滴于干净的载玻片中央,用接种环以无菌操作取培养 48 h 的酵母菌体少许,均匀涂于液滴中(液体培养物可直接取一环于载玻片上),加盖盖玻片,置于显微镜下观察。

酵母菌在显微镜下显示为单细胞,多呈圆形、椭圆形或卵圆形,可见芽殖体;在高倍镜下可观察到细胞结构。

2. 霉菌水浸片的制备

将美蓝染色液或蒸馏水滴于干净的载玻片中央,用解剖针挑取培养 2~5 d 的霉菌(根霉、毛霉、青霉、曲霉等),涂于液滴中,并将菌丝分散成自然状态,盖上盖玻片,置于解剖镜下观察。

观察霉菌时,注意观察以下方面:菌丝有无隔膜;孢子囊柄与分生孢子柄的形状;分生孢子小梗的着生方式;足细胞与假根的有无;孢子囊孢子和分生孢子的形状和颜色等。常见霉菌的特点如下。

(1)根霉　菌丝无隔膜、有分枝、有假根;孢子囊柄直立、不分枝;孢子囊呈球形;孢子呈椭圆形、球形或不规则,黄灰色。

(2)毛霉　菌丝无隔膜、无分枝、无假根;孢子囊柄直立、总状分枝或假轴状分枝;孢子囊呈球形;孢子呈球形、椭圆形,无色。

(3)青霉　菌丝有隔膜;无足细胞;无孢子囊,有分生孢子;分生孢子排列成扫帚状、柄直立;分生孢子呈球形、椭圆形或短柱形,蓝绿色。

(4)曲霉　菌丝有隔膜;有足细胞;孢子囊呈球形,分生孢子成串排列在孢子囊外;分生孢子柄直立;分生孢子球形,青灰色、黄褐色或绿色。

任务实施

真菌水浸片的制备及镜检

1. 实施目标

（1）掌握真菌水浸片的制备方法和标本片的制备方法。

（2）了解酵母菌、霉菌形态的观察方法，认识真菌形态。

2. 实施步骤

（1）准备仪器材料

① 菌种　在酵母膏胨葡萄糖琼脂培养基（YEPD）中生长48 h 的酵母菌、在马铃薯琼脂培养基（PAD）中生长2~5 d 的根霉或毛霉。

② 试剂　美蓝染色液、蒸馏水、乳酸石炭酸棉蓝染色液、5% 乙醇。

③ 器材　载玻片、盖玻片、接种环、显微镜、解剖针、解剖镜。

（2）确定工作实施方案

① 小组讨论　分小组实施，每小组3~5 人。小组召集人组织小组成员，根据"任务准备"中学习的内容，逐条、充分地讨论操作方案，合理分工，以完成真菌水浸片的制备及镜检观察。小组召集人由本组成员轮流担任，每完成一项工作轮换一次。

② 确定方案　各小组召集人上台汇报本小组工作任务单中的相关操作内容及人员分工，其他组的同学点评其优缺点并做补充。教师综合评价各组表现，并根据各组汇报归纳出供全班同学实际操作的实施方案。

（3）实施操作　各小组按最终的工作实施方案进行操作，填写表3-1-1。每项工作完成后，由小组召集人召集组员进行纠错与反思，完善操作任务，最后对工作过程进行评价。

表 3-1-1　真菌水浸片的制备及镜检工作任务单

工作内容	组内分工	设备和材料	工作要求	工作过程评价	
				自评	互评
1. 霉菌水浸片的制备					
2. 观察真菌的形态结构					
3. 绘制真菌的形态结构					

随堂练习

1. 描述常见真菌的形态特征和培养特性。
2. 比较根霉、毛霉、青霉、曲霉之间的异同点。

任务 3.2　真菌的分离鉴定技术

任务目标

知识目标：

1. 了解真菌的繁殖方式。
2. 熟悉真菌的繁殖条件。
3. 掌握真菌的培养特征。
4. 掌握真菌毒素的危害及检测方法。

技能目标：

1. 掌握真菌的分离培养方法。
2. 掌握用酶联免疫检测毒素的方法。

任务准备

一、真菌的繁殖方式

真菌能进行无性繁殖和有性繁殖。

酵母菌主要以芽殖方式进行无性繁殖，但也能以两性孢子进行有性繁殖。芽殖时，尚未脱落的芽体上又长出新芽体，则形成藕节状的假菌丝。

霉菌主要以无性孢子繁殖为主，还能以菌丝片段繁殖新个体。孢子囊孢子、分生孢子（图 3-1-4）为常见的无性孢子。

孢子萌发后形成芽管，芽管向两端和旁侧分枝而形成菌丝（图 3-2-1），伸入培养基内或匍匐在培养基表面吸收营养的菌丝称为营养菌丝，伸向空气中的菌丝称为气中菌丝（图 3-1-4 A），产生孢子的气中菌丝称为繁殖菌丝。担子菌以担孢子进行有性繁殖。两个性别不同的担

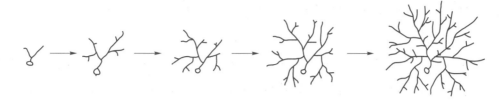

图 3-2-1　孢子发芽并形成菌丝

孢子发育成两个单核菌丝,二者融合为双核菌丝而发育。

二、真菌的分离培养与鉴定

(一) 真菌生长繁殖的条件

1. 真菌生长繁殖的基本营养需要

总体来讲真菌生长繁殖的基本营养需要比细菌低,一般只要供给适当的糖类和无机氮或有机氮就可以良好地生长繁殖,故容易培养。绝大多数真菌为异养菌,它们不仅能利用单糖和双糖,而且也能利用淀粉、纤维素、木质素、甲壳质等多糖以及多种有机酸。真菌对氮素营养要求不高,许多真菌都可利用尿素、铵盐、亚硝酸盐、硝酸盐作为氮源。

2. 温度

大多数真菌最适宜的生长温度为 22~28 ℃。一般真菌在 0 ℃以下停止生长;少数真菌能在 0 ℃以下生长繁殖,冷藏畜禽产品的变质就是这些真菌引起的。寄生于人、动物体内的真菌最适宜的生长温度为 37 ℃。

3. 湿度与渗透压

真菌在潮湿的环境中容易生长,对渗透压的要求与菌种有关。某些真菌能在炼乳、果酱这些高渗透压环境中生长,少数真菌可以在低渗透压的溶液中生长。

4. pH

大多数真菌喜好酸性环境,它们在 pH 3~6 之间生长良好。

5. 氧气

大多数真菌生长需氧,培养时需充足的氧气。兼性厌氧真菌(如酵母菌)在氧气充足时大量繁殖,无氧时发酵糖类产生乙醇、乙酸等物质。严格厌氧性真菌较少,反刍动物瘤胃中的真菌属于此类。

(二) 真菌的鉴定

真菌的鉴定主要依据菌体细胞的结构及形态,为此,需要采取适当的材料进行真菌的分离培养,利用显微镜检查进行鉴定,必要时可进行生化实验或毒素检验进行鉴定。

1. 真菌标本的采集

(1) 浅部感染标本的采集　皮肤癣菌病采集皮损边缘的鳞屑。采集前用75%乙醇消毒皮毛,用手术刀或载玻片边缘刮取感染皮肤边缘获得标本。毛发组织采集根部折断处。皮肤溃疡采集病损边缘的渗出液或病变组织等。蹄壳病变组织采集前先用75%乙醇进行消毒,用修脚刀和手术镊去除表面部分,切下小薄片进行采集。采集的病料组织放入无菌培养皿待检。

(2) 深部感染标本的采集　一般采集患病动物的血液,脑脊液、尿液、呼吸道分泌物、泌尿生殖道分泌物都是可采集的液体材料。如动物死亡,可采集肺、肝等病变组织。

2. 真菌的分离培养

根据真菌的培养特性选择合适的培养基、气体环境和培养温度。酵母菌的分离培养采用平板划线分离法进行;霉菌、担子菌的分离培养采用收集孢子、切取子实体上的幼嫩组织接种到培养基上。下面介绍2种分离真菌的方法:平板划线分离法和连续稀释分离法。

(1) 平板划线分离法

① 配制适合真菌生长的琼脂培养基,灭菌后冷却至45~50 ℃,注入无菌平皿中,制成平板备用。

② 用灭菌接种环取采集的标本少许,投入有无菌水的试管内,振摇,使标本材料悬浮于水中。

③ 用灭菌接种环取一环上述悬浮液,进行平板划线(划线方法同细菌的分离培养)。

④ 划线完毕,置于25 ℃培养箱中培养2~5 d,待长出菌落后,取可疑单个菌落制片检查,并进行纯培养。

(2) 连续稀释分离法　连续稀释分离法适宜于霉菌的分离培养(图3-2-2)。

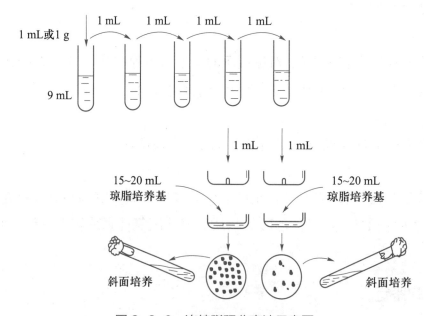

图3-2-2　连续稀释分离法示意图

① 取盛有无菌水的试管 5 支(每管 9 mL),分别标记 1、2、3、4、5 号。取样品 1 mL,投入 1 号管内,振摇,使悬浮均匀。

② 用 1 mL 灭菌吸管,按无菌操作法,从 1 号管中吸取 1 mL 悬浮液注入 2 号管中,并摇匀之,同样由 2 号管取 1 mL 至 3 号管,依此类推,直至 5 号管。

③ 用 2 支无菌吸管分别由 4 号、5 号试管中各取 1 mL 悬液,并分别注入两个灭菌培养皿中,再加入熔化后冷却至 45~50 ℃的琼脂培养基约 15 mL,轻轻摇转,静置,使其自然凝固成平板。

④ 倒置培养皿,置培养箱中培养 2~5 d,从中挑选单个菌落,并移植于斜面上。

3. 培养真菌常用的培养基

同一种真菌在不同的培养基上生长表现不同,我们应选择标准、合适的培养基以便于对比。鉴定真菌时以沙堡弱琼脂(SDA)培养基上形成的菌落形态为标准。初次分离时,曲霉和青霉类真菌需察氏培养基(CM)培养,毛霉和暗色孢科真菌需马铃薯培养基(PCM)培养。

病原真菌对营养的要求较高,有些真菌需要特殊的营养才能生长。初次分离荚膜组织胞浆菌时,其在沙堡弱琼脂上生长不良,用脑心浸膏琼脂(BHIA)培养基分离培养后,转种在沙堡弱琼脂上可良好生长。

分离真菌的培养基因真菌特性而异:沙堡弱琼脂、改良沙堡弱琼脂(MSDA)主要用于浅部和深部病原性真菌的分离;橄榄油培养基(OOM)用于分离糠秕孢子菌;脑心浸膏琼脂、脑心浸膏肉汤(BHIB)用于少数特殊菌的分离。察氏培养基主要用于曲霉、青霉、毛霉等的分离培养。

由于真菌生长慢,培养时间长,为防止细菌污染,可在培养基中加入抗生素,氯霉素因其抗菌谱广,高温不影响其抗菌效力,故常被选用。其他抗生素如金霉素、庆大霉素、青霉素、链霉素、多黏菌素因耐热差,易失效,在使用时应注意。有时在培养基中加入放线菌酮抑制其他霉菌的生长。

4. 真菌的鉴定

真菌可根据其在固体培养基上的培养特征和显微镜下的形态特征鉴定。霉菌在固体培养基上形成的菌落特征具有鉴定意义,而酵母菌类真菌因其菌落类似细菌菌落,所以鉴定意义不大。

观察真菌在培养基上的培养特征要注意以下几个方面。

(1) 菌落的生长速度　48~72 h 出现可见典型菌落者为快速,4~6 d 为较快,7~10 d 为中速,10 d 以上为较慢,3 周为慢速。培养浅部感染的真菌超过 2 周、深部感染的真菌超过 4 周仍未生长,报告为阴性。

(2) 菌落大小　多数真菌菌落的大小与生长时间成正比,一般在 14 d 左右测量菌落的直径。少数真菌不遵循此规律,如紫色毛癣菌,生长很局限,青霉、曲霉和毛霉一旦生长就迅速扩展,充满整个培养基表面。

(3) 菌落的质地及高度　不同丝状真菌菌丝的长短、粗细、相互交织的程度不同,菌落就表现为羊毛状、绒毛状、棉絮状、毡状、粉状、颗粒状等不同的外观特征,菌落的高度有扁平、隆起、凹陷等。

(4) 菌落表面及边缘　菌落表面有平滑状、皱褶状、大脑状、放射沟纹状、同心圆状、火山口状、凸起、凹陷等表现形式;菌落边缘有锯齿状、树枝状、纤毛状等表现形式。

(5) 菌落的颜色和色素　菌落表面的颜色往往是孢子的颜色,而培养基的颜色则源于真菌所产生的可溶性色素。

(6) 渗出物和气味　有些真菌常在菌落表面凝聚带色的液滴;某些真菌在培养过程中可散发出气味,如霉味、土气味或芳香味。

显微镜下观察真菌形态特征,可以直接做成水浸片观察,也可以染色后观察。一般是将真菌材料制成水浸片,染色后在低倍显微镜下观察。根据真菌细胞、菌丝、各级孢子梗及孢子的形态和大小,就可以确定真菌的种类。染色时,酵母菌可用 0.1% 碱性美蓝染色,霉菌和担子菌可用乳酸石炭酸棉蓝染色。

菌丝特征要判断是真菌丝还是假菌丝,有隔还是无隔,菌丝的粗细、色泽等。

孢子形态特征要判断其产生的方式、孢子的大小和色泽,有无分隔,表面粗糙程度。

酵母真菌,观察其形态和大小,出芽方式,有无子囊及子囊孢子等。

三、真菌毒素的检测方法

真菌毒素是真菌产生的次级代谢产物,是一种小分子物质,耐热性强,毒性不因通常的加热而被破坏,可引起多器官的损害,而且具有远期致病作用。其共同毒性主要是致 DNA 损伤和细胞毒性两个方面。真菌毒素致病具有普遍性、微量性、蓄积性、隐蔽性和协同性等特点。目前检测真菌毒素的方法主要有生物鉴定法、化学分析法、仪器分析法、免疫分析法和生物芯片法等。

(一) 生物鉴定法

生物鉴定法是利用真菌毒素能影响微生物、水生动物、家禽等生物体的细胞代谢来鉴定真菌毒素的存在。其方法专一性差,灵敏度低,一般只作为化学分析法的佐证。其特点是待检样品不需很纯,主要用于定性。

(二) 化学分析法

最常用的化学分析法为薄层层析法(TLC),主要是半定量。

（三）仪器分析法

高效液相色谱法（HPLC）是 20 世纪 70 年代发展起来的一种以液体为流动相的新型色谱技术。近年来，高效液相色谱法已成为现代仪器分析中应用最广泛的一种方法。其分离效能高、检测效能高、分析快速，为同时测定多种真菌毒素提供了条件。

毛细管电泳技术是 20 世纪 80 年代发展起来的一种新型液相分离技术。它融合了 HPLC 和常规电泳两项技术的优点，具有快速、自动化、可有效分析复杂成分等特点。

（四）免疫分析法

真菌毒素属于半抗原，抗原性弱。检测食品中的真菌毒素常用理化方法或生物学方法。但理化方法需要较昂贵的仪器设备，操作复杂。而用真菌毒素单克隆抗体检测真菌毒素敏感性高、特异性强，非常适用于食物样品的检测。这种方法是利用免疫、酶及生化技术，开辟了真菌毒素分析的新领域。目前应用的方法有放射免疫法、亲和层析法和酶联免疫法。

（五）生物芯片法

生物芯片法是近十几年来在生命科学领域迅速发展起来的一项高新技术，是一项基于基因表达和基因功能研究的革命性技术，它综合了分子生物学、半导体微电子、激光、化学染料等领域的最新科学技术，在生命科学和信息科学之间架起了一道桥梁，是当今世界上高度交叉、高度综合的前沿学科和研究热点。

综上，目前在生产中用于毒素检测的方法主要有仪器分析法和免疫分析法，而生物芯片法是将来的发展方向。

 任务实施

一、真菌的分离培养

1. 实施目标

（1）掌握真菌分离培养的方法。

（2）认识真菌菌落的特征。

2. 实施步骤

（1）准备仪器材料　37 ℃恒温培养箱、离心机、75% 乙醇、手术刀、固体培养基、三角锥瓶、

灭菌平皿、接种环、试管、无菌水、研钵等。

（2）确定工作实施方案

① 小组讨论　分小组实施,每小组3~5人。小组召集人组织小组成员,根据"任务准备"中学习的内容,逐条、充分地讨论操作方案,合理分工,以完成真菌的分离培养。小组召集人由本组成员轮流担任,每完成一项工作轮换一次。

② 确定方案　各小组召集人上台汇报本小组工作任务单中的相关操作内容及人员分工,其他组的同学点评其优缺点并做补充。教师综合评价各组表现,并根据各组汇报归纳出供全班同学实际操作的实施方案。

（3）实施操作　各小组按最终的工作实施方案进行操作,填写表3-2-1。每项工作完成后,由小组召集人召集组员进行纠错与反思,完善操作任务,最后对工作过程进行评价。

表3-2-1　真菌的分离培养工作任务单

工作内容	组内分工	设备和材料	工作要求	工作过程评价	
				自评	互评
1. 制备培养真菌的培养基					
2. 用划线分离法和稀释分离法分离培养真菌					
3. 观察真菌在培养基中的生长情况					
4. 判定是否得到纯培养物					

二、真菌毒素的检查

1. 实施目标

学会真菌毒素检查方法。

2. 实施步骤

（1）准备仪器材料　酶标仪、毒素检测ELISA试剂盒、霉败的玉米等。

（2）确定工作实施方案

① 小组讨论　分小组实施,每小组3~5人。小组召集人组织小组成员,根据"任务准备"中学习的内容,逐条、充分地讨论操作方案,合理分工,以完成真菌毒素的检查。小组召集人由本组成员轮流担任,每完成一项工作轮换一次。

② 确定方案　各小组召集人上台汇报本小组工作任务单中的相关操作内容及人员分工,其他组的同学点评其优缺点并做补充。教师综合评价各组表现,并根据各组汇报归纳出供全班同学实际操作的实施方案。

（3）实施操作　各小组按最终的工作实施方案进行操作，填写表3-2-2。每项工作完成后，由小组召集人召集组员进行纠错与反思，完善操作任务，最后对工作过程进行评价。

表3-2-2　真菌毒素的检查工作任务单

工作内容	组内分工	设备和材料	工作要求	工作过程评价	
				自评	互评
1. 检测样品的采集与制备					
2. 真菌毒素的检测方法					
3. 分析检测结果，填写记录表					

 随堂练习

1. 简述真菌的浅部采集和深部采集的区别。
2. 真菌的接种技术有哪些？
3. 简述真菌培养后菌落的形态观察方法。
4. 真菌的菌落和孢子如何在显微镜下观察？
5. 快速检测真菌毒素的方法有哪些？

任务 3.3　其他微生物知识

任务目标

知识目标：

1. 掌握放线菌、螺旋体、支原体、立克次体、衣原体的生物学特征。
2. 熟悉放线菌、螺旋体、支原体、立克次体、衣原体的致病性。

技能目标：

1. 掌握支原体的分离培养与鉴定技能。
2. 了解放线菌、螺旋体、衣原体、立克次体的检验方法。

任务准备

一、放线菌

(一) 生物学特性

放线菌属在自然界广泛分布,常分布于正常人或动物的口腔、上呼吸道、胃肠道与泌尿生殖道的黏膜表面,致病性弱,多为内源性条件致病菌,包括牛放线菌、伊氏放线菌、内氏放线菌、龋齿放线菌、黏性放线菌、化脓放线菌和猪放线菌。其中牛放线菌可感染牛、猪、马、羊,但主要侵害牛和猪,奶牛发病率较高。

放线菌是介于细菌和霉菌之间的一类原核微生物,具有 DNA 和 RNA 两种核酸。放线菌的形态和结构与霉菌相似,由纤细的菌丝和孢子构成(图 3-3-1),菌丝和孢子的形态及颜色都具有特征性。菌丝有隔或无隔,直径约 1 μm,革兰染色阳性,多数放线菌的气中菌丝末端有弯曲或盘旋(图 3-3-2)。

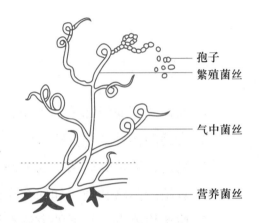

图 3-3-1　放线菌的形态结构

图 3-3-2　放线菌菌丝的各种形态

放线菌主要营异养生活,大多数为需氧菌。最适生长温度为 30~32 ℃,但致病性放线菌于 37 ℃生长良好,最适 pH 为 6.8~7.5。在血平板或脑心浸出液琼脂培养基上,培养 3~6 d 后长出微菌落,直径 <1 mm,不溶血,显微镜观察可见菌落由一片如蛛网样菌丝组成,称为蛛网样菌落。继续培养可形成白色、表面粗糙、小米粒状菌落。

本菌发酵葡萄糖、乳糖、蔗糖和甘露醇,产酸不产气,过氧化氢酶阴性。

放线菌对干燥、高热、低温抵抗力很弱。孢子可耐干燥,借助空气传播。在培养基中数周后即可死亡,能被一般消毒剂所杀灭。放线菌对青霉素、四环素、红霉素等敏感,但药物很难到

达病灶中。

（二）致病性

自然界的大多数放线菌没有致病性,但有的放线菌有致病性,如牛放线菌、猪放线菌。牛放线菌主要侵害牛的颌骨、舌、唇、咽、齿龈、头颈部皮肤及肺,尤其以颌骨缓慢肿大为多见;猪放线菌能引起猪的乳房放线菌病。

（三）微生物学检验

放线菌在病灶及化脓组织中可形成肉眼可见的黄色颗粒,称为硫黄颗粒,为本菌致病性的主要特征。检验放线菌主要依据菌丝和孢子的形态、颜色和大小。检查时可以直接将材料做成压片,染色后显微镜检查,也可以先培养,再用显微镜检查。在低倍镜下,可见有典型的放射状排列的棒状或长丝状菌体,边缘有透明发亮的棒状菌鞘。或将硫黄颗粒经压片后革兰染色,可见菌丝向四周呈放射状排列,靠近中心的菌丝为革兰染色阳性,外围的菌丝有时出现革兰染色阴性。

二、螺旋体

（一）生物学特性

螺旋体是介于细菌和原生动物之间的一类单细胞原核生物,因其菌体细长、柔软、卷曲呈螺旋状而得名。其中钩端螺旋体两端呈钩状(图 3-3-3)。螺旋体的大小范围较为悬殊,自然长度为 5~250 μm,直径为 0.1~3.0 μm。但大多数长度在 150 μm 以内,直径不超过 1.0 μm。螺旋体具有 DNA 和 RNA 两种核酸,革兰染色阴性,但不易着色,以姬姆萨染色为佳,染成红色或蓝色,蓝色者多为腐生性螺旋体。也可使用镀银染色法染色,染液中的金属盐黏附于螺旋体上,使之变粗而显出褐色。螺旋体的基本结构与细菌相似,但在细胞壁和细胞膜之间有可伸缩的轴丝,能使螺旋体在液体环境中运动。螺旋体对广谱抗生素敏感。

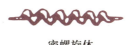

密螺旋体

钩端螺旋体

螺旋体目下分为螺旋体科和钩端螺旋体科,其中螺旋体科有 5 个属,钩端螺旋体科有 2 个属。与兽医有关的属主要有疏螺旋体属、密螺旋体属、短螺旋体属和钩端螺旋体属。

多数螺旋体只能进行无氧呼吸,但钩端螺旋体为需氧性微生物。糖类、氨基酸、长链脂肪酸和长链脂肪醇均可作为螺旋体的碳源和能源。螺旋体较难进行人工培养,只有少数螺旋体如钩端螺旋体、猪痢短螺旋体等能在含有血清或血液的培养基上生长,而其他螺旋体必须接种易感动物

疏螺旋体

图 3-3-3　常见螺旋体的形态

才能增殖。

（二）致病性

致人类和动物发生疾病的螺旋体主要是疏螺旋体、短螺旋体、密螺旋体和钩端螺旋体。伯氏疏螺旋体引起人和动物莱姆病；猪痢短螺旋体引起猪痢疾；苍白密螺旋体引起人梅毒；兔梅毒密螺旋体引起兔梅毒；问号钩端螺旋体引起人和动物钩端螺旋体病。

（三）微生物学检验

检查螺旋体时，可以采取动物的血液、尿液和脑脊髓液作为检验材料，固定在载玻片上，经姬姆萨染色后用显微镜检查。必要时，可进行人工培养及动物接种，利用凝集实验，可以特异性地检查出螺旋体。

三、支原体

（一）生物学特性

支原体又称霉形体，介于细菌和病毒之间，具有 DNA 和 RNA 两种核酸，是营独立生活的最小单细胞原核微生物，因缺乏细胞壁而具有多形性和可塑性。支原体的基本形态为球状、杆状和丝状，此外还有梨状、分支状、环状和不规则形态。球状菌体的大小一般为 $0.125\sim0.175\ \mu m$，能通过 $0.22\ \mu m$ 的滤器。丝状支原体的长短不一，短的不到 $10\ \mu m$，长的达 $150\ \mu m$。支原体革兰染色为阴性，但不易着色，一般以姬姆萨染色较好，可染成淡紫色。

支原体主要以二分裂方式繁殖，也存在芽殖、裂殖和分割繁殖等方式。多数支原体为需氧或兼性厌氧。最适生长温度为 $36\sim37\ ℃$，最适 pH 为 $7.6\sim8.0$。典型菌落直径 $0.25\sim0.60\ mm$，呈中央凸起的"煎蛋样"。支原体对营养的要求高于细菌，在实验室条件下，大多数支原体的生长需含牛心浸液、蛋白胨、酵母粉、血清和其他补加成分的复合培养基，血清不仅提供常规营养，还能提供脂肪酸、磷酸酯和胆固醇。

支原体一般代谢活性较低，很少有独特的生化特性，但是某些特性在分类、鉴定上具有重要意义。一些支原体通过糖酵解及乳酸发酵产生 ATP，另一些则分解精氨酸或尿素产生 ATP，前者称为发酵型，后者称为非发酵型。

支原体无细胞壁，对理化因素的抵抗力比细菌弱，对热、干燥、渗透压和一般消毒剂敏感。对醋酸铊、结晶紫的抵抗力大于细菌，在分离培养时，培养基中加入一定量的醋酸铊可抑制杂菌生长。对作用于细胞壁合成的药物如青霉素、环丝氨酸和溶菌酶不敏感，常在分离培养基中加入青霉素抑制杂菌生长。抑制或影响蛋白质合成的抗生素（如红霉素、四环素、卡那霉素、螺旋霉素、阿奇霉素)对支原体有杀伤作用,可用于治疗。由于支原体细胞膜中含有胆固醇,凡能作用于胆固醇的物质(如两性霉素 B、皂素、洋地黄苷)能引起支原体细胞膜破裂而死亡。

支原体与细菌的 L 型形态相似,但细菌的 L 型不具有支原体的多形性、能通过 0.22 μm 滤器、对渗透压敏感等特征;细菌的 L 型能在高渗的培养基上生长,而支原体可在含胆固醇培养基上生长;细菌 L 型一定程度上保持了原本细菌的代谢活性、毒力和抗原性,同时能恢复为正常有细胞壁细菌,而支原体不能长出细胞壁。

(二) 致病性

支原体在自然界广泛分布,昆虫、植物、动物、人体中均可发现。在人和动物体内的支原体大多无致病性,属于机体正常菌群的成员。极少数支原体为病原性或条件致病菌株,能引起人和动物疾病。如猪肺炎支原体可引起猪支原体肺炎,鸡毒支原体可引起禽慢性呼吸道病,丝状支原体丝状亚种可引起牛、羊传染性胸膜肺炎。

(三) 微生物学检验

检查支原体时,一般可用灭菌棉拭子采样后放入盛有 2~5 mL 液体培养基的小试管中,或取其分泌液,若是组织块,可在灭菌研钵中研磨后接种。初次分离在 5% CO_2、5% O_2、90% N_2,37 ℃条件下培养。对分离到的支原体可进行姬姆萨染色检查;确定分离物生长是否需要甾醇可进行洋地黄苷敏感实验;确定其发酵类型可进行葡萄糖、精氨酸分解实验。鉴定支原体种型一般用血清学方法,如生长抑制、代谢抑制、酶联免疫吸附实验等,还可利用 PCR、基因探针及DNA 序列测定等分子生物学方法进行支原体鉴定。

四、立克次体

(一) 生物学特性

立克次体的特点:专性细胞内寄生,以二分裂方式繁殖;有 DNA 和 RNA 两类核酸;形态多样,主要为球杆状,大小介于细菌和病毒之间,革兰染色阴性;以节肢动物为媒介。

立克次体在不同发育阶段及不同寄主体内可呈不同形态,如呈球形、球杆状、杆状、椭圆形。球形者直径一般为 0.2~0.4 μm,杆状者大小一般为 (0.4~1) μm × (0.2~0.3) μm。除贝氏柯克斯体外,均不能通过 0.22 μm 的滤器。革兰染色阴性但不易着色,常用姬姆萨染色,染成紫色或蓝紫色。

立克次体 9~12 h 分裂一次,可使用细胞培养、鸡胚接种和动物接种的方法进行增殖。动物接种的方法最常用,鸡胚卵黄囊接种多用于传代。

立克次体对理化因素抵抗力不强,尤其对热敏感,一般在56 ℃、30 min 条件下即被灭活。对广谱抗生素(如氯霉素、四环素)敏感,对磺胺类药物不敏感。

(二)致病性

由立克次体引起的人和动物的疾病统称为立克次体病。大多数立克次体病为虫媒病。致病性立克次体先寄生在虱、蜱等节肢动物体内,经节肢动物传播给脊椎动物。在节肢动物体内生活时不致病,进入脊椎动物体内后引起疾病。

(三)微生物学检验

可采集病人、病畜的血液以供病原体分离或血清学实验。流行病学调查需采集节肢动物、脊椎动物的血液或器官进行检验。

将备检材料(血液或组织悬液)接种至雄性豚鼠腹腔,若接种后豚鼠体温大于40 ℃,同时阴囊红肿,表示有立克次体感染。

立克次体的一般检测方法:间接免疫荧光实验、ELISA 实验、微量凝集实验、补体结合实验、间接血凝实验等。立克次体的分子生物学检测方法:免疫蛋白印迹法、核酸杂交法、PCR法等。

五、衣原体

(一)生物学特性

衣原体是一类严格在真核细胞内寄生,有独特发育周期,能通过0.22 μm 滤器的原核细胞型微生物。

衣原体多为球形,直径为0.2~1.5 μm。姬姆萨染色呈紫色。衣原体在细胞内繁殖时有一定的发育周期,为两相性发育周期。一相小而致密,具有感染性、无繁殖体,称为原体;另一相大而疏松,无感染性、有繁殖体,称为始体。衣原体感染始自原体,具有高度感染性的原体被易感宿主细胞表面的特异性受体吸附,通过巨噬细胞进入宿主细胞,形成吞噬小体,阻止与吞噬溶酶体融合。原体在空泡内细胞壁变软,增大形成始体。始体以二分裂方式繁殖,在空泡内发育成许多子代原体,成熟的子代原体从被破坏的感染细胞中释出,再感染新的易感细胞,开始新的发育周期(图3-3-4)。每个发育周期为48~72 h。

衣原体内没有产能系统,ATP得自宿主,因而只能在鸡胚、细胞和动物等活组织中培养。细胞培养是目前最常用的衣原体培养方式。可用鸡胚、小鼠、羔羊等易感动物组织的原代细胞来培养衣原体,也可用海拉(HeLa)细胞、Veronica 细胞、BHK-21 细胞等传代细胞系来增殖衣原体。

衣原体对低温抵抗力较强,如沙眼衣原体在 -60 ℃可存活 5 年,-196 ℃可存活 10 年以上,冷冻干燥后 30 年以上仍可复活。衣原体对脂溶剂、去污剂及常用的消毒药均十分敏感。所有衣原体对 56~60 ℃敏感,仅能存活 5~10 min。青霉素、红霉素、金霉素、四环素等可抑制衣原体生长繁殖,除沙眼衣原体对磺胺类药物敏感外,其余衣原体对磺胺类药物均有抵抗力。

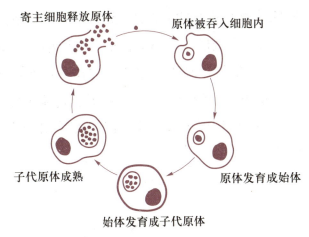

图 3-3-4　衣原体的发育周期

(二)致病性

衣原体科有衣原体属和亲衣原体属两个属,衣原体属的成员有沙眼衣原体、鼠衣原体及猪衣原体,亲衣原体属的成员有牛羊亲衣原体、肺炎亲衣原体、鹦鹉热亲衣原体、流产亲衣原体、猫亲衣原体及豚鼠亲衣原体。能使脊椎动物致病的衣原体不需经过节肢动物就能在脊椎动物之间传播,并引起疾病。致病性衣原体主要是鹦鹉热亲衣原体和沙眼衣原体。鹦鹉热亲衣原体可引起人和脊椎动物的肺炎、脑脊髓炎等;沙眼衣原体引起人的沙眼病和鼠类的肺炎。

(三)微生物学检验

根据衣原体所致疾病的不同采用不同的采集病料的方法,沙眼衣原体用结膜刮片采集,鹦鹉热亲衣原体用棉拭子采集。组织标本可采取输卵管、肝、肺、脾、胎盘等组织,经适当处理后,接种鸡胚卵黄囊进行病原体的分离,必要时可适当传代。

对采集的病料进行涂片染色,在感染细胞的胞浆内可见衣原体各发育阶段的形体。对感染衣原体的动物,可采集血清用补体结合实验、琼脂扩散、间接血凝、ELISA、微量免疫荧光等血清学方法进行检查。分子生物学的检测更有效快捷,如 DNA 探针杂交法、PCR 法。

 任务实施

课堂讲解一类病原微生物的危害

1. 实施目标
了解螺旋体、放线菌、支原体、衣原体、立克次体在畜牧业生产中的影响和危害。

2. 实施步骤
(1) 准备材料　通过图书馆或网络搜索螺旋体、放线菌、支原体、衣原体、立克次体中一类

病原体对畜牧业的危害,完成相关 PPT 的制作。

(2)实施操作　小组召集人组织小组成员,讨论确定要讲解的微生物,填写表 3-3-1,合理分工,收集整理某类病原微生物在畜牧业生产中的影响和危害相关资料,并制作成 PPT,在课堂上讲解。小组召集人由本组成员轮流担任,每完成一项工作轮换一次。

(3)操作评价　每项工作完成后,由小组召集人召集组员进行纠错与反思,最后对工作过程进行评价。

表 3-3-1　×× 病原微生物相关资料的收集整理工作任务单

工作内容	组内分工	设备和材料	工作要求	工作过程评价	
				自评	互评
1. 选定一类感兴趣的病原微生物,查找、收集资料					
2. 将收集的资料汇总					
3. 制作 PPT					
4. 在全班讲解这类病原微生物					

随堂练习

1. 螺旋体、放线菌、支原体、衣原体、立克次体各有何特点?
2. 螺旋体、放线菌、支原体、衣原体、立克次体对畜牧业生产有何影响?

项 目 小 结

```
                    ┌─ 任务准备 ── 真菌的概念及其重要性;真菌的形态结构及菌落特征;真菌
        真菌的形态   │              的形态结构观察
        检查技术     │
                    └─ 任务实施 ── 真菌水浸片的制备及镜检

真菌                ┌─ 任务准备 ── 真菌的繁殖方式;真菌的分离培养与鉴定;真菌毒素的检测方法
的检      真菌的分离 │
验及      鉴定技术   │
其他                └─ 任务实施 ── 真菌的分离培养;真菌毒素的检查
微生
物知                ┌─ 任务准备 ── 放线菌;螺旋体;支原体;立克次体;衣原体
识        其他微生物 │
          知识       │
                    └─ 任务实施 ── 课堂讲解一类病原微生物的危害
```

项 目 测 试

一、名词解释

真菌、真菌毒素、放线菌、螺旋菌、立克次体、支原体、两相性发育周期。

二、填空题

1. 放线菌致病的主要特征为_____,其病灶表现为形成肉眼可见的黄色颗粒。

2. 支原体在培养基上可形成_____型菌落。

3. 常用的螺旋体染色方法为_____。

4. 在本项目的学习内容中,属于细胞内寄生的病原体为_____和_____。

5. 根据真菌体内细胞的数目和形态,真菌可分为_____、_____和_____三大类。

6. 观察真菌形态要通过制备_____,在显微镜或解剖镜下完成。观察酵母菌一般用_____显微镜,观察霉菌一般用_____解剖镜。

7. 常见的霉菌有_____、_____和_____等。

8. 担子菌由_____和_____构成。

9. 伞状的蘑菇就是一种典型的_____。

10. 真菌的繁殖方式有_____和_____。

11. 大多数真菌最适宜的生长温度为_____。

12. 大多数真菌喜好_____,它们在 pH _____之间生长良好。

13. 真菌的鉴定主要依据菌体细胞的_____及_____。

14. 根据真菌标本采集部位的深度,分为_____和_____。

15. 真菌毒素致病具有_____、_____、_____、_____和_____等特点。

16. 真菌毒素是真菌产生的_____。

17. 致人类和动物发生疾病的螺旋体主要是_____、_____、_____和_____等。

18. 衣原体在细胞内繁殖时有一定的发育周期,为两相性发育周期。一相小而致密,具有感染性、无繁殖体,称为_____;另一相大而疏松,无感染性、有繁殖体,称为_____。衣原体感染始自_____。

19. 致病性衣原体主要是_____和_____。

三、判断题

1. 真菌不具有细胞壁。　　　　　　　　　　　　　　　　　　　　　（　　）

2. 真菌只能进行无性繁殖。　　　　　　　　　　　　（　　　）

3. 真菌对人类、动物和植物只有有害作用。　　　　　（　　　）

4. 不管真菌怎么发育,都是肉眼不可见的。　　　　　（　　　）

5. 真菌毒素是真菌产生的次级代谢产物,其不具有危害性。（　　　）

6. 所有的放线菌都有致病性。　　　　　　　　　　　（　　　）

7. 所有的支原体都具有致病性。　　　　　　　　　　（　　　）

8. 支原体和衣原体是一类严格的真核细胞内寄生的微生物。（　　　）

四、问答题

1. 简述真菌在自然界中的作用。

2. 真菌有哪几种？ 在形态上各有什么特征？

3. 真菌的繁殖方式有哪些？

4. 简述真菌生长繁殖的条件。

5. 真菌培养时常用的培养基是什么？

6. 真菌鉴定的主要依据是什么？

7. 真菌毒素有什么特点？

8. 支原体与细菌 L 型的区别有哪些？

9. 立克次体的特点是什么？

10. 衣原体的发育周期有什么特点？

11. 简述酵母菌的形态结构特征。

12. 简述酵母菌水浸片的制备方法。

13. 简述霉菌水浸片的制备方法。

14. 观察霉菌时的注意事项有哪些？ 列举常见的霉菌种类,并简述其形态特点。

15. 简述真菌生长繁殖的基本营养需要。

16. 简述浅部感染真菌标本的采集方法。

17. 简述真菌平板划线分离法的步骤。

18. 观察真菌在培养基上的培养特征应注意哪些方面？

19. 简述放线菌的生物学特征。

20. 简述螺旋体的生物学特征。

21. 简述支原体的生物学特征。

22. 简述立克次体的生物学特征。

项目 4　外界因素与微生物

项目导入

　　小张管辖地区有个养猪场的新生仔猪持续出现腹泻,腹泻物有的呈黄色、有的呈白色、有的呈红色,养猪场兽医给仔猪使用了常用的抗生素,仔猪症状未见好转,甚至死亡。小张到现场考察后,根据饲养状况和周围环境状况,得出初步诊断结果,可能是饮用水或食物污染引起消化道疾病。该如何进行环境处理,选择何种药物治疗呢? 学完本项目后,你能帮他正确地进行环境微生物检测、消毒并选择合适的抗生素吗?

　　微生物广泛分布于自然界,在参与自然界物质转化的同时,也受到来自外界因素的多种影响。通过本项目的学习,同学们将了解微生物与外界环境和动植物体的基本关系,能帮助人们利用有益微生物,控制和消灭有害微生物。此外,通过控制环境条件,就可以促进有益微生物的生长繁殖,抑制有害微生物的生长繁殖。

　　本项目将要学习 2 个任务:(1) 微生物的分布;(2) 外界因素对微生物的影响。

任务 4.1　微生物的分布

 任务目标

知识目标:

　　1. 了解微生物在外界环境的分布。

　　2. 掌握微生物在动物体的分布及其作用。

技能目标:

　　1. 掌握水中细菌总数的检验程序和报告方法。

　　2. 掌握总大肠菌群最可能数(MPN)检验程序和报告方法。

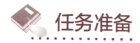 **任务准备**

一、自然界中微生物的分布

（一）土壤中的微生物

土壤具备大多数微生物生长所必需的一切条件，是微生物最主要的天然培养基，同时也是空气和水中微生物的重要来源。土壤中的微生物以细菌最多，还有放线菌、真菌、螺旋体、噬菌体等，在地表层 10~20 cm 的土壤中微生物最多。较深的土层由于缺氧、养料不足等因素，微生物较少。土层深到 4~5 m 处时，几乎没有细菌存在。在土层最表面，由于日光照射和干燥，微生物也较少。

土壤中的微生物大多数是有益微生物，但也有一些病原微生物。病原微生物主要来自患病动物的尸体、粪便及各种排泄物。一般病原菌在土壤中不易长期存活，但炭疽杆菌、破伤风菌、气肿疽梭菌等形成的芽孢能在土壤中长期存活达数年或数十年之久。因此，在治疗被泥土污染的深创伤时，要防止破伤风病的发生。

（二）水中的微生物

水域也是微生物生存的天然场所，江河、湖泊中均有微生物存在。水中的病原微生物来自土壤、人和动物。一般地表水比地下水含菌量多，且易被病原微生物污染。借水传播的疫病有炭疽、霍乱、痢疾、布鲁菌病、钩端螺旋体病等，所以水源的检查与管理在公共卫生学方面十分重要。直接检查水中的病原菌以判断饮用水是否安全是比较困难的，一般采用测定细菌总数和大肠菌群数作为指标，来判断水的污染程度。水中细菌总数是用 1 mL 水样中细菌菌落总数表示的，而水中大肠菌群数是以每 100 mL 水样中含有大肠菌群数的最可能数（MPN）来表示的。我国《生活饮用水卫生标准》（GB 5749—2022）规定，每毫升水中菌落总数不得超过 100，每 100 mL 水中不得检出总大肠菌群。

（三）空气中的微生物

一般来说空气比较干燥，也缺乏营养，加之直射日光的作用，进入空气中的微生物一般不易长期存活，所以空气中的微生物比土壤和水中少得多。空气中微生物的分布也很不均匀，离地面越高，含菌量越少；室内空气的含菌量较室外高；畜舍空气中的含菌量更高，特别是在添加饲料、改换垫草、打扫卫生时含菌量大大增加。空气中的微生物主要是一些非病原微生物，但也存在一些抵抗力较强的病原微生物,如分枝杆菌、葡萄球菌、细菌的芽孢、流感病毒等,这些微生物一般通过飞沫或尘埃传播,可引起呼吸道传染病或伤口感染。

空气中的非病原微生物常污染培养基、生物制品和药物制剂造成危害;病原微生物如化脓性细菌、破伤风梭菌易造成手术感染。因此,在微生物接种、外科手术、制备生物制品和药物制剂时,必须无菌操作。

二、动物体的微生物

(一) 正常菌群

动物的体表、黏膜及口腔、鼻腔、肠道、泌尿生殖道等都存在着微生物。存在于健康动物的体表或体内,对动物的正常代谢有益的微生物群称为动物的正常菌群。

正常菌群对动物机体的有益作用是多方面的。如动物肠道内正常栖居的大肠杆菌产生大肠菌素,可抑制其他致病性大肠杆菌的生长。肠道中的部分细菌能合成 B 族维生素、维生素 K 供动物体的需要。动物消化道的正常菌群还能分解纤维素等成分,提高饲料利用率。

(二) 动物体各部位的微生物

1. 体表微生物

动物皮毛上常见的微生物有葡萄球菌、链球菌、铜绿假单胞菌等。这些细菌主要来源于空气、土壤及粪便,当皮肤受到损伤时,能造成感染和化脓。

2. 呼吸道微生物

健康动物的细支气管末梢和肺泡内是无菌的,而上呼吸道中经常存在一定数量的葡萄球菌、链球菌、肺炎球菌、巴氏杆菌等。这些细菌在正常情况下对动物无害,但当动物的抵抗力降低时,就会侵入动物体内而造成感染。

3. 消化道微生物

消化道中微生物的分布和种类是很复杂的,并且因部位不同而有明显差异。

口腔中有食物残渣且温度适宜,有利于微生物的繁殖,因此口腔中的微生物种类和数量较多,常见的有葡萄球菌、链球菌、乳酸杆菌、棒状杆菌、螺旋体等。

单胃动物胃内由于胃酸的杀菌作用,微生物较少,仅有乳酸杆菌、胃八叠球菌。而反刍动物的瘤胃内微生物的种类和数量却很多,对瘤胃一系列复杂的消化过程起着重要作用。产琥珀酸拟杆菌、小生纤维梭菌、黄色瘤胃球菌、丁酸梭菌、反刍兽半月形单胞菌等能分解纤维素;淀粉球菌、淀粉八叠球菌、淀粉螺旋菌等能合成蛋白质;丁酸梭菌还能合成维生素。1 g 瘤胃内容物中,含 150 亿 ~250 亿个细菌。瘤胃微生物能将饲料中 70%~80% 的可消化物质和 50% 的粗纤维进行消化或转化,供动物利用。

十二指肠因胆汁的杀菌作用,微生物最少,肠道后段微生物逐渐增多。常见的有大肠杆菌、肠球菌以及芽孢杆菌等。

维持消化道的正常菌群之间的平衡,对动物的消化功能十分重要。目前发现,动物消化功能失调与胃肠道正常菌群的破坏有密切关系。长期口服广谱抗生素,能使草食动物肠道中大肠杆菌被抑制而引起菌群失调,导致维生素缺乏、肠炎等症状;反刍动物采食含糖类或蛋白质过多的饲料,或突然改变饲料后,常使瘤胃正常微生物区系改变,引起严重的消化紊乱,导致前胃疾病。因此,应注意科学喂养及抗菌药物的合理使用。

4. 泌尿生殖道微生物

在正常情况下,子宫和膀胱是无菌的,只有在尿道口经常发现有葡萄球菌、链球菌、非病原性的螺旋体、大肠杆菌,母畜阴道内有乳酸杆菌。

5. 无菌动物和无特定病原菌动物

无菌(GF)动物和无特定病原菌(SPF)动物是为了科研和生产实践的需要而人工培育的健康动物。

GF 动物是用无菌操作从母体取出未接触微生物的健康胎儿,专门在室内无微生物的环境中养育而成的。GF 动物的体表和体内不含任何微生物。

SPF 动物的养育方法与 GF 动物相似,只是含有一般微生物,而不含特定的病原微生物。SPF 动物体内也不含针对特定病原体的抗体。

三、水的细菌总数检查

(一)水样标本的采集

(1)采集水样应注意无菌操作,以防杂菌混入,采样容器在采样前必须进行灭菌。

(2)采集自来水水样时,须先用清洁布将水龙头拭净,再用酒精灯火焰烧灼消毒水龙头周围,然后将水龙头完全打开,放水 5 min 后,再将水龙头关小,采集水样。

(3)采集含氯消毒剂的自来水水样时,在采样瓶灭菌前加入硫代硫酸钠溶液(每 500 mL 水样加 1.5% 硫代硫酸钠溶液 2 mL,硫代硫酸钠可脱去水中残留的氯,避免残留的氯对水样中细菌的杀害作用),然后灭菌,按上述方法采样。

(4)采取池水、河水或湖水等水源水的水样时,应先将带塞采样瓶浸入距水面 10~15 cm 深处,然后开塞采样,待水样采集到采样瓶的 4/5 时,将瓶塞盖好,从水中取出。

(5)采到水样后,应立即将水样送往检验室进行检验,一般从采样到检验不应超过 2 h。不能及时检验的水样,须放入冰箱中保存。

（二）水样的稀释与培养

1. 生活饮用水（自来水）样品

（1）取 2 个灭菌平皿，用灭菌吸管各加入 1 mL 水样。

（2）每个平皿加入灭菌的冷却到 50 ℃左右的营养琼脂培养基 15 mL，立即在桌面上旋摇，使水样与培养基充分混匀，即试验组培养皿。

（3）另取一个灭菌平皿，注入上述营养琼脂培养基 15 mL，作为空白对照。

（4）待培养基凝固后，倒置于 37 ℃培养箱中培养 48 h。

2. 水源水样品

（1）用灭菌吸管取 1 mL 水样注入盛有 9 mL 灭菌生理盐水的试管内，混匀即成 1∶10 稀释液。再用另一灭菌吸管由此试管吸 1 mL 至下一个含 9 mL 灭菌生理盐水的试管内，混匀即成 1∶100 稀释液，如此连续稀释至 10^{-4}（若水较污浊，则继续稀释）。

（2）根据对水样污染程度的估计，选择 2~3 个适宜稀释液，各用灭菌吸管取 1 mL，分别加入灭菌平皿中，每个稀释度做 2 个平皿。

（3）于上述平皿中分别加灭菌的冷却到 50 ℃左右的营养琼脂培养基，立即放在桌面上旋摇混匀，即试验组培养皿。

（4）另取一个灭菌平皿，注入上述营养琼脂培养基 15 mL 作为空白对照。

（5）待培养基凝固后，倒置于 37 ℃培养箱中培养 48 h。

（三）菌落计数

1. 直接菌落计数

自来水水样计数时，先观察对照培养皿，培养后无细菌生长时对照成立，即可进行试验培养皿菌落计数，取 2 个试验培养皿平均菌落数，即为 1 mL 水样中的细菌总数。

2. 水源水菌落计数法

（1）先计算同一稀释度的 2 个平皿的平均菌落数，若其中一个平皿有大片状菌苔生长时，不应采用，而应以无片状菌苔生长的平皿作为该稀释度的平均菌落数。若片状菌苔的大小不到平皿的一半，而其余的一半菌落分布又很均匀时，可将此一半的菌落数乘以 2 代表全平皿的菌落数，然后再计算该稀释度的平均菌落数。

（2）选择在 30~300 之间的平均菌落数，乘以稀释倍数报告之。如表 4-1-1 实例 1。

（3）若有 2 个稀释度的平均菌落数均在 30~300 之间，则计算出 2 个平均菌落数的比值（平均菌落数乘以稀释倍数后，用较大者除以较小者）。若比值小于 2，应报告两者的平均数，如表 4-1-1 实例 2；若比值大于 2，则报告其中稀释度较小的平均菌落数，如表 4-1-1 实例 3。

（4）若所有稀释度的平均菌落数均大于 300，则按稀释度最高的平均菌落数乘以稀释倍数报告之,如表 4-1-1 实例 4。

(5) 若所有稀释度的平均菌落数均小于 30,则应按稀释度最低的平均菌落数乘以稀释倍数报告之,如表 4-1-1 实例 5。

(6) 若所有稀释度均无菌落生长,则以"<1× 最低稀释倍数"报告之,如表 4-1-1 实例 6。

(7) 若所有稀释度的平均菌落数均不在 30~300 之间,其中一部分稀释度的平均菌落数大于 300,另一部分稀释度的平均菌落数小于 30 时,则以最接近 30 或 300 的平均菌落数乘以稀释倍数报告之,如表 4-1-1 实例 7。

(四) 细菌总数的报告

菌落数在 100 以内时,按实有数报告,大于 100 时,采用含 2 位有效数字的数字形式报告,2 位有效数值后面的数字,以 4 舍 5 入的方法计算。为了缩短数字后面零的个数,可用科学计数法计数,如表 4-1-1 "细菌总数"栏。

表 4-1-1　稀释度选择及菌落总数报告方式

实例	不同稀释度的平均菌落数			两个稀释度菌落数之比	菌落总数 / (CFU/mL)	报告方式 /(CFU/mL)
	10^{-1}	10^{-2}	10^{-3}			
1	1 365	164	20	—	16 400	16 000 或 1.6×10^4
2	2 760	295	46	1.6	37 750	38 000 或 3.8×10^4
3	2 890	271	60	2.2	27 100	27 000 或 2.7×10^4
4	多不可计	1 650	513	—	513 000	510 000 或 5.1×10^5
5	27	11	5	—	270	270 或 2.7×10^2
6	无	无	无	—	<10	<10 或 1.0×10
7	多不可计	305	12	—	30 500	31 000 或 3.1×10^4

四、水的总大肠菌群检验

总大肠菌群指一群在 37 ℃培养 24 h 能发酵乳糖产酸产气、需氧和兼性厌氧的革兰阴性无芽孢杆菌。

(一) 乳糖发酵试验

(1) 将 10 mL 水样接种 10 mL 双料乳糖蛋白胨培养基,1 mL 水样接种 10 mL 单料乳糖蛋白胨培养基,0.1 mL 水样接种 10 mL 单料乳糖蛋白胨培养基(1 mL 水样加入 9 mL 灭菌生理盐水中,混匀后取 1 mL,即 0.1 mL 水样)。每一稀释度接种 5 管。

需经常检验或每天检验的水样(比如自来水),可直接将 10 mL 水样接种 10 mL 双料乳糖蛋白胨培养基,接种 5 管。

(2) 检验水源水时,污染严重者,使用较大稀释度进行接种,可接种 1.0 mL、0.1 mL、0.01 mL 甚至 0.1 mL、0.01 mL、0.001 mL,每个稀释度接种 5 管,每个水样共接种 15 管。接种 1 mL 以下水样时,必须做 10 倍递增稀释后,取 1 mL 接种,每递增稀释一次,换用 1 支灭菌吸管。

(3) 将接种管置于 37 ℃培养箱内,培养 24 h,如所有乳糖蛋白胨培养管都不产气产酸,则可报告为总大肠菌群阴性,如有产酸产气者,则按下列步骤进行。

(二) 分离培养试验

用接种环取产酸产气的发酵管培养物,接种于伊红美蓝琼脂平板上,于 37 ℃培养箱内培养 18~24 h,观察菌落形态,挑取符合下列特征的菌落进行革兰染色、镜检和证实试验。

(1) 深紫黑色、具有金属光泽的菌落。

(2) 紫黑色、不带或略带金属光泽的菌落。

(3) 淡紫红色,中心色较深的菌落。

(三) 证实试验

经上述染色镜检为革兰阴性无芽孢杆菌,则挑取该菌落的另一部分接种于乳糖蛋白胨培养液中,置于 37 ℃培养箱中培养 24 h,有产酸产气者,即证实有总大肠菌群存在。

(四) 结果报告

根据证实为总大肠菌群阳性的管数,查 MPN(最可能数)检索表,报告每 100 mL 水样中的总大肠菌群最可能数。5 管法检索见表 4-1-2,15 管法检索见表 4-1-3。稀释样品查表所得结果应乘稀释倍数。如所有乳糖发酵管均阴性时,可报告总大肠菌群未检出。

表 4-1-2　用 5 份 10 mL 水样时各种阳性和阴性结果组合时(5 管法)的最可能数检索表

5 个 10 mL 管中阳性管数	最可能数(MPN)
0	<2.2
1	2.2
2	5.1
3	9.2
4	16.0
5	>16

表4-1-3　总大肠菌群 MPN 检索表

（总接种量 55.5 mL，其中 5 份 10 mL 水样，5 份 1 mL 水样，5 份 0.1 mL 水样）

接种量 /mL			总大肠菌群 /	接种量 /mL			总大肠菌群 /
10	1	0.1	（MPN/100 mL）	10	1	0.1	（MPN/100 mL）
0	0	0	<2	1	0	0	2
0	0	1	2	1	0	1	4
0	0	2	4	1	0	2	6
0	0	3	5	1	0	3	8
0	0	4	7	1	0	4	10
0	0	5	9	1	0	5	12
0	1	0	2	1	1	0	4
0	1	1	4	1	1	1	6
0	1	2	6	1	1	2	8
0	1	3	7	1	1	3	10
0	1	4	9	1	1	4	12
0	1	5	11	1	1	5	14
0	2	0	4	1	2	0	6
0	2	1	6	1	2	1	8
0	2	2	7	1	2	2	10
0	2	3	9	1	2	3	12
0	2	4	11	1	2	4	15
0	2	5	13	1	2	5	17
0	3	0	6	1	3	0	8
0	3	1	7	1	3	1	10
0	3	2	9	1	3	2	12
0	3	3	11	1	3	3	15
0	3	4	13	1	3	4	17
0	3	5	15	1	3	5	19
0	4	0	8	1	4	0	11
0	4	1	9	1	4	1	13
0	4	2	11	1	4	2	15
0	4	3	13	1	4	3	17
0	4	4	15	1	4	4	19
0	4	5	17	1	4	5	22
0	5	0	9	1	5	0	13
0	5	1	11	1	5	1	15
0	5	2	13	1	5	2	17
0	5	3	15	1	5	3	19
0	5	4	17	1	5	4	22
0	5	5	19	1	5	5	24

续表

接种量 /mL			总大肠菌群 /	接种量 /mL			总大肠菌群 /
10	1	0.1	（MPN/100 mL）	10	1	0.1	（MPN/100 mL）
2	0	0	5	3	0	0	8
2	0	1	7	3	0	1	11
2	0	2	9	3	0	2	13
2	0	3	12	3	0	3	16
2	0	4	14	3	0	4	20
2	0	5	16	3	0	5	23
2	1	0	7	3	1	0	11
2	1	1	9	3	1	1	14
2	1	2	12	3	1	2	17
2	1	3	14	3	1	3	20
2	1	4	17	3	1	4	23
2	1	5	19	3	1	5	27
2	2	0	9	3	2	0	14
2	2	1	12	3	2	1	17
2	2	2	14	3	2	2	20
2	2	3	17	3	2	3	24
2	2	4	19	3	2	4	27
2	2	5	22	3	2	5	31
2	3	0	12	3	3	0	17
2	3	1	14	3	3	1	21
2	3	2	17	3	3	2	24
2	3	3	20	3	3	3	28
2	3	4	22	3	3	4	32
2	3	5	25	3	3	5	36
2	4	0	15	3	4	0	21
2	4	1	17	3	4	1	24
2	4	2	20	3	4	2	28
2	4	3	23	3	4	3	32
2	4	4	25	3	4	4	36
2	4	5	28	3	4	5	40
2	5	0	17	3	5	0	25
2	5	1	20	3	5	1	29
2	5	2	23	3	5	2	32
2	5	3	26	3	5	3	37
2	5	4	29	3	5	4	41
2	5	5	32	3	5	5	45

接种量 /mL			总大肠菌群 /	接种量 /mL			总大肠菌群 /
10	1	0.1	（MPN/100 mL）	10	1	0.1	（MPN/100 mL）
4	0	0	13	5	0	0	23
4	0	1	17	5	0	1	31
4	0	2	21	5	0	2	43
4	0	3	25	5	0	3	58
4	0	4	30	5	0	4	76
4	0	5	36	5	0	5	95
4	1	0	17	5	1	0	33
4	1	1	21	5	1	1	46
4	1	2	26	5	1	2	63
4	1	3	31	5	1	3	84
4	1	4	36	5	1	4	110
4	1	5	42	5	1	5	130
4	2	0	22	5	2	0	49
4	2	1	26	5	2	1	70
4	2	2	32	5	2	2	94
4	2	3	38	5	2	3	120
4	2	4	44	5	2	4	150
4	2	5	50	5	2	5	180
4	3	0	27	5	3	0	79
4	3	1	33	5	3	1	110
4	3	2	39	5	3	2	140
4	3	3	45	5	3	3	180
4	3	4	52	5	3	4	210
4	3	5	59	5	3	5	250
4	4	0	34	5	4	0	130
4	4	1	40	5	4	1	170
4	4	2	47	5	4	2	220
4	4	3	54	5	4	3	280
4	4	4	62	5	4	4	350
4	4	5	69	5	4	5	430
4	5	0	41	5	5	0	240
4	5	1	48	5	5	1	350
4	5	2	56	5	5	2	540
4	5	3	64	5	5	3	920
4	5	4	72	5	5	4	1 600
4	5	5	81	5	5	5	>1 600

 任务实施

水的细菌学检查技能训练

1. 实施目标

（1）学会水的细菌总数测定检验程序和报告方法。

（2）掌握总大肠菌群最可能数（MPN）检验程序和报告方法。

2. 实施步骤

（1）准备仪器材料　37 ℃恒温培养箱、超净工作台、菌落计数器、营养琼脂培养基、乳糖蛋白胨培养液、伊红美蓝培养基或麦康凯培养基、量筒、灭菌吸管、大玻璃瓶、被检材料（自来水，水源水）、90 mm 灭菌平皿、1.5% 硫代硫酸钠溶液等。

（2）确定工作实施方案

① 小组讨论　分小组实施，每小组 3~5 人。小组召集人组织小组成员，根据"任务准备"中学习的内容逐条、充分地讨论操作方案，合理分工，以完成水的细菌学检查。小组召集人由本组成员轮流担任，每完成一项工作轮换一次。

② 确定方案　各小组召集人上台汇报本小组工作任务单中的相关操作内容及人员分工，其他组的同学点评其优缺点并做补充。教师综合评价各组表现，并根据各组汇报归纳出供全班同学实际操作的实施方案。

（3）实施操作　各小组按最终的工作实施方案进行操作，填写表 4-1-4。每项工作完成后，由小组召集人召集组员进行纠错与反思，完善操作任务，最后对工作过程进行评价。

表 4-1-4　水的细菌学检查工作任务单

工作内容	组内分工	设备和材料	工作要求	工作过程评价	
				自评	互评
1. 水样标本采取					
2. 营养琼脂注入平皿					
3. 水源水的梯度稀释					
4. 菌落计数					
5. 乳糖发酵试验判定					
6. 伊红美蓝琼脂平板培养判定和菌落挑取					
7. MPN 检索表查询检验结果					

随堂练习

1. 什么是正常菌群？如何得到动物体各部位的正常菌群？
2. 我国《生活饮用水卫生标准》(GB 5749—2006)对细菌总数和大肠菌群数是如何规定的？

任务 4.2　外界因素对微生物的影响

任务目标

知识目标：

1. 掌握外界环境因素对微生物的影响。
2. 掌握微生物的遗传与变异及其应用。

技能目标：

1. 掌握常用消毒与灭菌的原理和方法。
2. 掌握细菌的药物敏感性试验的操作及结果判定。

任务准备

一、影响微生物的外界因素

微生物的生命活动与外界环境密切相关。在适宜环境条件下，微生物能进行正常的新陈代谢和生长繁殖；在不良环境条件下，微生物的代谢机能发生障碍，生长受到抑制，甚至死亡。因此，通过控制环境条件，就可以促进有益微生物的生长，或者抑制有害微生物的生长繁殖。

1. 灭菌

杀灭物体中所有微生物及其芽孢或孢子的过程称为灭菌。灭菌后物体的表面及内部均不含活的微生物。不含活的微生物的环境或物品处于无菌状态。

2. 消毒

杀灭物体中致病性微生物的过程称为消毒。

3. 防腐

抑制或防止物体中微生物的生长繁殖的方法称为防腐。用于防腐的化学药物称为防腐剂。

4. 无菌操作

防止微生物进入机体或其他物体的操作方法,称为无菌操作。

(一) 物理因素

1. 温度

温度是微生物生长繁殖的重要因素,在适宜的温度范围内,微生物能进行正常的生长繁殖,而温度过高或过低,则微生物的生长受到抑制,甚至死亡。根据各类微生物适应的温度范围,将其分为嗜冷菌、嗜温菌和嗜热菌三大类(表 4-2-1)。

表 4-2-1　微生物的生长温度范围

类型	生长温度 /℃			存在场所
	最低温度	最适温度	最高温度	
嗜冷菌	-5~0	10~20	25~30	水、冷藏设备
嗜温菌	10~20	18~37	40~45	动植物尸体、温血动物
嗜热菌	25~45	50~60	70~85	温泉、土壤、厩肥

(1) 高温　高温能使菌体蛋白质变性或凝固,酶失去活性,新陈代谢障碍而导致微生物死亡。因此,常采用高温进行消毒和灭菌。

① 干热灭菌法

火焰灭菌法　直接用火焰烧灼,能立即杀灭所有微生物。主要用于接种环、接种针、试管口的灭菌,或用于焚烧传染病病畜、实验感染动物的尸体及某些污染材料。

干热空气灭菌法　在干热灭菌器中进行,160 ℃维持 2 h 可达到灭菌的目的。主要用于试管、吸管、烧杯、离心管、培养皿等实验器材的灭菌。

② 湿热消毒、灭菌法　湿热的穿透力强,而且杀灭微生物的速度快,因此比干热灭菌的效果更可靠。

煮沸法　煮沸 10~20 min 可杀灭绝大多数细菌的繁殖体。若在水中加入 2%~5% 石炭酸,则能增强杀菌力,经 15 min 的煮沸可杀死炭疽杆菌的芽孢。多用于外科手术器械、注射器、针头的消毒。

巴氏消毒法　利用热力杀死液体食品中病原菌和其他细菌的繁殖体,又不损失其营养成分。常用于牛奶、葡萄酒、啤酒的消毒。如消毒牛奶用 61~63 ℃经 30 min 或 85~90 ℃经 10 s,然后迅速冷却到 10 ℃左右,可使细菌总数减少 90% 以上,并杀灭其中常见的病原菌。近年来对牛奶采用超高温巴氏消毒法消毒,使鲜牛奶通过不低于 132 ℃的管道经 1 s,即可达到消毒的目的。

流通蒸汽消毒法　一般在流通蒸汽消毒器或蒸笼内进行。100 ℃蒸汽维持 30 min,能杀灭细菌的繁殖体,只能达到消毒效果,但不能杀灭芽孢,称为流通蒸汽消毒法。如果将蒸过一次的物品置于室温中过夜,待芽孢萌发,次日再蒸 30 min,这样连续 3 次,即可杀灭全部细菌及其芽孢,达到灭菌目的,这种方法称为流通蒸汽灭菌法,又称间歇灭菌法,常用于某些不耐高热的物品或培养基的灭菌。

高压蒸汽灭菌法　是灭菌效果最好的方法之一。使高压蒸汽灭菌器在密闭的情况下加热,其中所盛水的沸点随着蒸汽压力的增大而升高,不仅能杀死细菌繁殖体,而且能破坏细菌芽孢等结构,从而在短期内达到灭菌的效果。通常在温度达到 121.3 ℃时(压力为 103.42 kPa),维持 15~20 min,可达到灭菌效果。常用于耐高温的物品,如普通培养基、生理盐水、某些缓冲液、玻璃器皿、金属器械、敷料、工作服、污染物等的灭菌。对热有耐受力的除菌滤膜灭菌时,常在 115 ℃下持续 10 min。

(2) 低温　多数微生物在最低生长温度以下时,代谢活动降低,生长繁殖停止,但可以长时间存活。所以,常用低温冰箱保存菌种。酵母菌、霉菌的培养物常在 0~4 ℃保存,细菌、病毒等微生物常在 -20 ℃以下保存。

冷冻干燥(冻干)法是保存菌种、疫苗的良好方法。先将保存物置于玻璃容器内,在冷冻真空干燥器中迅速冷冻,然后抽去容器内的空气,使冷冻物中的水分在真空下逐渐被抽提,最后在真空条件下将玻璃容器密封。在真空冻干状态下,微生物可保存数月至数年而不丧失活力。

2. 干燥

水是微生物不可缺少的成分,在缺水的环境中,微生物的代谢发生障碍,最终死亡。不同种类的微生物对干燥的抵抗力差异很大,如巴氏杆菌、鼻疽杆菌在干燥环境中仅能存活几天,而结核分枝杆菌能存活 90 d,炭疽杆菌和破伤风梭菌的芽孢在干燥环境中,可存活几年或几十年,霉菌孢子对干燥也有较强的抵抗力。

微生物不适宜在干燥条件下生长繁殖,因此,饲料、食品等常用干燥的方法保存。

3. 日光与紫外线

日光是有效的天然杀菌因素,在直射日光下,许多微生物经 1~2 h 能灭活。因此,可用日光对病原菌污染的用具进行消毒。日光杀菌的主要成分是紫外线,以波长 250~265 nm 杀菌效力最强。实验室、无菌操作间使用的紫外线杀菌灯,其波长均为 253.7 nm。紫外线主要使菌体 DNA 受到破坏,导致细菌变异或死亡。紫外线灯的消毒效果与照射时间和距离有关,一般灯管离地面距离为 2 m,照射 1~1.5 h。由于紫外线对人的眼睛和皮肤有损伤作用,所以不能将人体暴露于紫外光下,也不能在紫外线灯下操作。

4. 过滤除菌

过滤除菌是用滤膜或滤器除去液体中微生物的方法。孔径为 0.22 μm 的微孔滤膜较常用,它不允许细菌通过,只能使液体分子通过,称为细菌滤器。G$_6$(国际标准为 P$_2$)玻璃滤器孔径为 1.2~2.0 μm,能滤除大肠杆菌和葡萄球菌。毒素、抗毒素、维生素、酶、细胞培养液及病毒材料等不能耐受高温高压,常常通过细菌滤器和玻璃滤器过滤除菌。

超净工作台也是利用过滤除菌的原理制成的。

(二) 化学因素

能杀死致病性生物的化学药剂称为消毒剂。具有防腐作用的化学药剂称为防腐剂。一般来说,消毒剂在低浓度时就具有防腐作用。

消毒剂主要用于体表、器械、排泄物和周围环境的消毒。消毒剂对动物的组织细胞也有损害作用,因此只能给动物外用。理想的消毒剂应杀菌力强、价格低廉、无腐蚀性、对动物无毒害作用,不污染环境。消毒剂的种类很多,可根据其特点和用途选择使用。

1. 苯酚(石炭酸)

苯酚常用于环境消毒,适用于排泄物、分泌物的消毒,还用于医疗器械及用具的消毒。5%苯酚用于喷雾消毒厩舍与房屋空间,还可用于浸泡外科器械及吸管。

2. 甲酚皂溶液(来苏尔)

甲酚皂主要用于外科器械、排泄物、皮肤的消毒。3%~5% 甲酚皂用于消毒器械、厩舍及其他物品;2% 用于洗手和消毒皮肤。

3. 乙醇(酒精)

乙醇为最常用的皮肤消毒剂,杀菌力较强。70%~75% 乙醇用于皮肤、体温计、小件医疗器械及术者手的消毒。本品不适宜新鲜伤口的消毒,使用浓度不能过高,否则影响杀菌效果。

4. 甲醛溶液(福尔马林)

甲醛杀菌力强,能杀灭细菌繁殖体、芽孢和多种病毒。市售的含 38%~40% 的甲醛称为福尔马林。10% 福尔马林就是取 1 份 38%~40% 的甲醛溶于 9 份水中的甲醛溶液,实际含甲醛约 4%,常用于消毒厩舍、用具、排泄物。用于熏蒸消毒时,每立方米空间用 40% 甲醛溶液 25 mL、高锰酸钾或生石灰 25 g、水 12.5 mL,密封门窗 12~24 h。可用于无菌室、室内空气、用具的消毒。

5. 氢氧化钠(烧碱)

氢氧化钠常用于环境消毒,杀菌力强。2%~4% 的热氢氧化钠溶液用于被细菌和病毒污染的厩舍、饲槽、运输车船的消毒;3%~5% 的热氢氧化钠溶液用于消毒被细菌芽孢污染的场地。本品不能用于皮肤、铝制品等的消毒。

6. 生石灰(氧化钙)

生石灰与水作用生成氢氧化钙后,呈现强烈的杀菌作用。10%~20% 的石灰乳用于墙壁、围栏、场地及排泄物等的消毒。需现用现配。

7. 高锰酸钾

高锰酸钾为强氧化剂,0.1% 的高锰酸钾溶液用于伤口、黏膜及食槽、饮水器的消毒。需现用现配。

8. 过氧乙酸

市售过氧乙酸含量为 20%,为高效广谱杀微生物的化学制剂,因对多种金属有腐蚀作用,故使用受到一定的限制。0.5% 过氧乙酸溶液用于消毒厩舍、饲槽、车辆及场地等;5% 过氧乙酸溶液用于喷雾消毒密闭的实验室、无菌室及仓库等;0.2%~0.5% 过氧乙酸溶液用于塑料、玻璃制品的消毒。需现用现配。

9. 碘酊

碘酊主要用于手术及注射部位的消毒。5% 碘酊用于消毒手术部位;2% 碘酊用于一般皮肤的消毒。

10. 漂白粉

漂白粉遇水后解离成活性氯和新生态氧,杀菌力强,能杀灭芽孢。5%~20% 漂白粉用于厩舍、围栏、饲槽、排泄物、尸体、车辆及炭疽芽孢污染地面的消毒。0.3~1.5 g/L 漂白粉用于饮水消毒。需现用现配。不能用于金属制品及有色纺织品的消毒。

11. 氯化汞(升汞)

氯化汞对金属有腐蚀性,剧毒,应妥善保管。0.05%~0.1% 氯化汞用于非金属器械及厩舍用具的消毒。

12. 苯扎溴铵(新洁尔灭)

苯扎溴铵溶液为阳离子表面活性剂,抗菌谱广。广泛用于皮肤、黏膜及器械的消毒。0.1% 苯扎溴铵溶液用于皮肤和手的消毒(手术前泡手),以及玻璃器皿、手术器械、橡胶制品、搪瓷用具、敷料等的消毒,可用 0.1% 苯扎溴铵溶液浸泡 30 min。本品不适用于消毒粪便、污水及皮革,接触肥皂后效力降低。

(三) 生物因素

在自然界中,微生物之间、微生物与动植物之间经常相互影响,呈现寄生、共生或颉颃现象。

1. 共生

两种生物在一起,彼此不损害或者互为有利,称为共生。如反刍动物瘤胃微生物菌群与动物机体的共生现象。

2. 寄生

一种生物从另一种生物体获取所需的营养,并往往对后者呈现有害作用,称为寄生。如病原菌寄生于动植物体,噬菌体寄生于细菌。

3. 颉颃

当两种生物生活在同一环境中,彼此之间没有相互营养关系,一种生物产生的物质对另一种生物有毒害作用,称为颉颃。如青霉菌产生的青霉素、放线菌产生的抗生素对别的微生物生长有抑制作用。

(四) 抗生素和中草药

1. 抗生素

抗生素是由真菌、放线菌产生的一类能杀灭或抑制另一些微生物的物质。到目前为止,已知的各种抗生素不下 1 000 种,临床上常用的有青霉素、链霉素、四环素、土霉素、红霉素、卡那霉素等。

2. 中草药

近年来的研究表明,某些中草药中存在着杀菌物质,如中草药黄连、金银花、连翘、鱼腥草、板蓝根等 100 多种植物中都含有杀菌物质,对细菌等微生物有明显的抑制作用,有的还对病毒有抑制作用。

(五) 噬菌体

噬菌体是一种病毒,寄生于细菌、真菌、放线菌等,能引起这些微生物裂解。

二、细菌的药物敏感试验

(一) 纸片扩散试验

(1) 将每种细菌培养物稀释到盐水中,使其混浊度相当于所给比浊管。

(2) 混匀稀释管,插入一个棉签沿管壁滚动,挤去多余液体。

(3) 用含菌棉签从平板中央开始涂抹,然后再转 90° 涂布,使整个平板表面涂布均匀。

(4) 再用灭菌镊子将含抗生素纸片放入平板内并压实,每个平板上可放 4 个纸片(2 个含青霉素纸片,2 个含庆大霉素纸片)。于 4 ℃作用 2 h。

(5) 将平板倒置放入培养箱中培养。

(二) 最低抑菌浓度试验

(1) 从 2 mL 含抗生素肉汤管取出 1 mL 加到第 1 管 1 mL 肉汤管中混匀,再取 1 mL 到第 2 管,如此连续稀释至第 7 管,最后弃去 1 mL 含抗生素肉汤。现在共有 8 支 1 mL 含抗生素肉汤管(抗生素浓度从 32 μg/mL 稀释至 0.25 μg/mL)和不含抗生素肉汤管 1 支。

(2) 吸取 0.1 mL 含菌量相当于麦氏比浊管第 1 管 1/2 的金黄色葡萄球菌悬液(1.5 亿菌 /mL)到每个含抗生素管以及不含抗生素的对照管。

（3）若有两种或两种以上抗生素和被检细菌也按上述过程进行。

（三）试验结果判定

纸片扩散试验中常用抗生素纸片含药量和对抑菌环大小的解释标准分别见表 4-2-2 和表 4-2-3。

表 4-2-2　常用抗生素纸片含药量

抗生素	无菌稀释液	抗生素浓度 /(μg/mL)	每一纸片药量 /(μg 或 IU)
青霉素 G	pH 6.0 磷酸盐缓冲液(PBS 液)	1 000	10
链霉素	pH 6.0 PBS 液或蒸馏水	1 000	10
四环素	同上	3 000	30
土霉素	同上	3 000	30
氯霉素	同上	3 000	30
新霉素	pH 8.2 PBS 液或蒸馏水	1 000	10
红霉素	pH 7.8 PBS 液或蒸馏水	1 500	15
庆大霉素	同上	1 000	10
卡那霉素	同上	3 000	30

表 4-2-3　对抑菌环大小的解释标准

抗生素		纸片含量 /μg	抑菌环直径 /mm		
			耐药	中等敏感	敏感
青霉素	葡萄球菌	10	<20	21~28	>29
	其他细菌	10	<11	12~21	>22
链霉素		10	<11	12~14	>15
四环素		30	<14	15~18	>19
土霉素		30	<14	15~18	>19
红霉素		15	<13	14~17	>18
庆大霉素		10	<12	13~14	>15
卡那霉素		30	<13	14~17	>18

1. 纸片扩散试验测定抑菌环的直径,记录每种菌对某一抗生素的敏感性

敏感　　　　　抑菌环直径≥对照菌株抑菌环直径;

有抗力　　　　没有抑菌环或抑菌环直径 <2 mm;

中度抗力　　　抑菌环直径 >3 mm,但 < 对照菌株抑菌环直径。

药敏试验常用金黄色葡萄球菌作为革兰阳性菌的对照菌株,用大肠杆菌作为革兰阴性菌的对照菌株。

2. 最低抑菌浓度试验记录最低抑菌浓度结果

无细菌生长的最大抗生素稀释倍数管内抗生素浓度即为最低抑菌浓度。

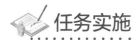 任务实施

细菌的药物敏感试验技能训练

1. 实施目标

熟练掌握细菌的药物敏感性试验的操作及结果判定。

2. 实施步骤

(1) 准备仪器材料

① 大肠杆菌和金黄色葡萄球菌肉汤培养物各 1 管(实验用菌种)。

② 比浊度相当于麦氏比浊管第 1 管 1/2 的比浊管 1 管,灭菌生理盐水 2 管(每管 5 mL)。

③ 灭菌棉签 1 包,灭菌带橡皮乳头的吸管 1 包,乙醇小瓶 1 个,尺子 1 把。

④ 含抗生素的纸片 10 张。

⑤ 试管 2 套各 8 个(每管含 1 mL 肉汤)、1 管 2 mL 的含青霉素肉汤管(2 μg/mL)、1 管 2 mL 的含庆大霉素肉汤管(32 μg/mL)。

⑥ 直径 90 mm 普通营养琼脂平板 1 个。

(2) 确定工作实施方案

① 小组讨论　分小组实施,每小组 3~5 人。小组召集人组织小组成员,根据"任务准备"中学习的内容,逐条、充分地讨论操作方案,合理分工,以完成细菌的药物敏感试验。小组召集人由本组成员轮流担任,每完成一项工作轮换一次。

② 确定方案　各小组召集人上台汇报本小组工作任务单中的相关操作内容及人员分工,其他组的同学点评其优缺点并做补充。教师综合评价各组表现,并根据各组汇报归纳出供全班同学实际操作的实施方案。

(3) 实施操作　各小组按最终的工作实施方案进行操作,填写表 4-2-4。每项工作完成后,由小组召集人召集组员进行纠错与反思,完善操作任务,最后对工作过程进行评价。

表4-2-4　细菌的药物敏感试验工作任务单

工作内容	组内分工	设备和材料	工作要求	工作过程评价	
				自评	互评
1. 细菌培养物稀释					
2. 培养皿涂布菌液					
3. 贴抗生素纸片					
4. 稀释抗生素					
5. 测量抑菌圈直径和判定敏感性					

随堂练习

1. 高温和低温为什么对微生物的生长和繁殖有影响?
2. 在什么情况下使用化学消毒剂? 在什么情况下用物理方法消毒?

项 目 小 结

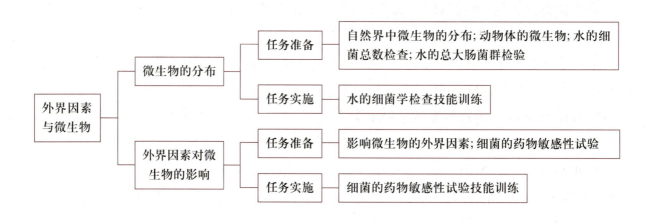

项 目 测 试

一、解释名词

消毒、灭菌、防腐、无菌操作、SPF 动物、正常菌群、过滤除菌、GF 动物、共生、颉颃、寄生。

二、选择题

1. 环境中的微生物绝大部分(　　　)。

　　A. 对动物有致病性　　　　　　　　B. 可产生毒素

　　C. 对动物无害　　　　　　　　　　D. 为厌氧菌

2. 牛消化道中微生物数量最多的两个部位是(　　　)。

　　A. 瘤胃　　　　　　B. 口腔　　　　　　C. 食道　　　　　　D. 大肠

3. 推测水源是否带有病原微生物的指示菌是(　　　)。

　　A. 葡萄球菌　　　　B. 沙门菌　　　　　C. 痢疾杆菌　　　　D. 大肠杆菌

4. 对普通培养基的灭菌,宜采用(　　　)。

　　A. 煮沸法　　　　　　　　　　　　　　B. 巴氏消毒法

　　C. 流通蒸汽灭菌法　　　　　　　　　　D. 高压蒸汽灭菌法

　　E. 间歇灭菌法

5. 关于乙醇的叙述,不正确的是(　　　)。

　　A. 浓度在 70%~75% 时消毒效果好　　B. 易挥发,需加盖保存,定期调整浓度

　　C. 经常用于皮肤消毒　　　　　　　　　D. 用于体温计浸泡消毒

　　E. 用于黏膜及创伤的消毒

6. 欲对血清培养基进行灭菌,宜选用(　　　)。

　　A. 间歇灭菌法　　　　　　　　　　　　B. 滤过除菌法

　　C. 高压蒸汽灭菌法　　　　　　　　　　D. 流通蒸汽灭菌法

　　E. 紫外线照射法

7. 杀灭细菌芽孢最常用而有效的方法是(　　　)。

　　A. 紫外线照射　　　　　　　　　　　　B. 干烤灭菌法

　　C. 间歇灭菌法　　　　　　　　　　　　D. 流通蒸汽灭菌法

　　E. 高压蒸汽灭菌法

8. 判断消毒灭菌是否彻底的主要依据是(　　　)。

　　A. 繁殖体被完全消灭　　　　　　　　　B. 芽孢被完全消灭

　　C. 鞭毛蛋白变性　　　　　　　　　　　D. 菌体 DNA 变性

　　E. 以上都不是

9. 实验室常用干烤法灭菌的器材是(　　　)。

　　A. 玻璃器皿　　　　　　　　　　　　　B. 移液器头

　　C. 滤菌器　　　　　　　　　　　　　　D. 手术刀、剪

　　E. 橡皮手套

10. 杀灭物体表面病原微生物的方法称为(　　　)。

　　A. 灭菌　　　　　　　　　　　　　　　B. 防腐

　　C. 无菌操作　　　　　　　　　　　　　D. 消毒

　　E. 无菌

三、填空题

1. 常用的湿热消毒或灭菌法有_____、_____、_____和_____。

2. 高压蒸汽灭菌法使用的温度为_____℃、压力为_____、时间为_____。

3. 干热空气灭菌法要求的温度为_____℃、时间为_____min,灭菌对象是_____。

4. 流通蒸汽消毒法 100 ℃蒸汽维持_____min,能杀灭细菌的_____,只能达到消毒效果,但不能杀灭_____。

5. 干热灭菌法包括_____、_____。

6. 巴氏消毒法常用于消毒_____和_____。

7. 普通琼脂培养基灭菌可采用_____。

8. 手术室空气消毒常采用_____法。

9. 常用于消毒饮水和游泳池的消毒剂是_____。

10. 生石灰可用于_____和_____消毒。

四 、问答题

1. 举例说明能够在土壤中长期存在的细菌。

2. 为什么在微生物接种、外科手术、制备生物制品和药物制剂时,必须无菌操作?

3. 什么是无菌动物和无特定病原菌动物?

4. 举例说明巴氏消毒法。

5. 什么是福尔马林? 怎样配置 1 L 的 10% 福尔马林消毒液?

6. 新洁尔灭属于什么类型的消毒药品? 主要用于哪些情况下的消毒?

7. 举例说明共生、寄生和颉颃。

■ 项目 5　免疫学基础

项目导入

　　某养猪场一个月后将有母猪产仔,场长请兽医站的小张给即将出生的小猪仔制定一套免疫程序。小张接到任务,立刻到猪场了解实际情况,他认为免疫程序的制定需要考虑接种疫苗性质、疫苗种类、接种时间(日龄、月龄)、接种剂量、接种次数、当地疫病流行情况、母源抗体水平、免疫途径等各方面的因素,这样才能制定适合本场的免疫程序。猪群免疫后,还涉及猪的免疫功能在接种疫苗多长时间产生免疫保护作用,这种保护作用能够持续多久以及在什么时间进行动物免疫水平的检测等问题。请问小张对免疫程序的制定过程中的考虑将会涉及哪些免疫学相关知识? 你能帮小张回答下吗?

　　免疫学知识与我们的生活息息相关,通过本项目的学习,同学们将掌握机体的免疫系统和免疫应答的发生过程,并能够利用血清学方法检验动物疫病,同时了解变态反应的类型以及发生原因和生物制品等相关知识,这对动物传染病的诊断和防控具有十分重要的意义。

　　本项目将要学习 4 个任务:(1) 免疫基础知识;(2) 血清学检测技术;(3) 变态反应;(4) 生物制品的应用。

任务 5.1　免疫基础知识

 任务目标

知识目标:

　　1. 掌握非特异性免疫的构成,了解影响非特异性免疫的因素。

　　2. 熟悉常见的免疫器官与免疫细胞。

　　3. 了解构成抗原的条件、抗原的特异性与交叉性和抗原的类型。

　　4. 掌握免疫应答的基本过程。

　　5. 掌握免疫球蛋白的基本结构,熟悉各类免疫球蛋白的特性与功能。

6. 掌握抗体产生的一般规律,了解影响抗体产生的因素。

7. 了解淋巴因子、白细胞介素和其他细胞因子等的产生来源和生物学功能。

8. 了解特异性免疫的获得途径。

技能目标:

能够识别鸡的主要免疫器官。

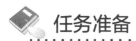 **任务准备**

免疫是机体识别自我物质和排除异己物质的复杂的生物学反应,是动物在长期进化中所形成的一种保护性生理功能。

免疫的基本功能包括以下三个方面。

(1) 免疫防御 当病原微生物侵入时,机体即迅速动员各种非特异性和特异性的防御因素,将入侵者及其产物消灭、清除,从而免于传染。机体对于病原微生物的侵入所表现的不同程度的抵抗力,称为抗传染免疫。

(2) 自身稳定 这一功能在于维持体内细胞的均一性,其方式是不断清除衰老的和受损伤的细胞。如果这一功能失常,可能发生自身免疫疾病。

(3) 免疫监视 正常机体具有识别和清除经常出现的突变细胞的功能。这些突变细胞可以自发发生,也可以由于感染病毒或理化因素诱变发生。如果免疫监视功能失调,突变细胞就有可能无限地增生而形成肿瘤。

一、非特异性免疫

(一) 非特异性免疫的构成

非特异性免疫是动物在长期进化过程中建立起来的一般性免疫功能,对于各种病原微生物没有太严格的选择性,都呈现或多或少的杀灭作用。非特异性免疫是先天性的,受遗传因素控制,具有相对的稳定性。非特异性免疫是抗传染免疫的第一道防线,是特异性免疫的基础和条件。

构成动物机体非特异性免疫的因素很多,其中主要是皮肤及黏膜等组织的生理屏障体系、吞噬细胞的吞噬作用、体液中的杀菌灭毒因素等。

1. 屏障结构

(1) 皮肤和黏膜屏障 正常完整无损的皮肤和黏膜不仅具有防御病原微生物侵入机体的机械屏障作用,而且它们分泌的乳酸、不饱和脂肪酸和溶菌酶等还可杀死微生物。但是,少数病原微生物例如马尔他布鲁菌、土拉热弗朗西丝菌、钩端螺旋体等,可以通过健康的皮肤和黏膜侵入机体内,应当注意防护。

(2)血脑屏障 由软脑膜、脑毛细血管壁、脉络丛和星状胶质细胞等组成,能阻止病原微生物及其毒素从血液进入脑组织和脑脊液。但婴幼儿及仔畜的血脑屏障发育不完善,较易发生中枢神经感染。

(3)胎盘屏障 是保护胎儿免受感染的一种防卫机构。其构成复杂,随胎盘结构的不同而各异。胎盘屏障不妨碍母子间的物质交换,但能防止母体内的病原微生物通过而感染胎儿。然而某些病毒如猪瘟病毒可在妊娠期间感染胎儿,布鲁菌则往往引起胎盘发炎而导致胎儿感染。

2. 吞噬细胞及作用

(1)吞噬细胞 动物体内存在着各种吞噬细胞,主要为两大类:一类是中性白细胞,存在于血液循环中,可移行到发炎组织部位;另一类是单核吞噬细胞(巨噬细胞),存在于血液循环中和固定组织内,也可聚集在发炎部位。突破机体屏障机构进入体内的病原微生物及其他异物,将会遭到吞噬细胞的吞噬与围歼,因为吞噬细胞内含有许多杀菌或降解异物的物质和溶酶体。

(2)吞噬细胞的吞噬、杀菌过程 吞噬细胞具有捕捉病原体的能力,当吞噬细胞与病原菌或其他异物接触后,能伸出伪足将其包围并吞入细胞浆内形成吞噬小体。然后吞噬小体逐渐向溶酶体靠近,并相互溶合成吞噬溶酶体,紧接着溶酶体将各种复杂的酶等倾注于吞噬小体内,发挥杀灭和消化病原菌的作用。

(3)吞噬作用的后果 一般病原菌被吞噬后1~2 h内便可被杀灭、消化并排出残渣(图5-1-1)。但有些病原菌如结核菌、布鲁菌等细胞内寄生菌及一些病毒被吞噬后,不但不被杀灭,反而可在吞噬细胞内生长、繁殖,甚至随吞噬细胞的游走而扩散,引起更广泛的感染(图5-1-2)。在有些情况下,吞噬细胞可向细胞外释放溶酶体酶,造成周围组织的损伤。

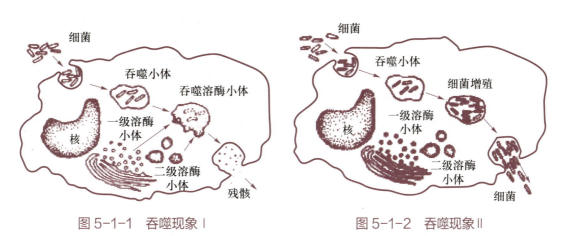

图 5-1-1 吞噬现象Ⅰ　　　　　　　　　图 5-1-2 吞噬现象Ⅱ

3. 正常体液中的杀菌灭毒因素

正常体液中含有多种非特异性的抗微生物物质,具有广泛的抑菌、杀菌及协助和加强吞噬的作用。主要有:

（1）补体系统

① 补体的概念 补体是正常人和动物血清中存在的一类与免疫有关的、具有酶活性的血清蛋白，由于它们可辅助特异性抗体介导的溶菌作用，是抗体发挥溶细胞作用的必要补充条件，故称为补体。30 多种补体成分组成补体系统。

② 补体系统的生物学活性 正常生理情况下，补体没有活性，只有在抗原抗体复合物及其他可溶性激活因子作用下被激活后，才能发挥一系列的生物活性作用。补体系统被激活后，可以使细菌或细胞出现不可逆的损伤，最终使细菌细胞发生溶解，起到杀菌、溶菌或溶血作用。补体也有增强抗体对病毒中和的作用，阻止病毒进入易感细胞或干扰病毒在细胞中的增殖。补体激活过程中产生的许多具有生物活性的片段，能加强吞噬细胞的吞噬作用。总之，补体系统通过溶细胞作用、增强吞噬作用、抗病毒作用等多种生物学功能参与机体的防御机制。

（2）溶菌酶 溶菌酶是单核细胞和巨噬细胞产生的一种碱性蛋白酶，广泛分布于血清、唾液、泪液、乳汁和鼻分泌物中。溶菌酶能直接杀灭革兰阳性菌，和补体一起能杀灭革兰阴性菌。

（二）影响非特异性免疫的因素

动物的遗传特性、年龄及环境因素等，是影响非特异性免疫的重要因素。

1. 遗传因素

某种动物生来就已具备对某种病原微生物及其有毒产物的不感受性，这种免疫性是该种动物的一种生物学特性，可以和其他生物学特性一起遗传。它可表现为种属免疫，例如牛不感染鼻疽和猪瘟，马不患牛瘟，猪不患犬瘟热。

2. 年龄因素

不同年龄的动物，对病原微生物的易感性和免疫反应性也不同。在自然条件下，有不少传染病仅发生于幼龄动物，例如小鹅瘟、仔猪黄痢；布鲁菌病则主要侵害性成熟的动物。老龄动物组织器官的功能及机体的防御能力低下，因此容易发生多种传染病。

3. 环境因素

环境因素如气候、温度、湿度，对机体的免疫力都有一定的影响。例如，寒冷能使呼吸道黏膜的抵抗力下降；缺乏维生素 A，皮肤黏膜易发生感染；营养极度不良，往往使吞噬细胞的吞噬能力下降。因此，加强饲养管理，供给畜禽全价日粮，减少环境因素的突然改变，可以增强机体的非特异性免疫能力。

二、特异性免疫

特异性免疫是动物机体在生活过程中受到抗原的刺激而获得的免疫力，故又称获得性免疫。这种免疫力对该抗原物质的再次刺激能产生强烈而迅速的排斥、清除效应，其作用十分专一,具有高度的特异性。例如患猪瘟未死的猪,能够产生对猪瘟病毒的免疫力。

特异性免疫包括体液免疫和细胞免疫两类。

(一) 免疫器官与免疫细胞

免疫系统是机体执行免疫功能的组织机构,是产生免疫应答的物质基础,它主要包括免疫器官和免疫细胞。

1. 免疫器官

机体执行免疫功能的组织结构称为免疫器官,它包括中枢免疫器官和外周免疫器官。

(1) 中枢免疫器官　包括骨髓、胸腺和腔上囊,是免疫细胞发生、分化和成熟的场所。

① 骨髓　骨髓具有免疫和造血双重功能。骨髓中的多能干细胞经过增殖和分化,成为髓样干细胞和淋巴干细胞。髓样干细胞进一步分化成粒细胞系、单核细胞系和红细胞系等;淋巴干细胞则发育成各种淋巴细胞的前身。现在普遍认为哺乳动物的骨髓还兼有禽类腔上囊的功能,是 B 淋巴细胞成熟的场所。

② 胸腺　位于胸腔前纵膈或颈部(禽类),是 T 淋巴细胞成熟的场所。来自骨髓的淋巴干细胞,在胸腺素作用下增殖分化成具有免疫功能的淋巴细胞,称为胸腺依赖性淋巴细胞(T 淋巴细胞),简称 T 细胞。T 细胞可到达外周免疫器官发挥细胞免疫功能。

③ 腔上囊　又称法氏囊,是禽类特有的淋巴器官,位于泄殖腔背侧后上方,是 B 淋巴细胞成熟的场所。来自骨髓的淋巴干细胞受囊激素作用,分化成熟为具有免疫活性的淋巴细胞,称为腔上囊依赖性淋巴细胞(B 淋巴细胞),简称 B 细胞。B 细胞随淋巴液和血液迁移到外周免疫器官发挥体液免疫功能。

(2) 外周免疫器官　包括脾、淋巴结和黏膜淋巴组织,是 T 细胞和 B 细胞定居、增殖和对抗原刺激进行免疫应答的场所。

① 脾　主要由白髓和红髓组成。白髓包括动脉周围淋巴鞘和淋巴小结,前者是 T 细胞集居的部位,后者是 B 细胞的集居部位。红髓包括髓索和髓窦,髓索也是 B 细胞的集居部位,髓窦内为血液。脾中 B 细胞数量较多,是抗体合成的重要场所。

② 淋巴结　主要由皮质和髓质组成,其中皮质分为浅皮质区和深皮质区(副皮质区)。副皮质区是 T 细胞集居的部位,浅皮质区与髓质中的髓索是 B 细胞集居的部位。淋巴结中 T 细胞含量较多(图 5-1-3)。

③ 黏膜淋巴组织　由弥散淋巴组织和有结构的淋巴组织组成。黏膜淋巴组织中含有大量的成熟 T 细胞和 B 细胞,是重要的免疫应答场所。

2. 免疫细胞

参与免疫应答或与免疫应答有关的细胞统称为免疫细胞。在免疫应答中起主要作用的免疫细胞是淋巴细胞,包括 T 细胞、B 细胞、杀伤细胞、自然杀伤细胞等;与免疫应答有关的免疫

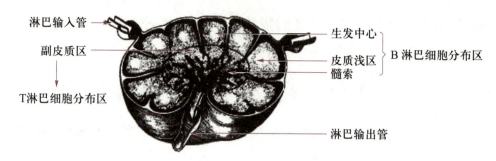

图 5-1-3　淋巴结及T、B淋巴细胞分布

细胞是单核吞噬细胞和粒细胞。

（1）来源　各种免疫细胞均由骨髓干细胞分化而来（图 5-1-4）。

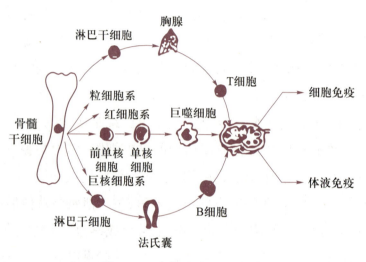

图 5-1-4　细胞来源和分化

（2）T 细胞与 B 细胞　T、B 细胞表面具有抗原受体，识别抗原后能活化、增殖和分化，介导特异性免疫应答，所以 T、B 细胞又称免疫活性细胞。

T 细胞主要产生淋巴因子介导特异性免疫应答，B 细胞主要产生抗体介导特异性免疫应答。T 细胞和 B 细胞分别由不同的亚群组成。例如，T 细胞是由细胞毒性 T 细胞（Tc 细胞）、辅助性 T 细胞（Th 细胞）、抑制性 T 细胞（Ts 细胞）、记忆性 T 细胞（Tm 细胞）等组成。

（3）杀伤细胞　简称 K 细胞，表面有免疫球蛋白 G（IgG）的 Fc 受体，能杀伤与特异性抗体（IgG）结合了的靶细胞。当靶细胞与相应的 IgG 结合后，K 细胞可与 IgG 上的 Fc 段结合，从而激发 K 细胞的活性，释放细胞毒，破坏靶细胞（图 5-1-5）。由于它破坏靶细胞需要抗体介导，所以这种杀伤作用又称抗体依赖性细胞介导的细胞毒性作用（ADCC）。K 细胞所杀伤的靶细胞，主要是比微生物大的肿瘤细胞、寄生虫及微

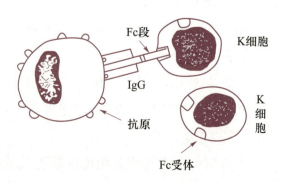

图 5-1-5　K 细胞溶解靶细胞作用

生物感染的细胞等。

(4) 自然杀伤细胞 简称 NK 细胞,能直接杀伤靶细胞,它与靶细胞接触就可引起靶细胞溶解,是对被病毒感染的靶细胞和肿瘤细胞等具有天然杀伤能力的细胞。

(5) 单核吞噬细胞 主要包括血液中的单核细胞和组织中的巨噬细胞。它们的免疫功能主要有:

① 吞噬和杀伤作用 巨噬细胞可经受体介导吞噬异物,杀伤和清除细菌、病毒及损伤、衰老的组织细胞,故巨噬细胞又有清道夫之称。巨噬细胞也是细胞免疫的重要效应细胞,能有效杀伤脑内寄生菌和肿瘤细胞。此外,巨噬细胞在抗体存在下可发挥 ADCC 作用,参与肿瘤免疫和抗病毒免疫。

② 抗原提呈作用 抗原提呈的含义即将抗原信息传递给免疫应答系统。此类细胞参与摄取、加工、处理、提呈抗原并激发特异性免疫应答。

③ 介导炎症反应 巨噬细胞是一类重要的炎症细胞,具有趋化作用,可定向转移至炎症部位聚集,加强局部炎症反应,杀灭、清除炎症部位的病原体及异物等。同时,巨噬细胞分泌内源性致热源(IL-1),作用于体温调节中枢,引起发热,进一步加强全身和局部的炎症反应。

④ 参与免疫反应调节 在特异性免疫应答中,激活的巨噬细胞可分泌各种细胞因子,发挥免疫调节功能。

(6) 粒细胞 胞浆中含有异染颗粒的白细胞统称为粒细胞,包括中性、嗜碱性和嗜酸性粒细胞。其中中性粒细胞占血液中粒细胞的 90%,在抗感染中起重要作用,也可通过 ADCC 作用参与特异性免疫;嗜碱性粒细胞主要参与I型变态反应;嗜酸性粒细胞主要参与抗寄生虫感染。

(二) 抗原

1. 抗原的概念

抗原是一类能刺激机体产生特异性免疫应答、并能与相应免疫应答产物(抗体和致敏淋巴细胞)发生特异性结合的物质。抗原的前一种性能称为免疫原性,即刺激特定的免疫细胞产生免疫效应物质(抗体和致敏淋巴细胞)的特性;后一种性能称为反应原性,即抗原可在体内外与相应的免疫效应物质发生特异性结合的特性。

2. 构成抗原的条件

(1) 异物性 某种物质,若其化学结构与宿主的自身成分相异或机体的自身组织从未与免疫细胞接触过,这种物质称为异物。异物性是抗原物质的首要性质。免疫活性细胞在正常情况下具有高度精确的识别能力,能识别"自己"和"非己",并对非己物质加以排斥。免疫应答就其本质来说,就是识别异物和排斥异物的应答,故只有异物才能激发机体的免疫应答。

同种异体的器官、组织和细胞等,由于结构成分有差异,也具有抗原性。因此,在不同个体间进行组织和器官移植时,可引起移植排斥反应。

与机体淋巴细胞从未接触过的自身组织（如晶状体蛋白）或自身组织由于烧伤、感染、电离辐射及某些药物的作用而使理化性质发生改变时，会成为自身抗原。另外，由于机体识别异物的功能紊乱，也可把一些本来不具抗原性的自身物质视为异物，而对之发生免疫反应，引起自身免疫病。

（2）大分子物质　作为完全抗原的物质，其分子质量一般在 10 ku 以上。在一定范围内，分子量越大，则抗原性越强。一个蛋白质分子的分子质量一般在 10 ku 以上，所以蛋白质是良好的抗原。

（3）一定的化学组成和结构　大分子物质的免疫原性并不一定都很好。例如明胶是蛋白质，分子质量为 100 ku 以上，但其免疫原性很弱。因明胶所含成分为直链氨基酸，若在明胶分子中加入少量酪氨酸，则能增强其抗原性。因此，抗原物质除了应为大分子外，其表面必须有一定的化学组成和结构。分子质量相同的物质，组成和结构越复杂，抗原性越强。

3. 抗原的特异性与交叉性

所谓特异性是指物质之间的相互吻合性或针对性、专一性。若针对性强，彼此之间完全或高度吻合，则特异性高，反之则低。抗原的特异性是由抗原决定簇决定的。抗原决定簇是抗原分子上有一定空间构型的特殊基团，一般情况下，1 个多肽决定簇由 5~6 个氨基酸残基组成，1 个多糖决定簇由 5~7 个单糖组成，1 个核酸决定簇由 6~8 个核苷酸残基组成。

抗原（或抗体）除与其相应抗体（或抗原）发生特异性反应外，有时还可与其他抗体（或抗原）发生反应，称为交叉反应。天然抗原表面常带有多种抗原决定簇，每种抗原决定簇都能刺激机体产生一种特异性抗体。因此，复杂抗原能使机体产生多种特异性抗体。若两种不同的抗原具有相同或相似的抗原决定簇，则称为交叉反应抗原。

4. 抗原的类型

根据不同的分类方法，可将抗原分成许多类型。

（1）根据抗原的性质分　分为完全抗原和不完全抗原。既有免疫原性又有反应原性的抗原称为完全抗原，如病原微生物及外毒素；只有反应原性而无免疫原性的抗原称为不完全抗原或半抗原，如多糖、类脂及某些简单的化学药物。不完全抗原与蛋白质载体结合即可形成完全抗原。

（2）根据抗原在免疫应答中是否需要 T 细胞辅助分　分为胸腺依赖性抗原和胸腺非依赖性抗原（因 T 细胞依赖胸腺分化成熟）。刺激 B 细胞产生抗体的过程中若需要 T 细胞协助，则此抗原称为胸腺依赖性抗原（TD 抗原），绝大多数抗原都属此类，如异种组织与细胞、异种蛋白质、微生物及半抗原 – 载体复合物；若不需要 T 细胞协助，则此抗原称为胸腺非依赖性抗原（TI 抗原），如细菌的脂多糖。

（3）根据抗原的来源分　分为天然抗原和人工抗原。各种天然的生物物质，如动物的血浆、红细胞、脏器、各种酶类和各类微生物，均为天然抗原。天然抗原一般均具有种属甚至型别的特异性。凡是某一种生物的各个个体所共有而他种生物所没有的抗原,称为种特异性抗原;种内某一型的各个个体所共有而他型生物所没有的抗原,称为型特异性抗原;由不同种的近缘生物所共有的抗原,则称为类属抗原。总的说来,生物的亲缘关系愈近,其相同的抗原愈多,而远缘者则抗原性迥异。

某些小分子化合物本身没有免疫原性,但用化学方法把它联结到较大的分子上而形成复合物时,就能引起机体发生免疫应答,并且能和它所刺激产生的抗体发生反应,这类复合抗原称为人工抗原。复合抗原的小分子化合物是半抗原,联结半抗原的大分子化合物称为载体。

5. 微生物抗原

细菌、病毒、螺旋体、支原体等微生物虽然结构简单,但抗原组成十分复杂,每种微生物都含有多种抗原成分。以细菌为例,它有菌体抗原(O)、鞭毛抗原(H)、荚膜抗原(K)、毒素抗原等,因此每一个细菌都是多种抗原组成的复合体。

(三) 免疫应答

1. 免疫应答的概念

免疫应答是指抗原进入机体刺激免疫细胞活化、增殖、分化,进而表现出一定生物学效应的全过程。它具有特异性、记忆性和放大作用等特点。免疫应答包括细胞免疫应答和体液免疫应答两种类型。

2. 免疫应答的基本过程

免疫应答的过程可分为以下三个阶段(图 5-1-6)。

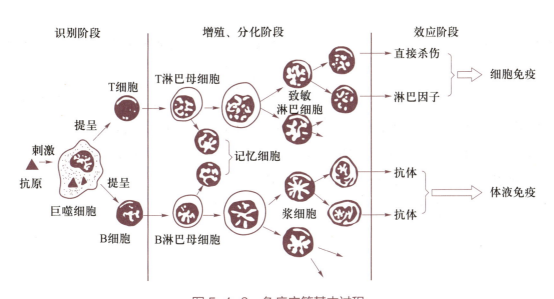

图 5-1-6　免疫应答基本过程

(1) 识别阶段　抗原进入动物体内,由抗原提呈细胞处理后,将抗原信息传递给 T 细胞和 B 细胞,启动免疫反应。

（2）增殖和分化阶段　是 T 细胞、B 细胞经抗原刺激后进行活化、增殖和分化的阶段。此阶段 T 细胞增殖分化为淋巴母细胞,最终成为致敏淋巴细胞并释放各种淋巴因子。B 细胞增殖分化为浆细胞,合成并分泌抗体。

（3）效应阶段　是致敏淋巴细胞产生的淋巴因子和浆细胞产生的抗体将抗原清除的过程。其中抗体发挥体液免疫效应,淋巴因子发挥细胞免疫效应。

3. 体液免疫应答

体液免疫应答是 B 细胞在抗原刺激下活化、增殖、分化为浆细胞,产生抗体并介导特异性免疫应答的过程。

B 细胞表面具有特异的抗原受体,故能对抗原发生免疫应答。这些受体是抗体分子(免疫球蛋白),一般是免疫球蛋白 M(IgM),通常是单体;受体附着于细胞膜,其抗原结合段显露在外。每个 B 细胞表面有 $10^4 \sim 10^5$ 个受体分子。由于单个 B 细胞上的所有受体都相同,而且具有单一的特异性,所以一个单独的 B 细胞只能对那些和表面受体相对应的抗原决定簇发生应答反应。

对于 TD 抗原来说,B 细胞只有在 Th 细胞和巨噬细胞协同下,才能对其很好地发生应答。而对于 TI 抗原,无须 T 细胞和巨噬细胞的辅助,B 细胞即能发生应答。

抗原和 B 细胞表面的免疫球蛋白结合后,即可启动最终抗体形成细胞和记忆细胞的免疫应答。反应细胞开始增大和反复地分裂,经过几次分裂以后,子代细胞逐渐区分为形态和功能都不同的两个类群。一个类群成为记忆细胞,一个类群形成内质网,并获得合成免疫球蛋白的能力,最后分化成为浆细胞。

4. 细胞免疫应答

致敏淋巴细胞与相应抗原作用后所导致的特异性免疫称为细胞免疫。其主要作用是抗细胞内寄生微生物的感染、抗肿瘤、参与迟发性变态反应等。

细胞免疫应答的基本过程如下:T 细胞以与 B 细胞类似的方式接受巨噬细胞传来的抗原信息而被激活,增殖、分化成具有不同功能的致敏淋巴细胞。其中能直接杀伤靶细胞的 T 细胞,称为细胞毒性 T 细胞(Tc)。细胞毒性 T 细胞可产生淋巴因子参与体液免疫。和体液免疫一样,T 细胞在活化过程中,也有小部分分化成记忆细胞。

细胞毒性 T 细胞和淋巴因子是构成细胞免疫的基础。

（四）免疫应答中的效应物质

1. 抗体

B 细胞受抗原刺激后产生的能与相应抗原发生特异性结合的免疫球蛋白(Ig)称为抗体。抗体主要存在于血液及其他体液(包括组织液)和外分泌液中,还可分布于 B 细胞膜表面。

（1）免疫球蛋白的基本结构　一个免疫球蛋白单体由两条相同的重链(H 链)和两条相同

的轻链(L 链)共 4 条肽链构成,它们通过二硫键互相连接成"Y"形(图 5-1-7)。免疫球蛋白按其重链抗原特异性差异,可分为 IgG、IgM、IgA、IgE 和 IgD 五类。

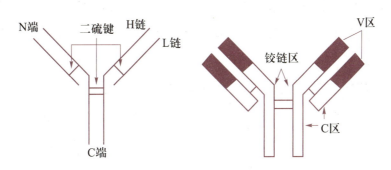

图 5-1-7　免疫球蛋白基本结构简易模式

在 Ig 近氨基端(N 端),轻链的 1/2 部分和重链的 1/4 部分,同种针对不同抗原的 Ig 氨基酸排列顺序和构型变化较大,称为可变区(V 区)。两条链其余部分的氨基酸排列顺序和构型相对恒定,称为恒定区(C 区)。可变区是免疫球蛋白与抗原特异性结合的部位,恒定区是 Ig 与补体、ADCC 细胞等结合的部位。

每条重链的拐角部分,称为铰链区。它能自由旋转,便于可变区的抗原结合部位尽量与不同距离的两个抗原决定簇结合,起弹性和调节作用;另一方面有利于 Ig 分子变构,暴露补体结合点,与补体结合并激活补体,产生多种生物学效应。

用木瓜蛋白酶水解 IgG 分子,可将其于重链间二硫键近氨基端处切断,得到 3 个片段,包括 2 个相同的 Fab 段和 1 个 Fc 段。Fab 段具有结合抗原的能力,称为抗原结合片段,每一 Fab 段含有一条完整的轻链和一半重链。Fab 段上的 V 区是与抗原特异性结合的部位。V 区的氨基酸种类、排列顺序及其空间结构具有高度的可变性与复杂性,充分适应了抗原决定簇的多样性。Fc 片段容易结晶,由两条重链 C 端的一半组成。Fc 段不能与抗原结合,但具有 Ig 抗原决定簇及 Ig 的其他生物活性,例如激活补体、增强巨噬细胞的吞噬作用、激发 K 细胞对靶细胞的杀伤作用等。

抗体就其化学性质来说是一种蛋白质,故对异种动物又是很好的抗原,所以抗体具有双重特性,它既是抗体又是抗原。用 Ig 免疫异种动物可获得抗 Ig 抗体,即抗抗体。抗抗体能与抗原抗体复合物结合,形成抗原 – 抗体 – 抗抗体复合物。免疫标记技术中的间接法就是利用标记抗抗体来进行的。

(2) 各类免疫球蛋白的特性与功能

① IgG　IgG 是再次体液免疫应答产生的主要 Ig,在血清中含量最高,占血清 Ig 总量的 75%~80%,不同个体间差异很大。IgG 多为单体(图 5-1-8),也有少量 IgG 以多聚体形式存在。IgG 主要由脾和淋巴结中浆细胞合成,半衰期约 23 d。IgG 在机体防御机制中发挥重要作用,因为它的含量高、分布广,且较其他 Ig 更易透过毛细血管壁弥散到组织间隙中,发挥抗感染、

中和毒素及调理作用。血浆和组织液中的 IgG 各占 IgG 总量的 50% 左右,故几乎身体的任何组织及体液,包括脑脊液中都有 IgG 分布。IgG 是唯一能通过胎盘的 Ig,故对新生儿抗感染起重要作用。胎盘内 IgG 含量远高于血清中的 IgG 含量。IgG 的 Fc 段可与中性粒细胞、单核细胞、巨噬细胞、NK 细胞等表面的 Fc 受体结合,从而发挥其调理作用及介导 NK 细胞等对靶细胞的杀伤作用。

② IgM　IgM 是初次体液免疫反应早期阶段产生的主要 Ig,占正常血清 Ig 的 10% 左右,产生部位主要在脾和淋巴结中,半衰期约 5 d,主要分布于血液中,抗全身感染的作用较强。IgM 为五聚体 Ig,是体内各类免疫球蛋白中分子量最大的,又称为巨球蛋白。

③ IgA　IgA 分血清型和分泌型两种。血清型 IgA 主要由肠系膜淋巴组织中的浆细胞产生。IgA 占 Ig 总量的 10%~20%,大多(85%)为单体,只有少数以二、三、四、五聚体形式存在。分泌型 IgA 是由呼吸道、消化道、泌尿生殖道等处的黏膜固有层中的浆细胞产生的,分布在黏膜或浆膜表面。IgA 具有抗菌、抗毒、抗病毒作用。分泌型 IgA 对机体局部免疫,如保护呼吸道、消化道黏膜,具有重要作用。

④ IgE　IgE 为单体 Ig,在血清中含量甚微。IgE 是一种亲细胞抗体,易与肥大细胞、嗜碱性粒细胞结合,从而引起 I 型过敏反应。在蠕虫、血吸虫和旋毛虫等寄生虫感染时,血清中 IgE 含量增加,可见它在抗寄生虫免疫中具有重要作用。

⑤ IgD　IgD 在血清中的含量很低,半衰期为 3 d,且易被血清中溶纤维蛋白酶降解,故给研究其结构和功能带来困难,所以对其结构和功能知之甚少。现已知它存在于多数 B 细胞表面,这可能与 B 细胞的活化和 B 细胞的发育阶段有关。新生动物体内的 IgD 水平较高,故有人认为 IgD 能通过胎盘。IgD 不能活化补体。

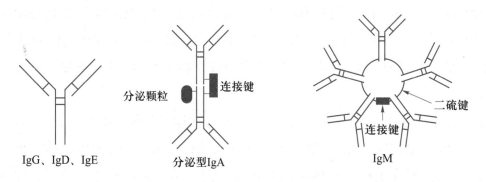

图 5-1-8　五类免疫球蛋白结构模式

(3) 抗体产生的一般规律

① 初次应答　机体初次受到抗原刺激后,需要经历一定的潜伏期才能形成抗体。最早出现的抗体是 IgM,其水平呈指数增长,几天之内即达到高峰,但维持时间较短,很快开始下降,数周之后只能查出少量残存的 IgM 抗体。IgG 出现稍晚,当 IgM 接近消失时,IgG 逐渐达到高峰,并可较长时间地保持高水平。IgA 出现更迟。因此,病原体感染后检测血清中特异性的 IgM

可作为早期诊断的辅助指标,而在恢复期或康复后检测到的主要是 IgG。

　　② 再次应答　当机体再次接触相同抗原时,体内残留的抗体迅速地和新进入的抗原结合,反而使原来的抗体水平降低,即出现短暂的阴性期。然而抗原的再次刺激将诱发再次记忆免疫应答,这时抗体产生的速度加快,仅 2~3 d 抗体的产量即可比初次应答多几倍甚至几十倍,维持的时间也比初次应答长(图 5-1-9)。再次应答的产生是免疫记忆的结果,即记忆细胞(B 记忆细胞和 Th 记忆细胞)的特异性回忆反应。记忆细胞是在初次应答时形成的,是长寿细胞,当它们再次遇到同一抗原时能迅速增殖和分化为浆细胞,并产生抗体。根据再次免疫应答的特点,通常在预防接种时,间隔一定时间再进行第二次接种,可起到强化免疫的作用。

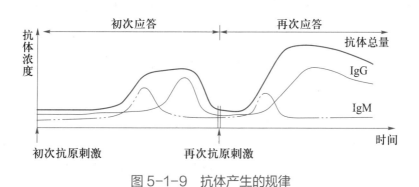

图 5-1-9　抗体产生的规律

　　(4) 影响抗体产生的因素　影响抗体产生的因素很多,大体上分为抗原和机体两个方面。
　　① 抗原方面
　　抗原的性质:由于抗原性质的不同,对机体刺激的强度不一样,因此机体产生抗体的速度和持续时间也就不同。例如,注射破伤风类毒素等可溶性抗原时,需 3 周左右的时间,血液内才出现抗毒素;注射颗粒性抗原,经过 2~5 d,血液中就出现抗体。应用联合苗预防畜禽疫病时,要注意各种抗原之间的相互影响,因为有些联合苗可以起协同作用,增强免疫反应;但有的联合苗(特别是抗病毒的联合苗),却可能出现相互干扰的现象。
　　抗原的用量:在一定限度内,抗体的产量随抗原用量的增加而相应地增加。但抗原量过多,超过了一定的限度,抗体的形成反而受到抑制,这种现象称为"免疫麻痹"。经过一定时间,待大量抗原被清除后,"免疫麻痹"状态即可终止。与上述情况相反,如果抗原量太少,也不能刺激机体产生抗体。所以在进行预防接种时,菌(疫)苗的用量必须严格按照规定,不得任意增减。
　　佐剂的作用:免疫佐剂是一些本身没有免疫原性,但与抗原物质合并使用时,能非特异性地增强抗原物质的免疫原性,增强机体的免疫应答的物质。灭活苗的免疫原性较差,必须加入佐剂增强其免疫原性,以提高抗体的产量。在生产疫苗的实践中,常用的免疫佐剂有明矾、氢氧化铝、磷酸钙、磷酸铝、白油等。
　　免疫的途径:由于免疫途径的不同,抗原在体内停留的时间和接触的组织就不同,因而产生的免疫应答就有一定的差异。接种途径的选择应以能刺激机体产生良好的免疫应答为原则。接种途径不一定是自然感染的侵入门户,主要应根据各种不同感染的免疫机制加以考虑。例如猪传染性胃肠炎,必须经口或肌肉内接种强毒病毒,使猪的肠道受到抗原刺激产生分泌型 IgA,才能获得较强的抗感染能力。

② 机体方面

先天和后天性免疫缺陷:各种先天性免疫缺陷病,如体液免疫缺陷、细胞免疫缺陷、吞噬作用缺陷均会直接影响机体对抗原的免疫应答。很多后天的继发性免疫缺陷,如鸡早期感染马立克病病毒、传染性法氏囊病病毒或鸡贫血病病毒会使其胸腺、法氏囊萎缩,从而降低其细胞和体液免疫应答的能力,结果会严重地影响抗体的产生量。

年龄因素:新生动物对于许多抗原的刺激不发生抗体形成反应,或者反应非常微弱。其原因可能是受到从母体被动获得的相应抗体的抑制,也可能是因为它的抗体形成功能尚未成熟。一般说来,动物出生后要经过一定时期才可以进行预防接种。老龄动物的免疫功能渐趋衰退,仅保持较低程度的反应性,所以容易发生感染。

其他因素:机体的营养和神经机能状态,动物所处的环境条件,都对抗体产生有一定影响。尤其是缺乏蛋白质、某些氨基酸、维生素 A 和一些 B 族维生素,可显著降低抗体形成的能力。

(5) 单克隆抗体　克隆是指由一个细胞无性增殖而来的一个细胞群体。由一个 B 细胞增殖而来的细胞群体称为 B 细胞克隆。由单个 B 细胞克隆所产生的、在分子上是同质的抗体就是单克隆抗体(McAb)。B 细胞在体外的寿命很短,而骨髓瘤细胞在体外有无限生长的特性,采用细胞融合技术将产生特定抗体的 B 细胞与能无限生长的骨髓瘤细胞融合,形成杂交瘤细胞,它兼有两个亲本的特性,既能在体外无限生长,又能源源不断地产生大量高纯度的抗体。通常所说的单克隆抗体,就是这种克隆化的杂交瘤细胞所产生的抗体。

单克隆抗体的制备不需用大量抗原,并且可以不用纯净的抗原,就可长期随时获得高特异性、高纯度的抗体,其性质稳定,重复性良好,在许多方面具有极为宝贵的用途。这一技术的兴起,对分子生物学、免疫学和医学科学的各个领域产生着影响,具有十分重要的意义。

2. 细胞因子

目前认为,细胞因子是指一类由免疫细胞(淋巴细胞、单核吞噬细胞等)和相关细胞(成纤维细胞、内皮细胞等)产生的调节细胞功能的高活性多功能的蛋白质多肽分子,不包括免疫球蛋白、补体和一般生理性细胞产物。目前被发现并得以正式命名的细胞因子有数十种,每种细胞因子都有其独特的和起主要作用的生物学活性。细胞因子有多种分类方法,各种分类方法都有局限性,此处将细胞因子按产生来源和生物学功能分为淋巴因子、白细胞介素和其他细胞因子三大类。

(1) 淋巴因子　淋巴因子是指 T 细胞被抗原激活或受有丝分裂原作用后所产生的多种具有生物学活性的可溶性分子。淋巴因子的种类很多,已报道的有 50 多种,现将在细胞免疫中起主要作用的淋巴因子简介如下。

① 巨噬细胞移动抑制因子(MIF) 可抑制巨噬细胞的移动,故在炎症反应或迟发型变态反应时,MIF 可使局部的巨噬细胞停留或聚集在炎症部位,从而增强吞噬杀菌作用。

② 特异性巨噬细胞武装因子(SMAF) 能使正常的巨噬细胞变成武装的巨噬细胞。武装的巨噬细胞不仅杀菌活性增强,还能特异性地杀伤带抗原的靶细胞,而不伤害其他细胞。

③ 巨噬细胞趋化因子(MCF) 可吸引巨噬细胞向有抗原的部位移动,有利于巨噬细胞发挥吞噬功能。

④ 粒细胞趋化因子 作用于中性粒细胞、嗜酸性粒细胞和嗜碱性粒细胞,类似于 MCF 的功能。

⑤ 淋巴毒素(LT) 能直接杀伤带有相应抗原的肿瘤细胞或移植的异体组织细胞,并可抑制靶细胞的分裂繁殖。

⑥ 促有丝分裂因子(MF) 非特异地使正常的淋巴细胞分裂、增殖并转化为淋巴母细胞,产生多种淋巴因子,扩大免疫效应。

⑦ 转移因子(TF) 为存在于致敏淋巴细胞内的一种可溶性物质,经反复冻融裂解致敏动物的白细胞可提取 TF,给未致敏的动物注射,可将特异性免疫信息传递给受体的淋巴细胞,具有传递迟发性变态反应的作用。

⑧ γ 干扰素(IFN-γ) 能非特异性地抑制病毒的增殖,增强易感细胞的抗病毒能力。

⑨ 皮肤反应因子(SRF) 可增强血管通透性,促进炎症细胞浸润。

(2) 白细胞介素 将参与免疫细胞间相互作用的细胞因子称为白细胞介素(IL),简称白介素。现已发现了 38 种白介素,以发现先后数字顺序命名为 IL-1~IL-38。白介素的生物学功能非常复杂,在此不作详细介绍,但它们都是作用于免疫细胞的重要功能调节因子,下面简要介绍一些重要的白细胞介素。

① IL-1 主要由活化的单核巨噬细胞产生,以 IL-1α 和 IL-1β 形式存在。主要功能:Ⅰ.局部低浓度具有免疫调节作用,协同刺激抗原提呈细胞(APC)和 T 细胞活化,促进 B 细胞增殖和分泌抗体。Ⅱ.大量产生具有内分泌效应,诱导肝急性期蛋白合成;引起发热和恶病质。

② IL-2 主要由 Th1 细胞及部分 B 细胞产生,以自分泌和旁分泌方式发挥效应。主要功能:Ⅰ.活化 T 细胞,促进细胞因子产生;Ⅱ.刺激 NK 细胞增殖,增强 NK 杀伤活性及产生细胞因子,诱导淋巴因子激活的杀伤细胞(LAK 细胞)产生;Ⅲ.促进 B 细胞增殖和分泌抗体;Ⅳ.激活巨噬细胞。

③ IL-4 主要由 Th2 细胞、肥大细胞及嗜碱性粒细胞产生。主要功能:Ⅰ.促 B 细胞增殖、分化;Ⅱ.诱导 IgG 和 IgE 产生;Ⅲ.促进 Th0 细胞向 Th2 细胞分化;Ⅳ.抑制 Th1 细胞活化及分泌细胞因子;Ⅴ.协同 IL-3 刺激肥大细胞增殖等。

④ IL-6 主要由单核巨噬细胞、Th2 细胞、血管内皮细胞、成纤维细胞产生。主要功能:

Ⅰ.刺激活化B细胞增殖,分泌抗体;Ⅱ.刺激T细胞增殖及细胞毒性T淋巴细胞(CTL)活化;Ⅲ.刺激肝细胞合成急性期蛋白,参与炎症反应;Ⅳ.促进血细胞发育。

⑤ IL-10 主要Th2细胞和单核巨噬细胞产生。主要功能:Ⅰ.抑制前炎症细胞因子产生;Ⅱ.抑制主要组织相容性复合体(MHC)Ⅱ类分子和B-7分子的表达;Ⅲ.抑制T细胞合成IL-2、IFN-γ等细胞因子;Ⅳ.可促进B细胞分化增殖。

⑥ IL-12 主要由单核巨噬细胞、B细胞产生。主要功能:Ⅰ.激活和增强NK细胞杀伤活性及IFN-γ产生;Ⅱ.促进Th0向Th1细胞分化,分泌IL-2、IFN-γ;Ⅲ.增强CD8$^+$CTL细胞杀伤活性;Ⅳ.可协同IL-2诱生LAK细胞;Ⅴ.抑制Th0细胞向Th2细胞分化和IgE合成。

(3) 其他细胞因子

① α干扰素(IFN-α)和β干扰素(IFN-β) 分别由白细胞和成纤维细胞产生,具有抗病毒作用,可诱导免疫细胞合成和释放抗病毒抗体。

② 集落刺激因子(CSF) 这类细胞因子包括粒细胞 – 单核细胞集落刺激因子、粒细胞集落刺激因子、单核细胞集落刺激因子,具有诱导粒细胞和单核细胞前体分化成熟的功能。

③ 肿瘤坏死因子(TNF) 包括TNF-α和TNF-β,分别由单核巨噬细胞和Th细胞产生,TNF-β即为淋巴毒素。TNF-α具有杀伤肿瘤细胞的活性,还能增强NK细胞的杀伤活性,促进巨噬细胞活化和杀伤靶细胞。

(五) 特异性免疫的抗感染作用

特异性免疫在抗微生物感染中的作用,包括体液免疫和细胞免疫两个方面。体液免疫主要对细胞外生长的微生物起作用,而对细胞内寄生的微生物则靠细胞免疫发挥作用。一般情况下,机体内的体液免疫和细胞免疫是同时存在的,它们互相配合和调节,以清除入侵的病原微生物,保持机体内部环境的平衡。

1. 体液免疫的抗感染作用

(1) 中和作用 抗毒素与外毒素结合可阻碍外毒素与感受细胞的受体结合,使之不能发挥毒性作用。抗体与病毒结合后,可阻止病毒侵入易感细胞,保护细胞免受病毒感染。

(2) 抗吸附作用 许多病原体能吸附于黏膜上皮细胞,成为黏膜感染的重要条件。黏膜表面的分泌型IgA具有阻止病原体吸附和进入组织的能力。

(3) 调理作用 补体或抗体和病原结合,导致吞噬细胞吞噬作用增强,称为调理作用。若两者联合作用,效应更强。

(4) 免疫溶解作用 某些革兰阴性细菌与抗体结合,通过激活补体而被溶解。带病毒抗原的感染细胞与抗体结合后,可激活补体引起感染细胞的溶解。

(5) 抗体依赖性细胞介导的细胞毒性作用(ADCC) 特异性抗体和K细胞联合,可杀伤含有相应微生物的宿主细胞。能发挥ADCC作用的细胞还有B细胞、NK细胞等。

2. 细胞免疫的抗感染作用

(1) 抗细菌感染 对细胞外细菌感染,机体主要依靠体液免疫。细胞内寄生菌如分枝杆菌、布鲁菌等感染,主要依靠细胞免疫。当这些病原菌侵入机体后,使 T 细胞致敏活化释放淋巴因子,激活巨噬细胞并使其集聚于炎症区,促进和加速对细胞内寄生菌的杀灭,使感染终止。

(2) 抗病毒感染 细胞免疫在抗某些病毒感染中起重要作用。例如,细胞毒性 T 细胞能特异性地识别病毒抗原,杀死病毒或裂解被其感染的细胞。致敏淋巴细胞释放淋巴因子,直接破坏病毒或增强巨噬细胞吞噬、破坏病毒的能力,或通过合成干扰素,抑制病毒的增殖等。

(六) 特异性免疫的获得途径

特异性免疫是动物生后获得的免疫。根据获得途径的不同,可分为自然自动免疫、自然被动免疫、人工自动免疫和人工被动免疫四种类型。自动免疫是指动物受到抗原刺激后,动物本身产生免疫活性物质消灭抗原的免疫;而被动免疫是动物依靠其他机体输给抗体而形成的免疫。

1. 自然自动免疫

动物患某种传染病痊愈后或发生隐性感染后,常能获得对该病的免疫力,称这种免疫为自然自动免疫。这种免疫的持续时间较长,如动物耐过炭疽、马腺疫等病后,产生的免疫期很长,甚至可以终生免疫。

2. 自然被动免疫

动物在胚胎发育时期通过胎盘、卵黄或出生后通过初乳获得免疫母体的抗体而形成的免疫,称为自然被动免疫。这种免疫持续时间只有数周至几个月,但对保护幼龄动物免于感染有重要意义。

例如,有两头妊娠母猪,一头注射了大肠杆菌疫苗,所产仔猪在出生后 50 d 内未发生腹泻等症状;另一头未注射大肠杆菌疫苗,其所产仔猪出现了以腹泻为特征的疾病。这是因为仔猪的免疫系统不完善,易受病原微生物的攻击;注射了大肠杆菌疫苗的妊娠母猪体内产生针对大肠杆菌的抗体,其所产仔猪通过吸吮初乳而获得该抗体,增强了仔猪对大肠杆菌的抵抗能力;未注射大肠杆菌疫苗的妊娠母猪体内没有针对大肠杆菌的抗体,其所产仔猪不能获得该抗体而易受大肠杆菌的侵袭。

3. 人工自动免疫

动物由于接受了某种疫苗或类毒素等生物制品的刺激后所产生的免疫,称为人工自动免疫。这种免疫是预防传染病发生的重要措施之一。

例如,兽医给家畜打防疫针,就是给家畜接种某种弱毒或无毒抗原,即疫苗,家畜的机体受到抗原刺激后,免疫系统被激活,单核细胞、巨噬细胞等对其进行吞噬和处理,并将信息传递给 T 细胞和 B 细胞,T 细胞和 B 细胞开始分化、增殖为细胞毒性 T 细胞、浆细胞、记忆细胞、辅助细胞等,浆细胞产生抗体、细胞毒性 T 细胞产生淋巴因子,对此抗原进行清除。在此期间内,若外界有毒的该种抗原再次侵入家畜的机体时,体内的抗体、淋巴因子立刻对其作用,进行清除,同时记忆细胞对抗原识别后,促使 B 细胞、T 细胞迅速分裂,产生更多的免疫活性物质以清除该抗原,所以该抗原在其体内就不能生存,从而使机体免于该病原体的致病作用。

4. 人工被动免疫

给机体注射了含抗体的高免血清、康复动物血清或高免卵黄而获得的免疫,称为人工被动免疫。这种免疫产生迅速,立刻见效,但持续时间短,一般为 2~3 周,多用于紧急预防和治疗。

任务实施

鸡免疫器官的认识

1. 实施目标

能够识别鸡的免疫器官。

2. 实施步骤

(1) 准备仪器材料 电热干燥箱、高压蒸汽灭菌器、动物解剖白瓷盘、动物解剖剪刀、镊子、酒精灯、打火机、75% 乙醇棉、干脱脂棉、新洁尔灭、出生后 20 d 的雏鸡等。

(2) 确定工作实施方案

① 小组讨论 分小组实施,每小组 3~5 人。小组召集人组织小组成员,根据"任务准备"中学习的内容,逐条、充分地讨论操作方案,合理分工,以认识鸡的主要免疫器官。小组召集人由本组成员轮流担任,每完成一项工作轮换一次。

② 确定方案 各小组召集人上台汇报本小组工作任务单中的相关操作内容及人员分工,其他组的同学点评其优缺点并做补充。教师综合评价各组表现,并根据各组汇报归纳出供全班同学实际操作的实施方案。

(3) 实施操作 各小组按最终的工作实施方案进行操作,填写表 5-1-1。每项工作完成后,由小组召集人召集组员进行纠错与反思,完善操作任务,最后对工作过程进行评价。

表 5-1-1　鸡主要免疫器官的认识工作任务单

工作内容	组内分工	设备和材料	工作要求	工作过程评价	
				自评	互评
1. 查阅资料,了解鸡的主要免疫器官					
2. 对鸡进行解剖并观察主要的免疫器官					
3. 根据解剖结果,画出三种主要的免疫器官,说明其位置、颜色、形状和功能					

 随堂练习

1. 非特异性免疫由哪几部分构成?

2. 构成抗原的基本条件是什么? 说出两种以上常见的细菌抗原。

3. 试述体液免疫应答的发生过程及其在抗感染中的作用。

4. 免疫球蛋白的结构分几个区? 各区具有什么功能?

5. 什么是单克隆抗体?

任务 5.2　血清学检测技术

任务目标

知识目标:

1. 了解血清学试验的特点。

2. 了解影响血清学试验的因素。

3. 掌握凝集试验、沉淀试验、补体结合试验、中和试验和抗体标记技术等的原理及临床应用。

技能目标:

1. 掌握凝集试验的操作及结果判定。

2. 掌握沉淀试验的操作及结果判定。

3. 掌握酶联免疫吸附试验的操作及结果判定。

4. 掌握直接荧光抗体试验的染色及镜检方法。

 任务准备

一、血清学检验概述

抗原和相应抗体无论在体内还是体外均能发生特异性结合,并表现出特定的反应。抗原和抗体在体内的反应称为体液免疫应答;它们在体外于一定条件下作用后,可出现肉眼可见的反应,由于抗体主要来自血清中,所以将体外发生的抗原抗体反应称为血清学试验。血清学试验具有特异性强、检出率高、重复性好、简易快速的特点,因此广泛应用于微生物的鉴定、传染病和寄生虫病的监测、诊断和检疫。

血清学试验根据抗原的性质、参与反应的介质及反应现象的不同,可分为凝集试验、沉淀试验、补体结合试验、中和试验和抗体标记技术等。

(一)血清学试验的特点

1. 特异性和类属性

抗原与抗体的结合有高度特异性。抗原只能与由该抗原的决定簇所诱导产生的相应抗体相结合,而不能与其他抗体结合。抗原决定簇上原子结构的极微小改变,就会显著地削弱或破坏它与原来抗体的结合力。

任何一种生物均由多种抗原组成,近缘种型之间往往含有部分相同的抗原组成,因而能引起交叉反应(图 5-2-1),此种反应特性称为类属性。在肠道细菌的研究中,此种类属反应十分复杂,因此通常需应用单因子血清进行抗原分析。

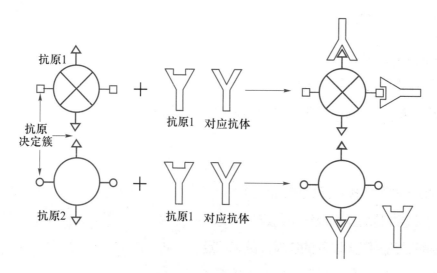

图 5-2-1　交叉反应

2. 用已知测未知

可用已知抗原检测未知抗体或用已知抗体检测未知抗原。已知材料可以是两种以上,未知材料只能有一种。

3. 最适比和带现象

抗原与抗体的结合需适当比例才能出现可见反应。如抗原过多或抗体过多,大的抗原抗体复合物很难形成,不能出现可见的反应,这种现象称为带现象。带现象容易在凝集和沉淀反应中出现。为克服带现象,在进行血清学反应时,需要将抗原和抗体中的某一种材料作适当稀释,使其出现可见的反应。

4. 反应的可逆性

抗原抗体的结合是分子表面的结合,虽然相当稳定,却是可逆的,其结合的温度在 0~40 ℃,pH 在 4~9 范围内,如果温度超过 60 ℃,pH 降到 3 以下,抗原抗体复合物可重新游离。游离后的抗原或抗体性质不改变。例如毒素与相应抗毒素结合后,毒素被中和,但经稀释或冻融使二者分离,则毒素又重现毒性。

5. 反应的二阶段性

抗原与抗体反应有两个阶段。第一阶段是抗原与抗体的特异性结合阶段,反应快,几秒钟至几分钟即可完成,但形成的复合物较小,不出现可见反应;第二阶段是在介质作用下形成大的复合物的过程,出现各种可见反应,如凝集、沉淀、补体结合,反应进行较慢,需几分钟、几十分钟或更长时间。第二阶段反应受环境电解质、温度、pH 等的影响。

6. 反应的敏感性

反应的敏感性是指血清学反应检出抗原或抗体的微量程度。不过视反应的不同,其敏感性有很大的差异。

(二) 影响血清学试验的因素

1. 电解质

抗原抗体反应的第二个阶段通常需要有电解质存在,电解质能降低抗原抗体结合物的表面电荷(其电荷相同),从而促使其沉淀或凝聚。最常用的电解质是 NaCl,最适当的浓度为 0.85%,即生理盐水。在补体结合试验或溶血反应时,在稀释液中加入少量的 Ca^{2+} 和 Mg^{2+} 能加强补体的活性。

2. 温度

反应的适宜温度通常为 37 ℃。适当的温度可增加抗原和抗体的活性及相互接触的机会,从而加速反应的出现。而有的抗原抗体系统需在较低温度下长时间结合,反应才更充分,如乙型脑炎、牛副结核等的补体结合试验在 4 ℃ 低温下,结合效果更好。

3. pH

大多数抗原抗体反应的最适氢离子浓度为 pH 6.8。当反应 pH 接近蛋白质的等电点（pH 5~5.5）时，往往导致抗原抗体的非特异性沉淀。在 pH 2~3 时可使抗原抗体的结合物解离。

4. 振荡

机械振荡能增加分子或颗粒间的相互碰撞，加速某些抗原抗体的结合反应。但强烈的振荡却可使抗原抗体复合物解离。

5. 杂质

试验中如存在与反应无关的蛋白质、类脂质、多糖等杂质时，会抑制反应的进行或引起非特异性反应。

影响血清学试验的因素很多，所以在试验中设立对照试验是很重要的。

（三）血清学试验的类型

1. 凝集试验

细菌、红细胞等颗粒性抗原与相应抗体结合，在电解质的参与下，形成肉眼可见的凝集块，称为凝集试验（图 5-2-2）。参与反应的抗原称为凝集原，抗体称为凝集素。许多发生传染病、寄生虫病的病畜禽血清中都有凝集素，所以常用凝集试验来诊断畜禽传染病和寄生虫病。

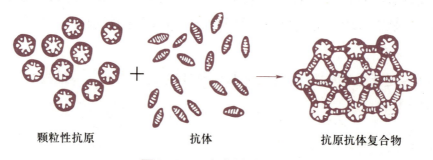

颗粒性抗原　　　　抗体　　　　抗原抗体复合物

图5-2-2　凝集试验原理

主要的凝集试验有直接凝集试验和间接凝集试验两大类。

（1）直接凝集试验　颗粒抗原与相应的抗体直接结合并出现凝集现象，称为直接凝集试验。按试验方法分为平板凝集和试管凝集两种。

① 平板凝集试验　是一种定性试验，在玻板或载玻片上进行。将待检血清（或抗血清）与抗原悬液（或待检物悬液）各 1 滴滴在玻板上混合均匀，轻轻摇动玻板，数分钟后，如出现团块状或絮片状凝集，则为阳性反应。此法简易快速，用于某些传染病的快速诊断，如布鲁菌病、鸡白痢等的平板凝集试验；也可用于细菌的鉴定，如沙门菌、痢疾杆菌的鉴定；血型的鉴定也常用此方法。

② 试管凝集试验　是一种定量试验，在小试管中进行，用已知抗原检测待检血清中是否

存在相应的抗体或测定抗体的效价(凝集价)。操作时,将待检血清用生理盐水作2倍递增稀释,且每管血清量相同,然后每管加入等量抗原悬液,振荡混合后置于37 ℃温箱中4 h,取出后在室温放置过夜后观察。以出现50%以上凝集的最高血清稀释倍数为该血清的效价(或称滴度)。常用于布鲁菌病、马流产沙门菌病等病的诊断与检疫。

某些细菌(如粗糙型细菌)在制成细菌悬液时,很不稳定,在没有特异性抗体存在时也可发生自凝。因此,试验时必须设置阳性血清、阴性血清和生理盐水作对照,排除假阳性和假阴性反应。

(2) 间接凝集试验 将可溶性抗原(或抗体)吸附于与免疫无关的颗粒表面,再与相应的抗体(或抗原)结合,在适当的电解质环境中可出现肉眼可见的凝集现象,称为间接凝集试验。用于吸附抗原(或抗体)的颗粒称为载体,常用的载体有动物的红细胞、聚苯乙烯乳胶、活性炭等,间接凝集试验根据载体的不同有乳胶凝集试验、碳素凝集试验和间接血凝试验等,其中以间接血凝试验应用最为广泛。

以红细胞为载体的间接凝集试验称为间接血凝试验。吸附了抗原的红细胞称为致敏红细胞,致敏红细胞与相应的抗体结合后,能出现红细胞凝集现象(图5-2-3)。用已知抗原吸附于红细胞上检测未知抗体称为正向间接血凝试验,用已知抗体吸附于红细胞上测定未知抗原称为反向间接血凝试验。间接血凝试验一般是指正向间接血凝试验。此法敏感性极高,能检出微量抗体,其灵敏度较一般细菌凝集试验提高2~8倍。由于红细胞几乎能吸附任何抗原,血凝现象明显,容易观察,因此,间接血凝试验已广泛应用于多种病毒性传染病、支原体病及寄生虫病的诊断和检疫,如口蹄疫、猪气喘病、血吸虫病。

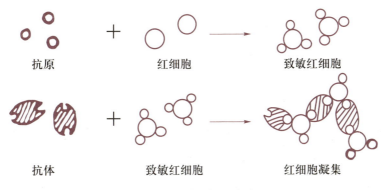

图5-2-3 间接血凝试验原理

2. 沉淀试验

可溶性抗原与相应抗体结合后,在电解质的参与下,形成肉眼可见的白色沉淀,称为沉淀试验。参与沉淀试验的抗原称为沉淀原,抗体称为沉淀素。常用的沉淀试验有环状沉淀试验和琼脂扩散试验。

(1) 环状沉淀试验 在直径3~4 mm的小试管内进行,将抗血清加于管底,再将稀释的抗原重叠其上。强反应在 1~2 min 内于二者交界面处出现白色环状沉淀。弱反应出现较慢,1 h 判定一次,3~5 h 再观察一次,综合判定。本法主要用于炭疽诊断、链球菌定型等,亦可用于抗血清效价测定。测定抗血清效价时,先将抗原作系列稀释,然后将抗血清用毛细滴管加于多个小试管底部,再将不同稀释度的抗原分别小心叠加其上。出现沉淀环的抗原最大稀释倍数,即该抗血清的沉淀价。

(2) 琼脂扩散试验　琼脂扩散试验简称琼扩,是在琼脂凝胶中进行的沉淀试验。琼脂凝胶呈多孔结构,孔内充满水分,其孔径大小取决于琼脂的浓度,1% 琼脂凝胶的孔径为 80 nm 左右。大多数抗原和抗体能在其中自由扩散,二者在琼脂中相遇,在最适比例处形成抗原抗体复合物,此复合物较大,不能继续扩散,因此形成沉淀线。

琼脂扩散有单向单扩散、单向双扩散、双向单扩散和双向双扩散四种类型,其中以双向双扩散应用最广。一般所称琼脂扩散试验就是指双向双扩散。

双向双扩散:简称双扩散。用 1% 的琼脂制成厚 3 mm 的琼脂板,然后按规定图形、孔径和孔距打圆孔,于孔内分别加入抗原、阳性血清和待检血清(图 5-2-4),在饱和湿度下,扩散数日,观察沉淀线。

Ag:抗原;+:阳性血清;1~20:待检血清。

图 5-2-4　双向双扩散打孔、加样图示

本法操作简单,结果易观察,因此广泛应用于细菌、病毒的鉴定和传染病的诊断与检疫,如蓝舌病、马传染性贫血、鸡马立克病等的琼脂扩散试验,已成为流行病学调查和检疫的主要手段。

3. 补体结合试验

(1) 补体结合试验的原理　补体是存在于人和动物血清中的一组蛋白质,尤以豚鼠血清中补体最全,含量最高,所以常用的补体均采自豚鼠。补体不耐热,加热至 56 ℃经 30 min 即被灭活。

补体没有特异性,能和任何抗原抗体复合物结合。红细胞与其相应的抗体(溶血素)结合后,如有补体存在,就发生溶血反应。溶血反应结果十分明显,易于观察,故通常用来作为是否有补体存在的指示系统。可溶性抗原与抗体结合后,也能结合补体,但不出现可见反应,这一过程称为溶菌系统作用过程。若在溶菌系统作用过程中,补体被全部或部分吸收(说明有抗原抗体复合物存在),此时如再加入红细胞和溶血素(指示系统)则不溶血或只部分溶血。若溶菌系统中的抗原或抗体不相配,则加入溶血系统后,补体即和溶血系统作用,发生溶血。这种利用溶血系统作为指示剂来测定溶菌系统中抗原和抗体是否相配的试验,称为补体结合反应,简称补反。它可以用已知的抗原来检测抗体,也可以用已知的抗体来检测抗原。

　　由以上可知,补体结合试验是两个系统五种成分相互作用的结果,两个系统是溶菌系统和溶血系统,五种成分是抗原、抗体、补体、红细胞和溶血素。

　　试验时,先将抗原(或抗体)、待检血清(或待检抗原)和补体按一定量加入试管中作用5 min,然后加入红细胞和溶血素,在37 ℃水浴中放置30 min,观察判定。不溶血为补体结合试验阳性,表示待检血清中有相应的抗体;发生溶血为补体结合试验阴性,说明待检血清中无相应的抗体(图5-2-5)。

　　(2) 补体结合试验的应用　本法操作复杂,但敏感性、特异性较高,能检出微量的抗体或抗原,所以在马鼻疽、牛副结核、乙型脑炎等传染病的诊断和检疫中仍有较多的应用。

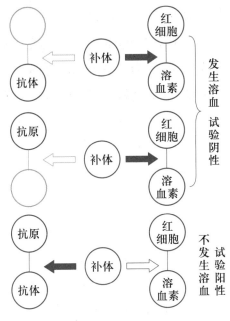

图5-2-5　补体结合试验原理

4. 中和试验

　　病毒或毒素与相应的抗体结合后,可失去对易感动物的致病力,用此原理设计的实验方法称为中和试验。中和试验可在实验动物体内进行,也可在细胞或鸡胚上进行。

　　(1) 毒素和抗毒素中和试验　动物接触细菌的外毒素所产生的抗体称为抗毒素,它能中和相应的细菌外毒素,使外毒素失去毒力。

　　试验方法是将实验动物分为两组,一组注射毒素和抗毒素的混合物(试验组),另一组注射毒素(对照组),如试验组的动物存活,对照组的动物死亡,证明毒素已被相应的抗毒素中和,毒素和抗毒素是相配的。常用于魏氏梭菌和肉毒梭菌等的定型。

　　毒素的用量一般是最小致死量(MLD)和半数致死量(LD_{50}),半数致死量更常用。

　　(2) 病毒中和试验　病毒刺激机体所产生的抗体,能中和相应病毒,使其失去毒力。

　　① 体内中和试验　也称保护试验。先对试验动物接种已知疫苗或已知抗血清,然后用一定量病毒攻击,视动物能否被保护来判定结果。可用于疫苗免疫效果的检验。

　　② 体外中和试验　将病毒悬液与抗病毒血清按一定比例混合,并在一定条件下作用一段时间,然后接种易感实验动物、鸡胚或细胞,根据接种后动物能否被保护和细胞有无病变来判定结果。最常用的是细胞中和试验,用于牛病毒性腹泻 – 黏膜病、口蹄疫、牛传染性鼻气管炎等病毒性传染病的诊断和检疫。

5. 抗体标记技术

　　抗体标记技术是用荧光素、酶和同位素等对抗体进行标记的试验技术,标记抗体起到显示试验结果的作用。抗体标记技术能测定极微量的抗原,其敏感性大大超过其他的血清学试验,不仅常用于抗原定性、定量检测,还可用于抗原定位测定。其中以荧光抗体技术和免疫酶标抗体技术应用更为广泛。

（1）荧光抗体技术　荧光染料是经紫外线激发后能发出荧光的染色物质，用荧光染料标记的抗体称为荧光抗体，目前用于标记抗体的荧光染料主要是异硫氰酸荧光素（FITC）。抗体经过荧光染料标记后，并不影响它与抗原结合的能力和特异性。当荧光抗体与相应的抗原结合时，就形成抗原 – 荧光抗体复合物，通过在荧光显微镜下是否能观察到荧光来判断这种特异性的反应是否发生。

① 直接法　是以某种荧光抗体直接对标本进行染色，以检测相应的抗原物质。标本中若有相应的抗原，则形成抗原 – 荧光抗体复合物，在荧光显微镜下即可见荧光（图5-2-6）。

将待检病料做成冰冻切片或触片，细菌材料做成涂片，在室温中自然干燥。病毒抗原通常经冷丙酮固定，细菌抗原则加热固定。滴加荧光抗体染色，然后用磷酸盐缓冲液（PBS液）及蒸馏水充分洗涤，以除去未结合的荧光抗体，最后用盖玻片封固，在荧光显微镜下检查，抗原所在部位由于荧光抗体的存在而呈现黄绿色荧光。

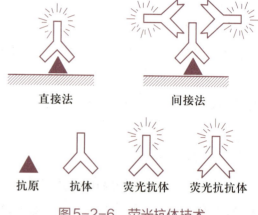

图5-2-6　荧光抗体技术

进行直接荧光染色时应设以下对照：

用荧光抗体对正常组织切片或触片进行染色，镜检时应无荧光。

将待检材料先用未标记的抗血清处理，再用荧光抗体染色，镜检时应无荧光。

② 间接法　标本先用未标记的抗体处理，用PBS液漂洗后，再用荧光抗抗体染色（图5-2-6），然后漂洗、封固、镜检。抗抗体与抗体必须是相应的，如使用的抗体是猪源的，则用羊抗猪荧光抗抗体。染色时需用正常血清处理片作对照，该对照片镜检应无荧光。

间接法的优点：对一种动物而言，只需制备一种荧光抗抗体，即可用于多种抗原的检测，镜检所见荧光也比直接法明亮。

我国已推广使用荧光抗体技术诊断猪瘟、猪弓形体病、猪传染性胃肠炎、炭疽等病。

（2）免疫酶标抗体技术　免疫酶标抗体技术是利用抗原抗体的特异性结合和酶的高效特异的催化作用显色而建立起来的免疫检测技术。最常用的标记酶是辣根过氧化物酶（HRP），其作用的底物为过氧化氢，催化过氧化氢水解时需要供氢体，无色的供氢体氧化后会生成有色的产物，使不可见的抗原抗体反应转化为可见的呈色反应。常用的供氢体有3,3′-二氨基联苯胺（DAB）和邻苯二胺（OPD），前者反应后形成不溶性的棕色物质，适用于免疫酶组织化学染色法；后者反应后形成可溶性的橙色产物，敏感性高，易被酸终止反应，呈现的颜色稳定，可数小时不变，是酶联免疫吸附试验（ELISA）中最常用的供氢体。

① 免疫酶组织化学染色法

直接法:用酶标抗体直接处理含待检抗原的标本,洗涤后,浸于含有 H_2O_2 和 DAB 的显色反应液中作用,然后在普通光学显微镜下观察颜色反应,抗原所在部位呈棕黄色(图5-2-7)。

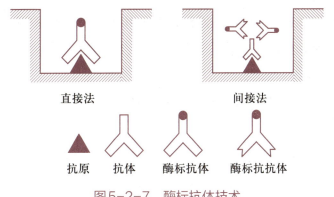

图5-2-7　酶标抗体技术

间接法:标本先用未标记的抗血清处理,洗涤后再用相应的酶标抗抗体处理,洗涤,然后浸于含 H_2O_2 和 DAB 显色反应液中作用,显微镜下观察颜色反应,以指示是否有抗原 – 抗体 – 抗抗体复合物存在,结果和直接法相同。

② 酶联免疫吸附试验　简称 ELISA,是当前应用最广、发展最快的一项新技术。其基本过程是将抗原(或抗体)吸附于固相载体,在载体上进行免疫酶染色,底物显色后用酶标测定仪测定、判定结果。目前已可采用 ELISA 试剂盒进行试验,试剂盒中包括包被酶标板、酶标抗体、样品稀释液、底物、浓缩清洗液、阳性和阴性对照血清、终止液。试剂盒需在 2~7 ℃保存。

现已用 ELISA 试剂盒对猪伪狂犬病、猪繁殖与呼吸综合征等畜禽疫病进行检疫。

二、常见血清学试验的操作方法和结果判定

(一) 凝集试验

1. 平板凝集试验(以布鲁菌病诊断为例)

操作方法如下:

(1) 取一长方形洁净玻璃板,用记号笔画上若干方格,编号。

(2) 用吸管吸取被检血清,直立接触玻板分别加 0.08 mL、0.04 mL、0.02 mL、0.01 mL,滴到玻板的方格内。

(3) 摇动平板凝集抗原,使其悬浮均匀,用抗原吸管吸取抗原,垂直地滴 1 滴(约 0.03 mL)抗原于每一血清格内。

(4) 自 0.01 mL 血清格开始,用短铁丝或牙签混合,混匀后摊开使其直径 2 cm 左右,以同样方法混合 0.02 mL、0.04 mL、0.08 mL 血清(一定是由少量到多量依次混合,牙签使用一份血

清后弃去,短铁丝用后火焰灭菌再用)。

(5) 静置 3~4 min,再拿起玻板轻轻转动,这时强阳性血清即可出现反应,此时拿起玻板使混合物从一边向另一边流动,再按下列标准记录反应结果:

++++　出现大凝集片或小粒状物,液体完全透明,即有 100% 凝集。

+++　有明显凝集片和颗粒,液体几乎完全透明,即有 75% 凝集。

++　有可见凝集片和颗粒,液体不甚透明,即有 50% 凝集。

+　仅仅可以看见颗粒,液体混浊,即有 25% 凝集。

−　液体混浊,无凝集现象。

(6) 每一批检查材料,都必须设阳性血清、阴性血清和抗原对照。

(7) 平板凝集反应的血清量 0.08 mL、0.04 mL、0.02 mL、0.01 mL 加入抗原后,其效价相当于试管凝集价的 1∶25、1∶50、1∶100 和 1∶200。

结果判定如下:

牛、马、骆驼于 1∶100 稀释度,猪、羊、狗于 1∶50 稀释度出现"++"的凝集现象时,被检血清判定为阳性反应;牛、马、骆驼于 1∶50 稀释度,猪、羊、狗于 1∶25 稀释度出现"++"的凝集现象时,被检血清判定为可疑。

2. 试管凝集试验

操作方法如下:

(1) 待检血清的稀释度　牛、马、骆驼为 1∶50、1∶100、1∶200、1∶400 四个稀释度;猪、羊、犬为 1∶25、1∶50、1∶100、1∶200 四个稀释度。

(2) 每份血清用 5 支试管置于试管架上,第 1 管加入 0.5% 苯酚生理盐水 2.3 mL,第 2 管不加,第 3、4、5 管各加 0.5 mL。用 1 mL 吸管吸取待检血清 0.2 mL 加入第 1 管内,换一支吸管混合,此时血清稀释度为 1∶12.5。

(3) 从第 1 管吸出 1.0 mL 分别加入第 2、3 管各 0.5 mL,用此吸管将第 3 管混合,并吸出 0.5 mL 加入第 4 管,混匀后又从第 4 管吸出 0.5 mL 加入第 5 管,混匀后从第 5 管吸出 0.5 mL 弃去。第 1 管作不加抗原的血清对照,其余各管血清稀释度分别为 1∶12.5、1∶25、1∶50、1∶100。

(4) 用苯酚生理盐水将抗原作 20 倍稀释,除第 1 管外,每管加入 0.5 mL,振荡混匀,此时第 2 管至第 5 管各管的混合液体体积均为 1 mL,而血清稀释度则为 1∶25、1∶50、1∶100、1∶200。

(5) 每次试验均须作下列对照:

阴性血清对照　稀释方法、所需稀释度和加入抗原量与待检血清相同。

阳性血清对照　其稀释度、稀释方法和加入抗原量与待检血清相同。

抗原对照　将 1∶20 的抗原稀释液 0.5 mL 与 0.5 mL 苯酚生理盐水混合即成。

(6) 将试管架小心振荡之后,置于培养箱中 4 h,再移出放室温下 18~24 h,然后检查并记录结果。

结果判定如下:

(1) 根据各管中液体的清亮程度和管底沉淀物的形状进行判定。

++++ 液体完全清亮(100% 菌体凝聚沉淀),底部形成伞状边缘的沉淀。

+++ 液体几乎完全清亮(75% 菌体凝聚沉淀),底部形成大片状沉淀。

++ 液体清亮(50% 菌体凝聚沉淀),底部形成片状沉淀。

+ 液体不清亮(25% 菌体凝聚沉淀),底部小片状沉淀。

– 液体不清亮,底部无沉淀。

(2) 牛、马、骆驼于 1:100 稀释度,猪、羊、狗于 1:50 稀释度出现"++"的凝聚现象时,被检血清判定为阳性反应;牛、马、骆驼于 1:50 稀释度,猪、羊、狗 1:25 稀释度出现"++"凝聚现象,被检血清判定为可疑。

(二) 沉淀试验

1. 环状沉淀试验(以炭疽为例)

(1) 被检抗原的制备

① 热浸法 取疑为因炭疽病死亡动物的实质脏器约 1 g(脾等内脏最好,无内脏时取肌肉),在乳钵内剪碎、研磨,加入 5~10 mL 生理盐水使之混合,用移液管移至试管内,煮沸 30 min,冷却后用滤纸过滤,呈清亮的液体,即为被检抗原。

② 冷浸法 如被检材料为皮张、动物毛等,应先将其经 121.3 ℃灭菌 30 min,然后将皮张剪为小块,取 1 g 加入 5~10 mL 0.5% 苯酚生理盐水,置于室温或 4 ℃冰箱浸泡 18~24 h,滤纸过滤,滤液透明即为被检抗原。

(2) 操作方法

① 若用于抗原定性,取沉淀反应管 3 支或数支,用巴氏吸管将沉淀素血清加至管高 1/3 处,然后用另一巴氏吸管把待检抗原沿管壁加入,使之重叠于沉淀素血清上,其余 2 支反应管同上法分别加入炭疽标准抗原和生理盐水,做阳性和阴性对照。将试管直立,3 min 内判定结果。

② 若用于免疫血清效价测定时,可先将每毫升含 1~2 mg 的蛋白抗原用巴氏吸管分别加于各沉淀管,然后将待测免疫血清做系列倍比稀释,用巴氏吸管从最高稀释度血清开始,吸取待检血清缓慢加到沉淀管,重叠于抗原之上,置于室温中 20~30 min 观察结果。

(3) 结果判定 若两液面交界处出现白色沉淀环即为阳性。当被检血清最高稀释度的沉淀管与抗原出现阳性反应时,还应再作稀释并进行沉淀试验,以出现沉淀环的最高稀释度判定为该血清的沉淀效价。

本法在尸体腐败或反复冻融不能检出细菌(菌体崩解)的情况下应用,可用于诊断牛、羊、马的炭疽病。猪患炭疽时,此反应常为阴性,因此不能用来诊断猪的炭疽病。

2. 琼脂扩散试验(以马传染性贫血琼脂扩散试验为例)

操作方法如下:

(1) 琼脂板的制备 取优质琼脂粉 1.0~1.2 g,加入含有万分之一硫柳汞的磷酸缓冲盐水或硼酸缓冲液 100 mL 中,置于沸水浴中溶化,再经两层夹有薄层脱脂棉纱布过滤。取过滤的琼脂 10 mL,加于 90 mm 直径的平皿,厚度为 3 mm。

(2) 打孔 如图 5-2-8 所示,中央孔径为 4 mm,外周孔径为 6 mm,孔间距 3 mm。

(3) 加样 加样方式如图 5-2-8 所示,添加至孔满为度。

(4) 反应 平皿加盖,置 15~30 ℃条件下 24~72 h 观察结果。

结果判定如下:

若检验用阳性血清和抗原孔之间有明显致密的沉淀线时,被检血清与抗原孔之间形成沉淀线者或标准阳性血清的沉淀线末端向毗邻的被检血清孔内侧偏弯者,此被检血清判定为阳性。被检血清与抗原孔之间不形成沉淀线,或者阳性血清的沉淀线向毗邻的被检血清孔直伸或向其外侧偏弯者,此被检血清判定为阴性(图 5-2-8)。

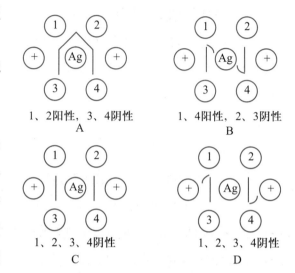

+:阳性血清;1、2、3、4 :被检血清;Ag:抗原。

图 5-2-8 琼脂扩散试验结果判定

附3 琼脂扩散试验试剂配方

(1) pH 7.4 的 0.01 mol/L 磷酸缓冲盐水(PBS 液):$Na_2HPO_4 \cdot 12H_2O$ 2.9 g,KH_2PO_4 0.3 g,NaCl 8.0 g,蒸馏水加至 1 000 mL。

(2) pH 8.6 的硼酸缓冲液:四硼酸钠 8.8 g,硼酸 4.65 g,蒸馏水加至 1 000 mL。

(3) 万分之一硫柳汞:硫柳汞 100 mg,蒸馏水加至 1 000 mL。

(三) 酶联免疫吸附试验

酶联免疫吸附试验操作程序如下:抗原包被→洗涤→加血清(阳性、阴性、待检)→洗涤→加酶标抗体→洗涤→加底物→终止反应→结果判定。

(1) 抗原包被 用 0.05 mol/L pH 9.6 碳酸盐缓冲液将乙型脑炎病毒抗原稀释成最适浓度(1∶20),然后加于聚苯乙烯板的 1 排孔中,每孔 200 μL,置于 4 ℃冰箱过夜。

(2) 洗涤 倾去孔内抗原溶液,再用洗涤液加满各孔,室温放置 3 min,倒掉,如此重复 3 次。

(3) 加待检血清 将待检血清作 1∶200 稀释,加入孔中,每孔 200 μL,各做 1 孔阳性血清和阴性血清对照(阳性、阴性血清的处理同待检血清)。放入 37 ℃作用 2 h。

(4) 洗涤　同(2)。

(5) 加酶标羊抗兔 IgG　每孔 200 μL,37 ℃作用 2 h。

(6) 洗涤　同(2)。

(7) 加底物　每孔加入 200 μL 新鲜配制的底物溶液,37 ℃反应 15~30 min。

(8) 终止反应　每孔加入 2 mol/L H₂SO₄ 50 μL。

判定结果如下:

ELISA 试验结果现在普遍采用酶联免疫检测仪测定,也可用肉眼判定。用肉眼观察时,将反应板置于白色背景上,比较样品颜色与阳性、阴性对照的颜色,如果待检血清孔比阴性血清对照孔深即可判为阳性。若要判定样品效价,也可将样品作倍比稀释,待检血清孔的颜色反应比阴性血清对照孔深的最大稀释度即为样品的效价。

用酶联免疫检测仪测定时,应设阳性样品与阴性样品对照,微量反应板每列第 10 孔为空白对照,在测定光密度时加底物溶液与终止液用以调零。最终结果可按下列方法表示。

① 用阳性"+"与阴性"−"表示　若样品的吸收值(OD 值)超过规定吸收值判为阳性,否则为阴性。(规定吸收值 = 阴性样品的吸收值的平均值 +2 或 3SD,SD 为标准差)。

② 以终点滴度(即 ELISA 效价,简称 ET)表示　将样品作倍比稀释,测定各稀释度的 OD 值,高于规定吸收值的最大稀释度即仍出现阳性反应的最大稀释度,即为样品的 ELISA 滴度或效价。

③ 以 P/N 比值表示　将样品的 OD 值与阴性样品 OD 值的平均值相比,若大于 1.5、2 或 3 倍,即判为阳性。

附 4　ELISA 试剂配方

(1) 0.05 mol/L pH 9.6 碳酸盐缓冲液:Na₂CO₃ 0.34 g,NaHCO₃ 0.57 g,蒸馏水 200 mL,将 Na₂CO₃ 和 NaHCO₃ 溶于蒸馏水即成。

(2) 0.1 mol/L 的 pH 5.0 磷酸盐 – 柠檬酸缓冲液:0.1 mol/L 柠檬酸 9.7 mL,0.2 mol/L Na₂HPO₄ 磷酸盐 10.3 mL,二者混匀即成。

(3) 底物溶液:0.1 mol/L 的 pH 5.0 磷酸盐 – 柠檬酸缓冲液 100 mL,邻苯二胺(OPD) 40 mg,30% H₂O₂ 0.15 mL,混匀。

(4) 抗原的制备:半提纯乙脑病毒感染鼠脑抗原,即取感染鼠脑 20% 乳剂的离心沉淀上清液,加入 0.25% 鱼精蛋白,4 ℃作用 30 min,再经离心沉淀,取上清液,40 000 r/min 离心沉淀 2 h。将沉淀物用 pH 9.0 硼酸盐缓冲液恢复至原容积,再进行离心沉淀,其上清液即为抗原。包被稀释度为 1 : 20。

(四) 免疫荧光技术

免疫荧光技术操作程序如下:取病料→制片→干燥→固定→干燥→染色→封片→镜检。

1. 取病料

病料必须新鲜,不腐败,不能及时检查时可冰冻保存。

2. 标本片的制备

(1)涂片或压印片 对于感染动物血液、脓汁、粪便、尿沉渣、分泌物可进行涂片;组织标本可涂片或压印片。此种方法常用于一般诊断工作。

(2)组织切片 感染动物的脏器、组织可进行冰冻切片和石蜡切片,常用于病毒材料的诊断工作。

本实验中制作标本片可采用涂片和组织切片的方法。

3. 干燥

采用自然干燥法。

4. 标本片的固定

固定是免疫荧光技术中的一个重要环节,往往对荧光染色效果表现明显的影响。固定有三个目的,一是防止被检材料从玻片上脱落;二是消除干扰抗原抗体反应的因素,如脂肪;三是使标本片易于保存。

影响固定效果的因素很多,如温度、时间、浓度、固定剂种类,对于每一具体的抗原抗体系统,最合适的固定条件往往要凭经验确定。表5-2-1列出了常用的固定剂与固定条件。对于细菌标本,一般火焰固定最方便,效果也很好。

表5-2-1 常用抗原物质的固定方法

抗原种类	固定剂	固定条件
蛋白质抗原	95%~100% 乙醇	37 ℃ 3~10 min
免疫球蛋白	四氯化碳或95% 乙醇	37 ℃ 10 min,室温 15 min,4 ℃ 30 min
病毒	丙酮、四氯化碳、无水乙醇	室温 5~10 min,4 ℃ 30~60 min
多糖细菌	丙酮、10% 甲醛或甲醇	室温 3~10 min,4 ℃ 30~60 min
类脂	10% 甲醛	室温 3~10 min

5. 染色

(1)加染色液 滴加荧光抗体覆盖切片或涂片的标本区,水平置于湿盒内,37 ℃温箱染色30 min。

(2)洗涤 取出标本片,先用 0.01 mol/L pH 7.4 的 PBS 液轻轻冲洗,然后连续通过三次同样的 PBS 液浸泡,每次 5 min。

6. 封片

取出标本片,吹干,滴加 1 滴缓冲甘油于标本染色区,放上盖玻片。

7. 镜检

将标本片置荧光显微镜下观察。阳性标本可见细胞浆呈现出黄绿色荧光。

试验应设阳性标本与阴性标本对照。

附5　免疫荧光技术试剂配方

　　缓冲甘油的配制:NaHCO₃ 3.7 g,Na₂CO₃ 0.6 g,蒸馏水 100 mL,甘油 900 mL。将 NaHCO₃ 和 Na₂CO₃ 溶于蒸馏水中,将此溶液与甘油混匀即成缓冲甘油。

任务实施

常见血清学试验操作技能训练

1. 实施目标

(1) 熟练掌握平板凝集试验、试管凝集试验的操作及结果判定。

(2) 熟练掌握环状沉淀试验、琼脂扩散试验的操作及结果判定。

(3) 熟练掌握酶联免疫吸附试验(简称 ELISA)的操作及结果判定。

(4) 学会直接荧光抗体试验的染色及镜检方法。

2. 实施步骤

(1) 准备仪器材料

凝集试验:电热恒温培养箱;电热干燥箱;高压蒸汽灭菌器;电冰箱;待检动物血清;布鲁菌平板凝集抗原(购买);布鲁菌标准阳性、阴性血清(购买);0.2 mL、0.5 mL、1.0 mL、5.0 mL、10.0 mL 吸管;短铁丝环或牙签;0.5% 苯酚生理盐水(稀释液);灭菌小试管。

沉淀试验:

环状沉淀试验材料　炭疽沉淀素血清、炭疽标准抗原、毛细吸管、沉淀反应用小试管、小漏斗、滤纸、石棉、琼脂平板、琼脂打孔器等。

琼脂扩散试验材料　①抗原制备。取马传染性贫血病毒驴白细胞培养液冻融 3 次,以 3 000 r/min,离心 30 min,沉淀物用含万分之一硫柳汞的缓冲液作 5 倍体积稀释并混匀,再加入 2 倍的乙醚,在室温下振荡处理或用玻棒搅拌,待乙醚挥发完毕即为琼脂扩散抗原,冻结保存。②标准阳性血清,阴性血清。③被检血清。④无菌平皿。

酶联免疫吸附试验:半提纯乙型脑炎病毒感染鼠脑抗原、酶标羊抗兔 IgG、固相载体(聚苯乙烯微量反应板)、0.05 mol/L 的 pH 9.6 的碳酸盐缓冲液(包被抗原用缓冲液)、0.02 mol/L 的 pH 7.4 的 PBS 液(洗涤与稀释用缓冲液)、底物溶液、阳性血清、阴性血清、待检血清、2 mol/L H₂SO₄

（浓 H_2SO_4 22.2 mL 加水 177.8 mL，用于终止反应）。

直接荧光抗体试验：疑似猪瘟的新鲜病料（猪扁桃体）、猪瘟荧光抗体、丙酮、染色缸、0.01 mol/L pH 7.4 的 PBS 液、碳酸盐缓冲甘油、荧光显微镜等。

（2）确定工作实施方案

① 小组讨论　分小组实验，每小组 3~5 人。小组召集人组织小组成员，根据"任务准备"中学习的内容，逐条、充分地讨论操作方案，合理分工，以完成凝集试验、沉淀试验、酶联免疫吸附试验和直接荧光抗体试验。小组召集人由本组成员轮流担任，每完成一项工作轮换一次。

② 确定方案　各小组召集人上台汇报本小组工作任务单中的相关操作内容及人员分工，其他组的同学点评其优缺点并做补充。教师综合评价各组表现，并根据各组汇报归纳出供全班同学实际操作的实施方案。

（3）实施操作　各小组按最终的工作实施方案进行操作，填写表 5-2-2 至表 5-2-5。每项工作完成后，由小组召集人召集组员进行纠错与反思，完善操作任务，最后对工作过程进行评价。

表 5-2-2　凝集试验的操作及结果判定工作任务单

工作内容	组内分工	设备和材料	工作要求	工作过程评价	
				自评	互评
1. 进行平板凝集试验					
2. 进行试管凝集试验					
3. 正确判定试验结果，填写记录表					

表 5-2-3　沉淀试验的操作及结果判定工作任务单

工作内容	组内分工	设备和材料	工作要求	工作过程评价	
				自评	互评
1. 进行环状沉淀试验					
2. 进行琼脂扩散试验					
3. 正确判定试验结果，填写记录表					

表 5-2-4　酶联免疫吸附试验的操作及结果判定工作任务单

工作内容	组内分工	设备和材料	工作要求	工作过程评价	
				自评	互评
1. 进行酶联免疫吸附试验					
2. 正确判定试验结果，填写记录表					

表 5-2-5 直接荧光抗体试验的染色及镜检方法工作任务单

工作内容	组内分工	设备和材料	工作要求	工作过程评价	
				自评	互评
1. 采集疑似猪瘟的新鲜病料					
2. 免疫荧光标本片的制备与固定					
3. 免疫荧光标本片的染色					
4. 荧光显微镜下观察试验结果					

随堂练习

1. 血清学试验的特点有哪些?

2. 影响血清学试验的因素是什么?

3. 血清学试验根据抗原的性质、参与反应的介质及反应现象的不同,可分为几种类型?分别举例说明其在微生物检验中的应用。

4. 举 1 个例子说明常见的血清学试验的操作方法和结果判定。

任务 5.3 变 态 反 应

任务目标

知识目标:

1. 了解变态反应的两个发展阶段。

2. 了解变态反应的四个主要类型。

3. 掌握 I 型变态反应的原理及应用。

4. 掌握 IV 型变态反应的原理及应用。

5. 了解变态反应的应用以及防治。

技能目标:

牛结核菌素点眼试验的操作方法和结果判定。

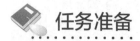 任务准备

一、变态反应概述

(一) 变态反应的概念

变态反应又称过敏反应或超敏反应,是免疫机体再次接触相同过敏原(变应原)时发生的反应过度剧烈而引起生理功能紊乱或组织损伤的病理性免疫反应。引起变态反应的抗原物质称为变应原或过敏原,其中包括完全抗原、半抗原或小分子的化学物质,如病原微生物、寄生虫(原虫、蠕虫)、异种血清、组织蛋白、化学药品甚至某些饲料。这些变应原可通过呼吸道、消化道或皮肤黏膜等途径进入动物体内,使其致敏和激发变态反应。

(二) 变态反应的发展阶段

变态反应的发生一般可分为致敏阶段和发生阶段。

1. 致敏阶段

致敏阶段是指机体初次接触某种抗原后,免疫活性细胞增殖分化为致敏淋巴细胞或浆细胞,两类细胞进一步产生效应物质(抗体、淋巴因子等)的过程。一般需 10~21 d。

2. 发生阶段

发生阶段是指机体再次接触同一抗原时,抗原作用于相应的致敏淋巴细胞,导致释放出淋巴因子,或与相应的过敏抗体发生特异性结合,而出现异常反应的过程。为期几分钟乃至 2~3 d。变态反应的发生决定于两方面的因素,一为机体的免疫机能状态,另一为抗原的性质和其进入机体的途径等,但主要决定于前者。变态反应不同于正常的免疫反应,个体差异较为明显。某些个体或某个家庭的成员,即使接触极微量的某种过敏原,也可发生强烈的变态反应。

(三) 变态反应的类型

根据变态反应发生的机制和临床特点可将变态反应分为四个主要类型,即Ⅰ型——过敏反应,Ⅱ型——细胞溶解反应,Ⅲ型——免疫复合物反应,Ⅳ型——迟发型变态反应。前三型由抗体介导,发生较快,统称为速发型变态反应;Ⅳ型变态反应由细胞介导,发生较慢,所以称为迟发型变态反应。

二、各型变态反应的发生与防治

(一) 各型变态反应的发生及参与成分

1. I 型变态反应——过敏反应

过敏反应是由 IgE 介导的炎性反应。过敏原进入机体后,诱发 B 细胞产生 IgE 抗体,后者以其 Fc 段与靶细胞(肥大细胞、嗜碱性粒细胞)表面的受体结合,使机体呈致敏状态。以后如果致敏机体再次接触相应的游离过敏原时,过敏原即与细胞表面的过敏性抗体结合,发生免疫反应,导致细胞中分泌颗粒迅速地(几分钟内)释放出药理作用的活性物质,如组胺、迟缓反应物质、5- 羟色胺和过敏毒素等,引起毛细血管扩张、通透性增加、皮肤黏膜水肿、血压下降及支气管平滑肌痉挛等变化,出现过敏反应症状(图 5-3-1)。

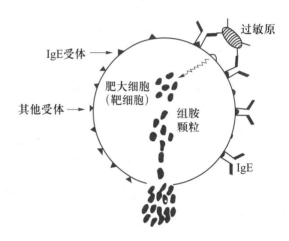

图 5-3-1　I 型变态反应机理

不同的过敏原可引起不同组织器官的过敏,症状各异。皮肤性过敏症状为皮肤荨麻疹、水肿和湿疹;呼吸道性过敏症状为气管哮喘和过敏性鼻炎;消化道性过敏症状为恶心、呕吐、腹泻、腹痛;全身性过敏症状为过敏性休克。

参与过敏反应的成分有:过敏原、IgE、肥大细胞、嗜碱性粒细胞以及这两种细胞释放的活性物质(组胺、迟缓反应物质、5- 羟色胺和过敏毒素)。

应用青霉素、磺胺、疫苗及免疫血清后引起的过敏性休克、荨麻疹均属这一类型。

2. II 型变态反应——细胞溶解反应

细胞溶解反应由 IgG 和 IgM 介导。IgG 和 IgM 与细胞膜上的相应过敏原结合后,可通过以下两条途径杀伤靶细胞:

(1) 激活补体经典途径,导致补体系统的连锁反应,最后使细胞(多为血细胞)发生不可逆性破坏或溶解,此即补体介导的细胞毒性作用。

(2) 抗原 – 抗体复合物通过抗体的 Fc 段与巨噬细胞、NK 细胞及中性粒细胞的 Fc 受体结合而被吞噬或通过 ADCC 作用而杀伤靶细胞。

这一型变态反应的特点是使机体细胞数减少。其过敏原可以是机体本身的抗原(在外界因素作用下,自身抗原发生变构所致),也可以是吸附在细胞表面的外来抗原或半抗原,如药物半抗原、荚膜多糖、细菌内毒素。

输血反应、新生动物溶血病、溶血性贫血等均属这一类型。

参与细胞溶解反应的成分有:过敏原、IgG、IgM、补体、巨噬细胞、NK 细胞及中性粒细胞。

3. Ⅲ型变态反应——免疫复合物反应

在某些特定条件下,抗原抗体形成的免疫复合物没有被清除,可沉积于局部,激活补体,在中性粒细胞等活性细胞的参与下,引起组织损伤。抗原的持续存在是形成免疫复合物的先决条件。抗原进入体内后,刺激机体生成抗体。一般情况下,抗体与抗原结合所形成的免疫复合物可被吞噬而清除,若抗原大量持续存在,以致免疫复合物不断形成、蓄积并沉积于血管壁,即可导致组织损伤。例如持续感染时,微生物(细菌、病毒和原虫等)持续或间歇地繁殖,血流中可出现大量抗原,这就为免疫复合物的形成提供了条件。

急性血清病、过敏性血管炎、肾小球肾炎、类风湿性关节炎、毛细支气管炎均属这一类型。

参与免疫复合物反应的成分有:过敏原、抗体、补体及中性粒细胞。

4. Ⅳ型变态反应——迟发型变态反应

Ⅳ型变态反应是一种细胞介导的局部反应,它的发生比较缓慢,一般在接触过敏原后48~72 h 发生,所以称为迟发型变态反应。它与致敏淋巴细胞有关,而与抗体无关。

外来抗原进入机体后,可刺激 T 细胞增生、分化,成为针对某一特定抗原的效应 T 细胞。当效应 T 细胞再次接触相同抗原时可释放一系列淋巴因子,它们分别导致血管通透性增加、渗出增多,或发挥趋化作用,使大量淋巴细胞、单核细胞、巨噬细胞及中性粒细胞聚集于炎症区,在局部形成以单核细胞为主的细胞浸润,导致局部小血管栓塞,血管变性坏死。

传染性变态反应、接触性皮炎、同种异体器官移植排斥反应均属这一类型。

参与迟发型变态反应的成分有:过敏原、T 细胞、单核细胞、巨噬细胞及中性粒细胞。

(二) 变态反应的应用及防治

1. 应用

(1) 防止变态反应的发生　某些药物可作为过敏原引发机体的变态反应,例如青霉素可引发Ⅰ型变态反应。在应用这类药物时,为了防止变态反应的发生,可做预试验以确定用药对象是否为过敏性机体。例如,病人去医院就诊,医生开出的处方中有青霉素,为了查明机体是否会过敏,护士会先用少量青霉素注入皮内,在 10~30 min 内若出现红肿、隆起的硬节者(局部的Ⅰ型变态反应),说明该机体为过敏性机体,使用青霉素会引发Ⅰ型变态反应,应禁止使用。

(2) 动物传染病的检疫　以病原微生物或其代谢产物为过敏原,刺激机体产生的Ⅳ型变态反应称为传染性变态反应。这种特性可用于诊断传染病。结核菌素试验就是典型的传染性变态反应。结核菌素是牛分枝杆菌的浸出物作为结核病诊断皮肤试验的抗原。将结核菌素注射于被检动物颈部皮内 0.1 mL,反应情况视感染情况而定。正常动物没有明显的局部炎症反应。如为感染结核菌而致敏的动物,即发生Ⅳ型变态反应。72 h 后观察,机体主要表现为局部血管扩张和通透性增强,单核 – 巨噬细胞浸润,可见硬固的红斑和肿胀,即可判定为结核菌素反应阳性动物,为检疫提供可靠的诊断依据。

2. 防治

变态反应的防治要从过敏原和机体的免疫状态两方面加以考虑。一方面,要尽可能确定过敏原,使动物避免与其再接触;另一方面,要针对变态反应发生的过程,阻断或干扰其中的某些环节,以防止变态反应的发生或发展。

(1) 针对过敏原预防　首先确定过敏原,尽可能防止动物机体与之接触。为防止因注射免疫血清等异种血清引起Ⅲ型变态反应,应在大剂量注射之前,皮下注射少量血清,猪、羊等中等体型动物每次 0.2 mL,牛、马等大体型动物 2.0 mL;经 15 min 后,再注射中等剂量,中等体型动物 10 mL,大体型动物 100 mL;若无严重反应,经 15 min 后可注射全量。

(2) 针对发生过程治疗　当动物已发生变态反应时,可用阻止活性介质的药物,如肾上腺素、异丙基肾上腺素等;抗组胺的药物,如氯苯那敏(扑尔敏)、苯海拉明、盐酸异丙嗪;平缓效应器官反应的药物,如肾上腺素、麻黄素、葡萄糖酸钙、氯化钙,以阻止变态反应的继续发展。急性全身性的过敏反应主要是对症治疗,肾上腺素是一种首选药物。在动物可能接触过敏原之前,预先制备好 1 : 1 000 的肾上腺素溶液备用。

三、变态反应检查——以结核菌的检验为例

结核菌素变态反应诊断有三种方法,即皮内反应、点眼反应及皮下反应。我国现在主要采用前两种方法,而且前两种方法最好同时并用。1985 年以来,我国逐渐推广改用提纯核素来诊断检疫结核病。以下内容以牛为例进行介绍。

(一) 老结核菌素变态反应

1. 牛结核菌素皮内反应

注射部位:在颈侧中部上 1/3 处剪毛(3 个月内犊牛可在肩胛部)直径约 10 cm,用卡尺测量术部中央皮皱厚度。

注射剂量:用结核菌素原液,3 个月以内的小牛 0.1 mL,3 个月至 1 岁牛 0.15 mL,12 个月以上的牛 0.2 mL,必须注射于皮内。

观察反应:皮内注射后,应分别在 72 h、120 h 进行两次观察,注意肩部有无热、痛、肿胀等炎性反应,并以卡尺测量术部肿胀面积及皮皱厚度。

在第 72 小时观察后,对呈阴性及可疑反应的牛只,须在原注射部位,以同一剂量进行第二回注射。第二回注射后应于第 48 小时(即 120 h)再观察一次。

结果判定:

（1）阳性反应　局部发热，有痛感，并呈现不明显的弥漫性水肿，质地如面团，肿胀面积在35 mm×45 mm 以上，或上述反应较轻，而皱皮厚度在原测量基础上增加 8 mm 以上者，为阳性反应，其记录符号为（+）。

（2）疑似反应　局部炎性水肿不明显，肿胀面积在 35 mm×45 mm 以下者，皮厚增加在5~8 mm 之间，为疑似反应，其记录符号为（±）。

（3）阴性反应　局部无炎性水肿，或仅有无热坚实及界限明显的硬块，皮厚增加不超过5 mm 者，为阴性反应，其记录符号为（-）。

2. 牛结核菌素点眼反应

牛结核菌素点眼，每次进行两回，间隔 3~5 d。

方法：点眼前对两眼做详细检查，正常时方可点眼，有眼病或结膜不正常者，不可做点眼检疫。结核菌素一般点于左眼，左眼有眼病可点于右眼，但须在记录上说明。用量为 3~5 滴，0.2~0.3 mL。点眼后，注意将牛拴好，防止风沙侵入眼内，避免阳光直射牛头部以及牛与周围物体摩擦。

观察反应：点眼后，应于 3 h、6 h、9 h 各观察一次，必要时可观察第 24 小时的反应。应观察两眼的结膜与眼睑肿胀的状态，流泪及分泌物的性质和量的多少，由于结核菌素而引起的食欲减少或停止以及全身战栗、呻吟、不安等其他变态反应，均应详细记录。阴性和可疑的牛 72 h 后，于同一眼内再滴一次结核菌素，观察记录同上。

结果判定：

（1）阳性反应　有两个大米粒大或 2 mm×10 mm 以上的呈黄白色的脓性分泌物自眼角流出，或散布在眼的周围，或积聚在结膜囊及其眼角内，或上述反应较轻，但有明显的结膜充血、水肿、流泪并有其他全身反应者，为阳性反应。

（2）疑似反应　有两个大米粒或 2 mm×10 mm 以上的灰白色、半透明的黏液性分泌物积聚在结膜囊内或眼角处，并无明显的眼睑水肿及其他全身症状者，判为疑似反应。

（3）阴性反应　无反应或仅有结膜轻微充血，流出透明浆液性分泌物者，为阴性反应。

3. 综合判定

结核菌素皮内注射与点眼反应两种方法中的任何一种呈阳性反应者，即判定为结核菌素阳性反应牛；两种方法中的任何一种方法为疑似反应者，判定为疑似反应牛。

4. 复检

在健康牛群中（即无一头变态反应阳性的牛群）经第二次检疫判定为可疑牛，要单独隔离饲养，1 个月后做第二次检疫，仍为可疑时，经半个月做第三次检疫，如仍为可疑，可继续观察一定时间后再进行检疫，根据检疫结果做出适当处理。

如果在牛群中发现有开放性结核牛，同群牛如有可疑反应的牛只，也应视为被感染。通过两回检疫均为可疑者，即可判为结核菌素阳性牛。

（二）提纯结核菌素（PPD）变态反应

1. 注射部位及术前处理

将牛只编号后在颈侧中部上 1/3 处剪毛（或提前一天剃毛），3 个月以内的犊牛，也可在肩胛部进行，直径约 10 cm，用卡尺测量术部中央皮皱厚度，作好记录。如术部有变化时，应另选部位或在对侧进行。

2. 注射剂量

不论牛只大小，一律皮内注射 1 万 IU。即将牛型提纯结核菌素稀释成每毫升含 10 万 IU 后，皮内注射 0.1 mL。如用 2.5 mL 注射器，应再加等量注射用水皮内注射 0.2 mL。冻干提纯结核菌素稀释后应当天用完。

3. 注射方法

先以 75% 乙醇棉球消毒术部，然后皮内注入定量的牛型提纯结核菌素，注射后局部应出现小泡，如注射有疑问时，应另选 15 cm 以外的部位或对侧重做。

4. 注射次数和观察反应

皮内注射后经 72 h 判定，仔细观察局部有无热、痛、肿胀等炎性反应，并以卡尺测量皮皱厚度，作好详细记录。对疑似反应牛应即在另一侧以同一批菌素同一剂量进行第二回皮内注射，再经 72 h 后观察反应。

如有可能，对阴性和疑似反应牛，于注射后 96 h、120 h 再分别观察一次，以防个别牛出现较迟的迟发型变态反应。

5. 结果判定

（1）阳性反应　局部有明显的炎性反应。皮厚差等于或大于 4 mm 以上者，其记录符号为（+）。对进出口牛的检疫，凡皮厚差大于 2 mm 者，均判为阳性。

（2）疑似反应　局部炎性反应不明显，皮厚差在 2.1~3.9 mm 之间，其记录符号为（±）。

（3）阴性反应　无炎性反应。皮厚差在 2 mm 以下，其记录符号为（–）。

（4）凡判定为疑似反应的牛只，于第一次检疫 30 d 后进行复检，其结果仍为可疑反应时，经 30~45 d 后再复检，如仍为疑似反应，应判为阳性。

附 6　其他家畜结核病结核菌素诊断法

（1）马、绵羊、山羊和猪仅使用牛结核菌素（O.T）一回皮内注射法进行检疫。

（2）注射部位及剂量　马位于左颈中部上 1/3 处；猪和绵羊在左耳根外侧；山羊在肩胛部。剂量：成年家畜为 0.2 mL，3 个月至 1 年的幼畜为 0.15 mL，3 个月以下的幼畜为 0.1 mL。除猪用结核菌素原液外，马、绵羊和山羊则用稀释的结核菌素（结核菌素 1 份，加灭菌 0.5% 石炭酸蒸馏水 3 份）。

（3）观察反应时间及判定标准　于注射后 48 h、72 h 进行再次观察。猪、绵羊或山羊，可按牛的判定标准进行判定。

（4）判定为疑似反应的马、绵羊、山羊和猪经 25~30 d 后于第一次注射后的对侧再做一次复检,如仍为疑似反应时,可参照对疑似反应牛只办法处理。

附 7　感染禽型结核菌或副结核菌牛群的诊断方法

如果牛群有感染禽型结核菌或副结核菌病可疑时,可以应用牛、禽两型提纯结核菌素的比较试验进行诊断。其方法和判定如下:

（1）注射部位及术前处理　将牛只编号后在同一颈侧的中部选两个注射点。一点在上 1/3 处,一点在下 1/3 处。剪毛（或提前一天剃毛）直径约 10 cm,用卡尺测量术部中央皮皱厚度,作好记录。两个注射点之间的距离不得少于 10 cm,注射点距离颈项顶端和颈静脉沟也不得少于 10 cm。如术部皮肤有变化时,选对侧颈部进行。

（2）注射剂量　在上 1/3 处皮内注射禽型提纯结核菌素 0.1 mL(每毫升含 2.5 万 IU),在下 1/3 处皮内注射牛型提纯结核菌素 0.1 mL(每毫升含 10 万 IU)。不论大小牛只,注射剂量相同。如用 2.5 mL 注射器注射剂量(0.1 mL)不易掌握,应加等量生理盐水或注射用水稀释后皮内注射 0.2 mL,冻干菌素稀释后应当天用完。

（3）注射方法　以 75% 乙醇棉球消毒术部,然后皮内注射定量的牛、禽两种提纯结核菌素。注射后局部应出现小泡,如注射有疑问时,可另选 15 cm 以外的部位或对侧颈部重做。

（4）观察反应　注射后 72 h 判定(可于 48 h 和 96 h 各进行一次判定)。详细观察和比较两种菌素炎性反应的程度。并用卡尺测量其皮厚,分别计算出牛、禽两种菌素皮内变态反应的皮厚差,然后比较二者之间的皮差(如果增加了 48 h 和 96 h 的判定时间,即可比较出两种菌素反应消失的快慢)。

（5）判定结果

① 牛型提纯结核菌素反应大于禽型提纯结核菌素反应,两者皮差在 2 mm 以上,判为牛型提纯结核菌素皮内反应阳性牛。其记录符号为(M⁺)。对已经定性的结核牛群,少数牛即使牛、禽两型之间的皮差在 2 mm 以下,或牛型提纯结核菌素反应略小于禽型提纯结核菌素的反应(不超过 2 mm),也应判为牛型结核菌素反应(但牛型提纯结核菌素本身反应的皮厚差应在 2 mm 以上)。

② 禽型提纯结核菌素反应大于牛型提纯结核菌素的反应,两者的皮差在 2 mm 以上,判为禽型提纯结核菌素皮内变态反应阳性牛。其记录符号为(A⁺)。对已经定性的副结核菌或禽结核菌感染的牛群,即使禽、牛两型提纯结核菌素之间的反应皮差小于 2 mm 或禽型提纯结核菌素略小于牛型提纯结核菌素的反应(不超过 2 mm),也应判为禽结核菌素反应(但禽型提纯结核菌素本身反应的皮差应在 2 mm 以上)。

（6）对进出口牛的检疫,任何一种菌素(牛、禽、副)皮差超过 2 mm 以上(或局部有一定炎性反应),均认为是不合格。

 任务实施

牛结核菌素点眼试验

1. 实施目标

以牛为例,掌握结核菌素点眼试验操作方法和结果判定。

2. 实施步骤

（1）准备仪器材料　将牛只编号、术部剪毛、结核菌素（O.T）、卡尺、乙醇溶液、甲酚皂溶液、

脱脂棉、纱布、注射器、针头、煮沸消毒锅、镊子、毛剪、消毒盘、鼻钳、点眼管、记录表、工作服、帽、口罩、线手套及胶靴等。

（2）确定工作实施方案

① 小组讨论　分小组实施，每小组 3~5 人。小组召集人组织小组成员，根据"任务准备"中所学内容，逐条、充分地讨论操作方案，合理分工，以完成牛结核菌素点眼试验。小组召集人由本组成员轮流担任，每完成一项工作轮换一次。

② 确定方案　各小组召集人上台汇报本小组工作任务单中的相关操作内容及人员分工，其他组的同学点评其优缺点并做补充。教师综合评价各组表现，并根据各组汇报归纳出供全班同学实际操作的实施方案。

（3）实施操作　各小组按最终的工作实施方案进行操作，填写表 5-3-1。每项工作完成后，由小组召集人召集组员进行纠错与反思，完善操作任务，最后对工作过程进行评价。

表 5-3-1　牛结核菌素点眼试验操作方法和结果判定工作任务单

工作内容	组内分工	设备和材料	工作要求	工作过程评价	
				自评	互评
1. 进行牛结核菌素点眼试验					
2. 分析实验结果，填写记录表					

 随堂练习

1. 什么是变态反应？
2. 变态反应有哪几种类型？
3. 试述 I 型变态反应的原理及应用。

任务 5.4　生物制品的应用

任务目标

知识目标：

1. 了解生物制品的种类及特性。

2. 了解生物制品的运输、保存及使用注意事项。

3. 掌握常见的几种动物免疫接种方法及每种方法的优缺点。

技能目标：

能根据免疫程序正确对动物进行免疫接种。

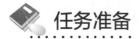 **任务准备**

一、生物制品的种类及特性

利用微生物、寄生虫及其组分或代谢产物以及动物或人的血液、组织等为原料制成的,用于传染病的预防、诊断和治疗的生物制剂,称为生物制品。

狭义的生物制品是指疫苗、免疫血清和诊断液;而广义的生物制品还包括各种血液制品、非特异性免疫制剂(如干扰素、丙种球蛋白)等。

根据生物制品的性质和作用,可以概括地将其分为五大类:①供预防用的疫苗(包括细菌性疫苗、病毒性疫苗以及类毒素等);②供治疗或紧急预防用的免疫血清、高免卵黄;③免疫诊断用的各种抗原、抗体及核酸探针等诊断制剂;④非特异性免疫活性因子,如白细胞介素、干扰素、转移因子;⑤其他生物制品,主要为血液制品(血浆、白蛋白等)。

此处只对前三种进行介绍。

(一)疫苗

疫苗是由病原微生物、寄生虫及其组分或代谢产物所制成的,用于人工自动免疫的生物制品。

1. 弱毒疫苗

弱毒疫苗是用人工诱变减弱毒力的弱毒株或天然弱毒株、无毒株制成的疫苗。弱毒疫苗是预防传染病常用的疫苗,其优点是使用剂量小,免疫产生快,免疫期较长,免疫效果好。但因为弱毒疫苗是活的微生物,大面积使用时,毒力可能返强,对动物存在着一定的危险性,并且需要冷冻保存。

2. 灭活疫苗

灭活疫苗是选用免疫原性强的细菌、病毒等经人工大量培养后杀死(灭活)后制成的疫苗。灭活疫苗虽然没有弱毒疫苗免疫期长,而且使用剂量大,但它生产方便,使用安全,容易保存。

3. 类毒素

细菌产生的外毒素,用甲醛处理使其失去毒性而保留抗原性制成的生物制品,称为类毒素。在类毒素中加入适量的明矾或氢氧化铝等吸附剂,注入机体后吸收较慢,使其免疫效果增强。用类毒素免疫动物,动物不能产生针对细菌的免疫力,细菌在动物体内仍可存活,但动物可产生针对细菌毒素的免疫力,使其毒素失去作用。

(二) 免疫血清

用微生物及其产物多次注射同一动物体,使其产生大量抗体,采取这种动物的血液,分离血清即为免疫血清(或称抗血清、高免血清)。根据抗原种类的不同,可分为抗菌血清、抗病毒血清和抗毒素血清三类。免疫血清具有很强的特异性,用于人工被动免疫,对相应传染病进行紧急预防和早期治疗有很好的效果。其优点是注射后立即产生免疫,但这种免疫力维持时间较短,一般仅为 2~3 周。

(三) 诊断液

供免疫诊断用的生物制品称为诊断液,包括诊断抗原和诊断抗体两类。诊断抗原用以检测血清中的相应抗体,以确诊动物是否受某种微生物感染或接触过该抗原,如布鲁菌凝集反应抗原、结核菌素,诊断抗体常用于对抗原的定性、定量分析和血清型分析,如炭疽沉淀素血清、沙门菌因子血清、荧光抗体及酶标抗体。

二、生物制品的运输、保存及使用注意事项

(一) 运输

不论用何种运输工具运送生物制品,主要注意之点是:防止高温、暴晒和冻融。运送时,生物制品要逐瓶包装,衬以厚纸或软草,然后装箱。如果是弱毒疫苗,需要在低温状态下运输,必须将弱毒疫苗装入盛有冰块的保温瓶或保温箱内运送。在运送过程中,要避免高温和直射阳光。在北方地区的冬季,要避免有些生物制品冻结,能冻结的也要避免由于温度高低不定而引起反复冻结和融化。切忌把生物制品放在衣袋内,以免由于体温较高而降低生物制品的效力。车辆或飞机运输的生物制品应放在冷藏箱内,有冷藏车者用冷藏车运输更好。

(二) 保存

生物制品厂应设置相应的冷库,动物防疫部门也应根据条件设置冷库或冷藏箱。一般生物制品怕热,特别是弱毒疫苗,都必须低温冷藏。生物制品厂生产的疫苗均应放置冷库内保存。冷冻真空干燥的疫苗,多数要求放在 $-15\ ℃$ 下保存,温度越低,保存时间越长。如猪瘟兔化弱毒冻干苗,在 $-15\ ℃$ 可保存 1 年以上,在 $0~8\ ℃$ 只能保存 6 个月,若放在 $25\ ℃$ 左右,至多 10 d 即失去效力。灭活苗、血清、诊断液等保存在 $2~15\ ℃$,不能过热,也不能低于 $0\ ℃$。冻结疫苗应放在 $-70\ ℃$ 以下的低温条件下保存。

（三）使用注意事项

1. 疫苗

疫苗在使用过程中受很多因素的影响,但特别要注意的是免疫途径和免疫程序两个方面。

（1）免疫途径　接种疫苗的方法有注射、饮水、气雾、滴鼻、点眼、刺种等,选择哪种接种途径,应根据疫苗的类型、疫病特点和免疫程序来定。例如,灭活苗、类毒素不能经消化道接种,一般采用皮下或肌内注射;弱毒疫苗则可根据相应病原的侵袭特性,选择滴鼻、点眼、饮水、注射等途径。

（2）免疫程序　就是预防接种方案,即确定预防接种的疫苗种类、接种时间（日龄、月龄）、接种剂量、接种次数等。免疫程序应根据当地疫病流行情况、畜禽种类、年龄、母源抗体水平、疫苗的性质、种类等各方面的因素来制定。因为不存在普遍适用的最佳免疫程序,所以不能作统一规定。

此外,预防接种可能会出现局部或全身的不良反应,但一般在 1~2 d 后便可恢复正常。

2. 免疫血清

为了提高治疗效果,免疫血清应用时要注意以下事项:

（1）早期使用　如抗毒素血清具有中和外毒素的作用,这种作用仅限于在外毒素未和组织细胞结合之前,而对已和组织细胞结合的外毒素及产生的组织损害无作用。因此,用血清治疗时,愈早愈好。

（2）注射途径　注射途径以选择吸收较快者为宜,静脉吸收最快,但易引起过敏性休克,应用时要注意预防。

（3）多次足量　应用免疫血清治疗虽然有收效快、疗效高的特点,但效力不持久,故必须多次足量注射,方能获得好的效果。

另外,免疫血清多用马或牛制备,马、牛血清对其他动物有抗原性,易引起血清病,使用时要注意预防,或应用提纯制品。

三、动物的免疫接种方法

（一）免疫接种的方法

动物免疫接种的方法很多,主要有注射免疫法、经口免疫法、气雾免疫法等。

1. 注射免疫法

注射免疫法可分为皮下接种、皮内接种、肌内接种和静脉接种四种。

（1）皮下接种法　对马、牛等大家畜皮下接种时,一律采用颈侧部位,猪在耳根后方,家禽在胸部、大腿内侧。根据药液的浓度和家畜的大小而异,一般用 16~20 号针头,长 1.2~2.5 cm。家禽则应采用针孔直径小于 20 号的针头。

皮下接种的优点是操作简单,吸收较皮内接种为快,缺点是使用剂量多。而且同一疫苗,应用皮下接种时,其反应较皮内为大。大部分常用的疫苗和免疫血清,一般均采用皮下接种。

(2)皮内接种法 马的皮内接种采用颈侧、眼睑部位。牛及羊除颈侧外,可在尾根或肩胛中央部位。猪大多在耳根后。鸡在肉髯部位。

现用兽医生物制品用作皮内接种的,仅有羊痘弱毒菌苗、猪瘟结晶紫疫苗等少数制品,其他均属于诊断液方面。一般使用专供皮内注射的注射器(容量 2~10 mL),0.6~1.2 cm 长的螺旋针头(19~25 号),也可使用蓝心注射器(容量 1 mL)和相应的注射针头。

皮内接种的优点是使用药液少,同样的疫苗皮内注射较之于皮下注射反应小。同时,真皮层的组织比较致密,神经末梢分布广泛,特别是猪的耳根皮内比其他部位容易保持清洁。同量药液皮内注射时所产生的免疫力较皮下注射为高。

皮内接种的缺点是手续比较麻烦。提高工作人员的操作技术,可以克服这一缺点。

(3)肌内接种法 马、牛、猪、羊的肌内接种,一律采用臀部和颈部两个部位。鸡可在胸肌部接种。

现有兽医生物制品,除猪瘟弱毒疫苗、牛肺疫弱毒疫苗以及在某些情况下接种血清采用肌内接种外,其他生物制品一般都不应用此法进行接种。一般使用 16~20 号针头,长 2.5~3.7 cm。

肌内接种的优点是药液吸收快,注射方法也较简便。其缺点是在一个部位不能大量注射。同时臀部接种如部位不当,易引起跛行。

(4)静脉接种法 马、牛、羊的静脉接种,一律在颈静脉部位,猪在耳静脉部位。鸡则在翼下静脉部位。

现用兽医生物制品中的免疫血清,除了皮下或肌内接种外,亦可采用静脉接种,特别在急于治疗传染病患畜时。疫苗、菌苗、诊断液一般不作静脉注射。马、牛、羊的静脉接种部位在左右颈侧均可,一般以右侧较方便。根据家畜的大小和注射剂量的多少,一般使用 14~20 号针头,长 2.5~3.7 cm。猪的静脉接种在耳朵正面下翼的两则。一般使用 19~23 号针头,长 2.5~5 cm。

静脉接种的优点是可使用大剂量,奏效快,可以及时抢救病畜。缺点是手续比较麻烦,如设备与技术不完备时,难以进行。此外,如所应用的血清为异种动物者,可能引起过敏反应(血清病)。

2. 经口免疫法

经口免疫法分饮水免疫和喂食免疫两种。前者是将可供口服的疫苗混于水中,畜、禽通过饮水而获得免疫,后者是将可供口服的疫苗用冷的清水稀释后拌入饲料,畜、禽通过吃食而获得免疫。疫苗经口免疫时,应按畜、禽头数和每头畜、禽平均饮水量或吃食量,准确计算需要用的疫(菌)苗剂量。免疫前,应停水或停料半天,夏季停水或停料时间可以缩短,以保证饮喂疫(菌)苗时,每头畜、禽都能饮入一定量的水或吃入一定量的料。饮水免疫时,一定要增加饮水器,让每头畜、禽同时都能饮到足够量的水。稀释疫(菌)苗应当用清洁的水,禁用含漂白粉的自来水。混有疫(菌)苗的饮水和饲料一般不应超过室温。已稀释的疫(菌)苗,应迅速饮喂。本法具有省时、省力的优点,适用于规模化养畜、禽场的免疫。缺点是由于畜、禽的饮水量或吃食量有多有少,因此进入每头畜、禽体内的疫(菌)苗量不同,出现免疫后畜、禽的抗体水平不均匀,较离散,不能像其他免疫法那样准确一致。

3. 气雾免疫法

此法是用气泵产生的压缩空气通过气雾发生器(即喷头),将稀释疫苗喷出去,使疫(菌)苗形成直径 1~10 μm 的雾化粒子,均匀地浮游在空气之中,畜、禽通过呼吸道吸入肺内,以达到免疫。鸡感染支原体病时禁用气雾免疫,因为免疫后往往激发支原体病发生,雏鸡首免时使用气雾免疫应慎重,以免发生呼吸道疾病而造成损失。

气雾免疫的装置由气雾发生器(即喷头)和动力机械组成。可因地制宜,利用各种气泵或用电动机、柴油机带动空气压缩泵。无论以何种方法做动力,都要保持每平方厘米有 2 kg 以上的压力,才能达到疫(菌)苗雾化的目的。

雾化粒子大小与免疫效果有很大关系。一般粒子大小在 1~10 μm 为有效粒子。气雾发生器的有效粒子在 70% 以上者为合格。测定雾化粒子大小时,用一擦拭好的盖玻片,周围涂以凡士林油,在盖玻片中央滴一小滴机油,用拇指与食指持盖玻片,机油液面朝喷头,在距喷头 10~30 cm 处迅速通过,使雾化粒子吹于机油面上,然后将盖玻片液面朝下放于凹玻片上,在显微镜下观察,移动视野,用目测微尺测量其大小(方法与测量细菌大小相同),并计算其有效粒子率。

(1) 室内气雾免疫法　此法需有一定的房舍设备。免疫时,疫(菌)苗用量主要根据房舍大小而定,可按下式计算:

$$疫(菌)苗用量 = D \times A/T \times V$$

式中　D——计划免疫剂量;

A——免疫室容积,L;

T——免疫时间,min;

V——呼吸常数,即动物每分钟吸入的空气量,L,如对绵羊免疫,即为 3~6 L。

疫(菌)苗用量计算好以后,即可将动物赶入室内,关闭门窗。操作者将喷头由门窗缝伸入室内,使喷头保持与动物头部同高,向室内四面均匀喷射。喷射完毕后,让动物在室内停留 20~30 min。操作人员要注意自身防护,戴上大而厚的口罩,如出现症状,应及时就医。

(2) 野外气雾免疫法　疫(菌)苗用量主要以动物数量而定。以羊为例,如为 1 000 只,每只羊免疫剂量为 50 亿活菌,则需 50 000 亿,如果每瓶疫苗含活菌 4 000 亿,则需 12.5 瓶,用 500 mL 灭菌生理盐水稀释。实际应用时,往往要比实际用量略高一些。免疫时,将畜群赶入四周有矮墙的圈内。操作人员手持喷头,站在畜群中,喷头与动物头部同高,朝动物头部方向喷射。操作人员要随时走动,使每一动物都有吸入机会。如遇微风,操作者应站在上风向,以免雾化粒子被风吹走。喷射完毕,让动物在圈内停留数分钟即可放出。野外气雾免疫时,操作者更应注意自身防护,要穿工作衣裤和胶靴,戴大而厚的口罩,如出现症状,应及时就医。

气雾免疫时,雾化粒子过大或过小,温度过高,湿度过高或过低,野外免疫时风力过大、风速过急,均可影响免疫效果。本法具有省时、省力的优点,适于大群动物的免疫,缺点是需要的疫(菌)苗数量较多。

(二)免疫接种用生物制品的保存、运送和用前检查

1. 保存

兽医生物制品应保存在低温、阴暗、干燥的场所,灭活菌(死苗)、致弱的细菌性菌苗、类毒素、免疫血清等应保存在 2~15 ℃,防止冻结;致弱的病毒性疫苗,如猪瘟弱毒疫苗、鸡新城疫弱毒疫苗,应放置在 0 ℃以下,冻结保存。

2. 运送

要求包装完善,尽快运送,运送途中避免日光直射和高温。致弱的病毒性疫苗应放在装有冰块的广口瓶或冷藏箱内运送。

3. 用前检查

兽医生物制品在使用前,均需详细检查,如有下列情况之一者,不得使用:没有瓶签或瓶签模糊不清,没有经过合格检查的;过期失效的;制品的质量与说明书不符,如色泽有变化、沉淀,制品内有异物、发霉和有臭味的;瓶塞不紧或玻璃破裂的;没有按规定方法保存的。不能使用的疫(菌)苗应立即废弃,致弱的活苗应煮沸消毒或予以深埋。

(三)家畜免疫接种前及接种后的护理与观察

免疫接种前,应对家畜进行健康检查(包括体温检查),根据检查结果,做如下处理:完全健康的家畜可进行自动免疫接种;衰弱、妊娠后期的家畜不能进行自动免疫接种,而应注射免疫血清;疑似病畜和发热病畜应注射治疗量的免疫血清或给予其他治疗。

经受自动免疫的家畜,应有较好的护理和管理条件,要特别注意控制家畜的使役,以避免过分劳累和接种疫(菌)苗后出现的暂时性抵抗力降低而产生不良后果。有时,家畜接种疫(菌)苗后可能会发生反应,故在接种后应详细观察 7~10 d。如有反应,可给予适当治疗,反应极为严重的,可予以屠宰。

(四)免疫接种的组织及接种时的注意事项

在某一地区或农牧场进行免疫接种时的组织工作好坏,决定着免疫接种的结果和成效,其内容包括:对饲养人员讲解有关接种工作的基本原理及其在防治家畜传染病上的重要性、接种后家畜的饲养管理条件等;准备适当的场地和保定工具;准备给家畜编号的器具;编订登记表册。

接种时,应注意以下几点:工作人员需穿着工作服和胶鞋,必要时戴口罩,工作前后均应洗手消毒,工作中不准吸烟和进食;注射器、针头、镊子等,临用时煮沸消毒至少 15 min,注射时每

头家畜须更换一个针头,如针头不足,也应每吸液一次更换一个针头;针筒排气溢出的药液,应吸积于乙醇棉球上,并将其收集于专用瓶内,用过的乙醇棉球或碘酒棉球和吸入注射器内未用完的药液也应收集于或注入专用瓶内,集中后烧毁。

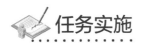

任务实施

动物的免疫接种技能训练

1. 实施目标

(1) 学会稀释疫苗。

(2) 能根据免疫程序对动物进行免疫接种。

2. 实施步骤

(1) 准备仪器材料　电热干燥箱、高压蒸汽灭菌器、电冰箱、免疫动物、疫苗、注射器、不同规格大小的针头、镊子、75% 乙醇棉球等。

(2) 确定工作实施方案

① 小组讨论　分小组实验,每小组 3~5 人。小组召集人组织小组成员,根据"任务准备"中学习的内容逐条、充分地讨论操作方案,合理分工,以完成动物免疫接种。小组召集人由本组成员轮流担任,每完成一项工作轮换一次。

② 确定方案　各小组召集人上台汇报本小组工作任务单中的相关操作内容及人员分工,其他组的同学点评其优缺点并做补充。教师综合评价各组表现,并根据各组汇报归纳出供全班同学实际操作的实施方案。

(3) 实施操作　各小组按最终的工作实施方案进行操作,填写表 5-4-1。每项工作完成后,由小组召集人召集组员进行纠错与反思,完善操作任务,最后对工作过程进行评价。

表 5-4-1　动物进行免疫接种工作任务单

工作内容	组内分工	设备和材料	工作要求	工作过程评价	
				自评	互评
1. 拟写出免疫接种前准备工作方案					
2. 体验一种或多种免疫接种方法					
3. 免疫接种后的具体工作					

随堂练习

1. 根据生物制品的性质和作用,生物制品可分为几大类?
2. 试比较灭活疫苗和弱毒疫苗的优缺点。
3. 生物制品应如何运输和保存?
4. 常用的免疫接种法有几种,各有哪些优缺点?

项 目 小 结

```
                                    ┌─ 任务准备 ── 非特异性免疫;特异性免疫
               ┌─ 免疫基础知识 ──┤
               │                    └─ 任务实施 ── 鸡免疫器官的认识
               │
               │                    ┌─ 任务准备 ── 血清学检验概述;常见血清学试验的操作
               │                    │              方法和结果判定
               ├─ 血清学检测技术 ──┤
               │                    └─ 任务实施 ── 常见血清学试验操作技能训练
免疫学基础 ──┤
               │                    ┌─ 任务准备 ── 变态反应概述;各型变态反应的发生与防
               │                    │              治;变态反应检查——以结核菌的检验为例
               ├─ 变态反应 ────────┤
               │                    └─ 任务实施 ── 牛结核菌素点眼试验
               │
               │                    ┌─ 任务准备 ── 生物制品的种类及特性;生物制品的运输、
               │                    │              保存及使用注意事项;动物的免疫接种方法
               └─ 生物制品的应用 ──┤
                                    └─ 任务实施 ── 动物的免疫接种技能训练
```

项 目 测 试

一、名词解释

免疫、补体、抗原、抗体、单克隆抗体、自然自动免疫、自然被动免疫、人工自动免疫、人工被动免疫、血清学试验、抗毒素、间接血凝试验、中和试验、反向间接血凝试验、诊断液、疫苗、免疫血清、变态反应、过敏原、传染性变态反应、特异性免疫、T 细胞、B 细胞、免疫细胞、K 细胞、自然杀伤细胞、粒细胞、免疫原性、反应原性、抗原决定簇、交叉反应、完全抗原、不完全抗原、免疫应答。

二、单项选择题

1. 动物病愈后获得的对这种病的抵抗力为（　　　　）。

  A. 人工自动免疫   B. 自然自动免疫

  C. 人工被动免疫   D. 自然被动免疫

2. 血清中含量最高的 Ig 是（　　　　）。

  A. IgE   B. IgD   C. IgM   D. IgG

3. 抗原的特异性取决于（　　　　）。

  A. 抗原分子量的大小   B. 抗原表面的特殊化学基团

  C. 抗原的物理性状   D. 抗原的种类

4. 属于Ⅲ型过敏反应的疾病是（　　　　）。

  A. 花粉症   B. 新生动物溶血

  C. 变态反应鼻炎   D. 血清病

5. 分子量最大的 Ig 是（　　　　）。

  A. IgE   B. IgD   C. IgM   D. IgG

6. 下列细胞中不能与 IgG 的 Fc 片段结合的有（　　　　）。

  A. 单核细胞   B. 巨噬细胞

  C. 红细胞   D. NK 细胞

7. 禽类特有的中枢免疫器官是（　　　　）。

  A. 骨髓   B. 腔上囊   C. 胸腺   D. 脾

8. 新生畜溶血性贫血属于（　　　　）。

  A. Ⅰ型变态反应   B. Ⅱ型变态反应

  C. Ⅲ型变态反应   D. Ⅳ型变态反应

9. 平板凝集反应可用来检测（　　　　）。

  A. 颗粒性抗原   B. 可溶性抗原

  C. 超抗原   D. 半抗原

10. 给鸡接种禽流感疫苗预防禽流感的方法属于（　　　　）。

  A. 人工自动免疫   B. 自然自动免疫

  C. 人工被动免疫   D. 自然被动免疫

11. 有可能引起免疫失败的因素是（　　　　）。

  A. 畜舍消毒后马上进行灭活疫苗的免疫

B. 长途运输后马上进行灭活疫苗的免疫

C. 监测母源抗体后选择合适的时间进行灭活疫苗的免疫

D. 清晨进行灭活疫苗的免疫

12. 临床上常见的青霉素过敏反应属于（　　　）。

  A. Ⅰ型变态反应　　　　　　　　　B. Ⅱ型变态反应

  C. Ⅲ型变态反应　　　　　　　　　D. Ⅳ型变态反应

13. 与活疫苗相比，灭活疫苗具有下列哪种特性？（　　　）。

  A. 使用安全　　　　　　　　　　　B. 接种次数少

  C. 激发机体产生较为全面的免疫应答　D. 一般不影响动物产品的品质

14. 琼脂扩散反应属于（　　　）。

  A. 直接凝集反应　　　　　　　　　B. 间接凝集反应

  C. 沉淀反应　　　　　　　　　　　D. 标记抗体反应

15. 细胞因子不包括（　　　）。

  A. 干扰素　　　　　　　　　　　　B. 白细胞介素

  C. 过敏毒素　　　　　　　　　　　D. 肿瘤坏死因子

16. 由自然弱毒株或人工致弱的毒株制备的疫苗属于（　　　）。

  A. 灭活疫苗　　　　　　　　　　　B. 弱毒疫苗

  C. 类毒素　　　　　　　　　　　　D. 基因工程疫苗

17. 既有非特异性免疫作用，也参与特异免疫反应的物质是（　　　）。

  A. IgG　　　　B. Ⅰ型干扰素　　　　C. 补体　　　　D. 溶酶体酶

18. 下述哪个器官或细胞可对抗原识别与应答？（　　　）

  A. K 细胞　　　　　　　　　　　　B. 浆细胞

  C. 脾和淋巴结中的巨噬细胞　　　　D. 脾和淋巴结中的 B 细胞

19. 下列物质中哪个一般不能引起免疫应答？（　　　）

  A. 多肽　　　　B. 多糖　　　　　　C. 类脂　　　　D. 核酸

20. 不能增强物质的免疫原性的是（　　　）。

  A. 皮内注射

  B. 高速离心除去沉淀物

  C. 注射抗原－佐剂乳剂

  D. 将种属发生较远的抗原注射到免疫的动物

21. 抗体中与抗原结合有关的部位是（　　　）。

  A. 重链的 V 区　　　　　　　　　B. 轻链的 V 区

  C. 重链和轻链的 V 区　　　　　　D. 重链和轻链的 C 区

22. 慢性寄生虫感染时动物机体哪类免疫球蛋白升高得显著？（　　　）

    A. IgE　　　　　　　B. IgD　　　　　　　C. IgA　　　　　　　D. IgG

23. 最早用人痘苗接种预防天花的国家是（　　　）。

    A. 英国　　　　　　　B. 中国　　　　　　　C. 美国　　　　　　　D. 德国

24. 下列物质中免疫原性最强的是（　　　）。

    A. 糖类　　　　　　　B. 蛋白质　　　　　　C. 核酸　　　　　　　D. 类脂

25. 唯一能通过胎盘的 Ig 是（　　　）。

    A. IgE　　　　　　　B. IgD　　　　　　　C. IgM　　　　　　　D. IgG

26. 复合半抗原具有下列哪种特性？（　　　）

    A. 既有反应原性,也有免疫原性　　　　B. 只有免疫原性,没有反应原性

    C. 只有反应原性,没有免疫原性　　　　D. 既无反应原性,也无免疫原性

27. 下列哪项不是单克隆抗体的优点？（　　　）

    A. 高特异性　　　　B. 高纯度　　　　　C. 性质稳定　　　　D. 重复性差

28. 可定量测定抗体效价的方法是（　　　）。

    A. 间接 ELISA 试验　　　　　　　　　B. 琼脂扩散试验

    C. 环状沉淀试验　　　　　　　　　　　D. 凝集试验

29. 下列变态反应中由细胞介导的是（　　　）。

    A. Ⅰ型变态反应　　　　　　　　　　　B. Ⅱ型变态反应

    C. Ⅲ型变态反应　　　　　　　　　　　D. Ⅳ型变态反应

30. 抗体破坏病毒感染细胞的机制是（　　　）。

    A. 直接中和细胞内的病毒颗粒

    B. 与存在于细胞表面的病毒相关抗原表位结合并激活补体

    C. 诱导干扰素的释放

    D. 阻止病毒的脱壳

三、填空题

1. 机体的免疫分＿＿＿＿和＿＿＿＿两类。免疫的基本功能表现为＿＿＿＿、＿＿＿＿和＿＿＿＿三个方面。

2. 中枢免疫器官包括＿＿＿＿、＿＿＿＿和＿＿＿＿,是免疫细胞＿＿＿＿、＿＿＿＿和＿＿＿＿的场所。

3. 外周免疫器官包括＿＿＿＿、＿＿＿＿和＿＿＿＿,是 T 细胞和 B 细胞＿＿＿＿、＿＿＿＿和对抗原刺激进行免疫应答的场所。

4. 在免疫应答中起主要作用的免疫细胞是＿＿＿＿,包括＿＿＿＿、＿＿＿＿、＿＿＿＿、＿＿＿＿等。

5. 免疫球蛋白分为_____、_____、_____、_____、_____五类,单体分子结构都由_____条肽链构成。

6. 白细胞介素1(IL-1)局部低浓度具有_____作用,大量产生具有_____作用。

7. 白细胞介素4(IL-4)主要由_____细胞、_____细胞和_____细胞产生。

8. 单核吞噬细胞主要包括血液中的_____细胞和组织中的_____细胞。

9. 血清学试验根据抗原的性质、参与反应的介质及反应现象的不同,可分为_____、_____、_____和_____等。

10. 细菌、红细胞等颗粒性抗原与相应抗体结合,在电解质的参与下,形成肉眼可见的_____,称为凝集试验。参与反应的抗原称为_____,抗体称为_____。

11. 主要的凝集试验有_____凝集试验和_____凝集试验两大类。

12. 可溶性抗原与相应抗体结合后,在电解质的参与下,形成肉眼可见的_____沉淀,称为沉淀试验。参与沉淀试验的抗原称为_____,抗体称为_____。常用的沉淀试验有_____沉淀试验和_____试验。

13. 琼脂扩散有_____、_____、_____和_____四种类型,其中以_____应用最广。

14. 狭义的生物制品是指_____、_____和_____;而广义的生物制品还包括各种血液制品、非特异性免疫制剂等。

15. 引起变态反应的抗原物质称为_____,其中包括_____、_____或小分子的化学物质等,可通过_____、_____或_____等途径进入动物体内,使其致敏和激发变态反应。

16. 根据变态反应发生的机制和临床特点可将变态反应分为四个主要类型,即_____反应、_____反应、_____反应和_____反应。前三型由抗体介导,发生较快,统称为_____型变态反应;Ⅳ型变态反应由细胞介导,发生较慢,所以称为_____型变态反应。

17. 疫苗包括_____、_____和_____,它们分别(主要)由_____、_____和_____制成。

18. 根据抗原种类的不同,免疫血清可分为_____、_____和_____三类。是对相应传染病进行_____和_____的有效制剂。

19. 常用的免疫接种途径有_____、_____、_____、_____、_____、_____等。

20. 动物免疫接种的方法很多,主要有_____免疫法、_____免疫法、_____免疫法等。

21. 骨髓具有____和____双重功能。骨髓中的____干细胞经过增殖和分化,成为____干细胞和____干细胞。

22. T 细胞由_____、_____、_____、_____等组成。

23. 中性粒细胞占血液中粒细胞的 90%,在_____中起重要作用,也可通过 ADCC 作用参与_____免疫;嗜碱性粒细胞主要参与_____反应;嗜酸性粒细胞主要参与_____感染。

24. 以细菌为例,有_____、_____、_____、_____等,因此每一个细菌都是多种抗原组成的复合体。

25. _____是初次体液免疫反应早期阶段产生的主要 Ig,占正常血清 Ig 的 10% 左右,产生部位主要在_____和_____中,主要分布于血液中,_____的作用较强,也是体内各类免疫球蛋白中分子量最大的,又称为_____。

26. 根据再次免疫应答的特点,通常在预防接种时,间隔一定时间再进行_____接种,可起到_____的作用。

27. 灭活苗的_____较差,必须加入佐剂增强其_____,以提高_____的产量。在生产疫苗的实践中,常用的免疫佐剂有_____、_____、_____、_____、____等。

28. 血清学试验具有_____、_____、_____的特点,因此广泛应用于微生物的鉴定、_____的监测、诊断和检疫。

29. 琼脂扩散试验简称琼扩,是在_____中进行的____试验。琼脂扩散有_____扩散、_____扩散、_____扩散和_____扩散四种类型。

30. 不同的过敏原可引起不同组织器官的过敏,症状各异。_____症状为皮肤荨麻疹、水肿和湿疹;_____症状为气管哮喘和过敏性鼻炎;_____症状为恶心、呕吐、腹泻、腹痛;_____状为过敏性休克。

四、判断题

1. IgG 是一种高效能抗体,它在机体免疫应答中出现最早。　　　　　　　　　（　　）

2. 抗感染免疫的主力是 IgG,IgA 是黏膜表面的主要抗菌抗病毒抗体。　　　（　　）

3. 给动物注射康复动物血清而获得的免疫力是人工自动免疫。　　　　　　（　　）

4. 免疫佐剂是一些有免疫原性物质。　　　　　　　　　　　　　　　　　　（　　）

5. IgG 是初次体液免疫应答产生的主要 Ig。　　　　　　　　　　　　　　（　　）

6. IgD 在血清中的含量很高,是机体主要的免疫球蛋白。　　　　　　　　　（　　）

7. 猪传染性胃肠炎,必须经口或肌肉内接种弱毒病毒,使猪的肠道受到抗原刺激产生分泌型 IgA,才能获得较强的抗感染能力　　　　　　　　　　　　　　　　　　　（　　）

8. 单克隆抗体的制备需用大量抗原,并且可以不用纯净的抗原,就可长期随时获得高特异性、高纯度的抗体,其性质稳定,重复性良好,在许多方面具有极为宝贵的用途。　（　　）

9. γ 干扰素(IFN-γ)能非特异性地抑制病毒的增殖,增强易感细胞的抗病毒能力。
　　　　　　　　　　　　　　　　　　　　　　　　　　　　　　　　　　（　　）

10. TNF-α 具有杀伤肿瘤细胞的活性,还能增强 NK 细胞的杀伤活性,促进巨噬细胞活化和杀伤靶细胞。　　　　　　　　　　　　　　　　　　　　　　　　　　　（　　）

11. 致敏淋巴细胞释放淋巴因子,直接破坏病毒或增强巨噬细胞吞噬、破坏病毒的能力,或通过合成干扰素,抑制病毒的增殖等。　　　　　　　　　　　　　　　　　（　　）

12. 给机体注射了含抗体的高免血清、康复动物血清或高免卵黄而获得的免疫,称为人工自动免疫。　　　　　　　　　　　　　　　　　　　　　　　　　　　　　　（　　）

13. 血清学试验反应的适宜温度通常为 37 ℃。适当的温度可增加抗原和抗体的活性及相互接触的机会,从而加速反应的出现。　　　　　　　　　　　　　　　　　　（　　）

14. 影响血清学试验的因素很多,所以在试验中设立对照试验是很重要的。　（　　）

15. 许多发生传染病、寄生虫病的病畜禽血清中都有凝集素,所以常用沉淀试验来诊断畜禽传染病和寄生虫病。　　　　　　　　　　　　　　　　　　　　　　　　（　　）

16. 迟发型变态反应,与致敏淋巴细胞无关,而与抗体有关。　　　　　　　（　　）

17. 病人去医院就诊,医生开出的处方中有青霉素,为了查明机体是否会过敏,护士会先用少量青霉素注入皮内,在 10~30 min 内若出现红肿、隆起的硬节者(局部的 I 型变态反应),说明该机体为过敏性机体,使用青霉素会引发 I 型变态反应,应禁止使用。　（　　）

18. 灭活疫苗是选用反应原性强的细菌、病毒等经人工大量培养后杀死(灭活)后制成的疫苗。　　　　　　　　　　　　　　　　　　　　　　　　　　　　　　　（　　）

19. 在类毒素中加入适量的明矾或氢氧化铝等吸附剂,注入机体后吸收较快,使其免疫效果增强。　　　　　　　　　　　　　　　　　　　　　　　　　　　　　　　（　　）

20. 不论用何种运输工具运送生物制品,主要注意之点是:防止高温、暴晒和冻融。　　　　　　　　　　　　　　　　　　　　　　　　　　　　　　　　　　　（　　）

五、问答题

1. 什么因素会影响非特异性免疫效果?

2. 试述细胞免疫应答的发生过程及其在抗感染中的作用。

3. 影响抗体产生的因素有哪些? 它对生产实践有何指导意义?

4. 试述凝集试验的原理。

5. 试述琼脂扩散试验的操作方法和结果判定。

6. 试述Ⅳ型变态反应的原理及应用。

7. 疫苗在使用过程中受很多因素的影响,试述使用时的主要注意事项。

8. 为了提高治疗效果,免疫血清应用时有哪些注意事项?

9. 简述吞噬细胞的吞噬和杀菌过程。

10. 补体系统如何发挥一系列的生物活性作用?

11. 单核吞噬细胞的免疫功能主要有哪些?

12. 简述细胞免疫应答的基本过程。

13. 免疫佐剂的作用有哪些？写出两种以上常用的免疫佐剂。

14. 补体结合试验中的两个系统五种成分，分别指的是什么？

15. 简述酶联免疫吸附试验的操作过程。

参 考 文 献

［1］ 陆承平.兽医微生物学［M］.5版.北京:中国农业出版社,2020.

［2］ 孙翔翔,张喜悦.实验室生物安全管理体系及其运转［M］.北京:中国农业出版社,2020.

［3］ 龚非力.医学免疫学［M］.3版.北京:科学出版社,2019.

［4］ 曹雪涛.医学免疫学［M］.7版.北京:人民卫生出版社,2018.

［5］ 喻健良,闫兴清,伊军,等.压力容器安全技术［M］.北京:化学工业出版社,2018.

［6］ 张红英.动物微生物学［M］.4版.北京:中国农业出版社,2017.

［7］ 郭鑫.动物免疫学实验教程［M］.2版.北京:中国农业大学出版社,2017.

［8］ 陈溥言.兽医传染病学［M］.6版.北京:中国农业出版社,2015.

［9］ 赵良仓.动物微生物及检验［M］.3版.北京:中国农业出版社,2015.

［10］ 杨汉春.猪繁殖与呼吸综合征［M］.北京:中国农业出版社,2015.

［11］ 邢钊,祁画丽,朱钱龙.兽医微生物及免疫技术［M］.郑州:河南科学技术出版社,2014.

［12］ 白惠卿,安云庆,鲁凤民.医学免疫学与微生物学［M］.5版.北京:北京大学医学出版社,
      2014.

［13］ 中国农业科学院哈尔滨兽医研究所.兽医微生物学［M］.2版.北京:中国农业出版社,
      2013.

［14］ 金伯泉.医学免疫学［M］.5版.北京:人民卫生出版社,2011.

［15］ 黑龙江省畜牧兽医学校.动物微生物［M］.2版.北京:中国农业出版社,2006.

［16］ 崔治中,崔保安.兽医免疫学［M］.北京:中国农业出版社,2004.

［17］ 闻玉梅.精编现代医学微生物学［M］.上海:复旦大学出版社,2002.

［18］ 东秀珠,蔡妙英,等.常见细菌系统鉴定手册［M］.北京:科学出版社,2001.

［19］ 殷震,刘景华.动物病毒学［M］.2版.北京:科学出版社,1997.

［20］ 江苏省徐州农业学校.兽医微生物学［M］.2版.北京:中国农业出版社,1995.

［21］ 吉林省农业学校.动物微生物学［M］.北京:农业出版社,1990.

郑重声明

高等教育出版社依法对本书享有专有出版权。任何未经许可的复制、销售行为均违反《中华人民共和国著作权法》，其行为人将承担相应的民事责任和行政责任；构成犯罪的，将被依法追究刑事责任。为了维护市场秩序，保护读者的合法权益，避免读者误用盗版书造成不良后果，我社将配合行政执法部门和司法机关对违法犯罪的单位和个人进行严厉打击。社会各界人士如发现上述侵权行为，希望及时举报，我社将奖励举报有功人员。

反盗版举报电话　　（010）58581999　58582371
反盗版举报邮箱　　dd@hep.com.cn
通信地址　北京市西城区德外大街4号　高等教育出版社法律事务部
邮政编码　100120

读者意见反馈

为收集对教材的意见建议，进一步完善教材编写并做好服务工作，读者可将对本教材的意见建议通过如下渠道反馈至我社。

咨询电话　400-810-0598
反馈邮箱　zz_dzyj@pub.hep.cn
通信地址　北京市朝阳区惠新东街4号富盛大厦1座
　　　　　高等教育出版社总编辑办公室
邮政编码　100029

防伪查询说明

用户购书后刮开封底防伪涂层，使用手机微信等软件扫描二维码，会跳转至防伪查询网页，获得所购图书详细信息。

防伪客服电话
（010）58582300

学习卡账号使用说明

一、注册/登录

访问http://abook.hep.com.cn/sve，点击"注册"，在注册页面输入用户名、密码及常用的邮箱进行注册。已注册的用户直接输入用户名和密码登录即可进入"我的课程"页面。

二、课程绑定

点击"我的课程"页面右上方"绑定课程"，在"明码"框中正确输入教材封底防伪标签上的20位数字，点击"确定"完成课程绑定。

三、访问课程

在"正在学习"列表中选择已绑定的课程，点击"进入课程"即可浏览或下载与本书配套的课程资源。刚绑定的课程请在"申请学习"列表中选择相应课程并点击"进入课程"。

如有账号问题，请发邮件至：4a_admin_zz@pub.hep.cn。